高等职业院校教学改革创新教材·软件开发系列

UML 建模实例教程
（第 2 版）

彭　勇　刘志成　主　编
张　军　林东升　副主编

电子工业出版社
Publishing House of Electronics Industry
北京·BEIJING

内 容 简 介

《UML 建模实例教程》分析了软件行业程序员对 UML 建模能力的需求，介绍了软件过程模型和 UML 建模的基础知识，并通过 WebShop 电子商城系统和图书管理系统的建模实践完整地介绍了应用 Rational Software Architect 8.5 进行 UML 建模的各种知识和技能。主要内容包括：课程定位和教学案例综述；面向对象技术和建模基础；UML 简介；UML 建模工具简介；需求建模；静态建模；数据库建模；动态建模；物理建模；双向工程；统一软件过程 RUP。

作者在多年开发经验与教学经验的基础上，紧跟软件技术的发展，根据软件行业程序员的岗位能力要求和学生的认知规律精心组织了本书内容。通过一个实际的"WebShop 电子商城"项目，以任务驱动的方式介绍了 Rational Software Architect 8.5 环境下的 UML 建模技术。同时，设计了"图书管理系统"供学生进行模仿实践。本书教学环节清晰，适合于"项目驱动、案例教学、理论实践一体化"的教学方法。讲述过程中将知识讲解和技能训练有机结合，融"教、学、练"于一体。为方便教学，提供配套教学资源包。

本书可作为高职高专计算机类软件技术专业教材，也可作为计算机培训班的教材及软件行业程序员自学者的参考书。

未经许可，不得以任何方式复制或抄袭本书之部分或全部内容。
版权所有，侵权必究。

图书在版编目（CIP）数据

UML 建模实例教程／彭勇，刘志成主编. —2 版. —北京：电子工业出版社，2016.7
高等职业院校教学改革创新示范教材. 软件开发系列
ISBN 978-7-121-27401-5

Ⅰ．①U… Ⅱ．①彭… ②刘… Ⅲ．①面向对象语言－程序设计－高等职业教育－教材 Ⅳ．①TP312

中国版本图书馆 CIP 数据核字（2015）第 245294 号

策划编辑：左　雅
责任编辑：左　雅　　　特约编辑：王　丹
印　　刷：北京盛通商印快线网络科技有限公司
装　　订：北京盛通商印快线网络科技有限公司
出版发行：电子工业出版社
　　　　　北京市海淀区万寿路 173 信箱　邮编　100036
开　　本：787×1 092　1/16　印张：17.25　字数：441.6 千字
版　　次：2009 年 11 月第 1 版
　　　　　2016 年 7 月第 2 版
印　　次：2021 年 7 月第 5 次印刷
定　　价：37.00 元

凡所购买电子工业出版社图书有缺损问题，请向购买书店调换。若书店售缺，请与本社发行部联系，联系及邮购电话：(010) 88254888，88258888。
质量投诉请发邮件至 zlts@phei.com.cn，盗版侵权举报请发邮件至 dbqq@phei.com.cn。
本书咨询联系方式：(010) 88254580　zuoya@phei.com.cn。

前　　言

本书第 1 版为湖南省"十一五"教育科学重点规划课题和湖南省职业院校教育教学改革研究项目的阶段性成果，也是湖南铁道职业技术学院国家示范性建设院校重点建设专业（软件技术专业）的建设成果，是创新教学方法、强化操作技能的实验成果。经过历时近 6 年的使用和推广，得到了广大读者和教师的认同。

统一建模语言（Unified Modeling Language，UML）于 20 世纪 90 年代中期由 Grady Booch、Ivar Jacobson 和 James Rumbaugh 提出后一直在发展变革中。各种建模工具也在市场的竞争中优胜劣汰，Rational Software Architect 是由美国的 IBM 公司开发的一种基于 UML 的可视化建模工具，逐渐成为业内的主流工具。借助于 RSA 工具，软件系统相关的各类人员可以通过建立 UML 模型进行广泛的交流和沟通，从而大大提高软件开发的效率。

本书是作者在总结了多年 UML 建模实践经验与教学改革成果的基础上编写的，同时充分考虑了各类用户对第 1 版教材的反馈意见和修订意见。以一个实际的软件项目（WebShop 电子商城）为中心，完整地介绍了利用 Rational Software Architect 8.5 进行 UML 建模的各种知识和技能。通过本书的学习，读者可以快速、全面地掌握 Rational Software Architect 建模工具的使用和 UML 建模的基本方法，作为"项目驱动、案例教学、理论实践一体化"教学方法的载体，本书主要有以下特色。

（1）准确的课程定位。根据软件企业对 C#程序员等岗位能力的要求，将该"UML 建模技术"的课程目标设定为培养程序员岗位的 UML 建模能力。

（2）合理的知识结构。本书的定位是读者具备一定的程序设计能力和面向对象编程知识，按"需求建模"、"静态建模"、"动态建模"和"物理建模"对拟开发系统进行软件建模。

（3）真实的案例教学。在真实的"WebShop 电子商城"软件项目建模实践的基础上，经过精心设计将项目分解为多个既独立又具有一定联系的任务。学生在任务的完成过程中，掌握 UML 建模的基本知识和 RSA 建模的基本操作。

（4）理论实践一体化。合理设置教学环节，将教师的知识讲解和操作示范与学生的技能训练设计在同一教学单元和教学地点完成，融"教、学、练"于一体，体现"在做中学、学以致用"的教学理念。

本书由湖南铁道职业技术学院彭勇、刘志成担任主编，张军、林东升担任副主编，湖南铁道职业技术学院的冯向科、颜谦和、颜珍平、王咏梅、杨茜玲、翁健红、裴来芝、宁云智、唐丽玲、林保康、王欢燕等参与了部分章节的编写，湖南科创信息技术股份有限公司高级工程师罗昔军参与了部分案例的编写。电子工业出版社左雅老师对本书的修订提出了许多宝贵的意见，在此表示感谢。

由于时间仓促以及编者水平有限，书中难免存在错误和疏漏之处，欢迎广大读者和同人提出宝贵意见和建议。E-mail：liuzc518@163.com。

编　者

教学安排建议

教学章节	课时	教学内容	
第1章 教学案例综述	4	1.1　WebShop 电子商城介绍 1.1.1　电子商城需求分析 1.1.2　电子商城系统设计 1.1.3　电子商城数据库设计	1.2　LibraryMIS 图书管理系统介绍 1.2.1　图书管理系统需求分析 1.2.2　图书管理系统设计 1.2.3　图书管理系统数据库设计
第2章 面向对象技术和建模基础	4	2.1　面向对象方法 2.1.1　面向对象方法的基本思想 2.1.2　面向对象方法的发展 2.2　面向对象的基本概念与特征 2.2.1　面向对象的基本概念 2.2.2　面向对象的主要特征	2.3　面向对象分析 2.3.1　处理复杂问题的原则 2.3.2　OOA 方法的基本步骤 2.4　面向对象设计 2.5　面向对象实现 2.6　面向对象方法的内涵
	2	2.7　软件建模概述 2.7.1　软件建模的概念	2.7.2　软件建模的用途 2.7.3　软件建模的优点及误区
第3章 UML 简介	4	3.1　UML 的发展 3.1.1　UML 的发展历程 3.1.2　理解 UML 建模 3.2　UML 的特点 3.3　UML 的结构 3.3.1　UML 的事物 3.3.2　UML 的关系	3.4　UML 的视图 3.4.1　用例视图 3.4.2　逻辑视图 3.4.3　并发视图 3.4.4　组件视图 3.4.5　部署视图
	4	3.5　UML 图形符号 3.5.1　用例图 3.5.2　类图 3.5.3　对象图 3.5.4　状态图 3.5.5　活动图	3.5.6　时序图 3.5.7　协作图 3.5.8　组件图 3.5.9　部署图 3.5.10　UML2.0 新特性 3.6　UML 建模基本流程
第4章 UML 建模工具简介	4	4.1　常用 UML 建模工具 4.1.1　Rational Software Architect 4.1.2　Enterprise Architect 4.1.3　PowerDesigner 4.1.4　Visio	4.1.5　Trufun Plato 4.2　Rational Software Architect 安装与配置 4.2.1　Rational Software Architect 的安装 4.2.2　Rational Software Architect 的配置
	2	4.3　使用 Rational Software Architect 建模 4.3.1　Rational Software Architect 主要菜单 4.3.2　Rational Software Architect 的模型	4.3.3　Rational Software Architect 建模的基本过程
第5章 需求建模	2	5.1　用例模型概述 5.2　用例图组成 5.2.1　参与者	5.2.2　系统 5.2.3　用例
	4	5.3　识别和描述用例 5.3.1　识别用例 5.3.2　绘制 WebShop 电子商城用例图	5.3.3　通过包对用例进行合理规划 5.3.4　WebShop 电子商城用例图（不含关系） 5.3.5　用例描述

续表

教学章节	课时	教学内容	
第 5 章 需求建模	4	5.4 用例间的关系 5.4.1 泛化关系 5.4.2 包含关系	5.4.3 扩展关系 5.4.4 关系小结 5.4.5 WebShop 电子商城用例图（含关系）
第 6 章 静态建模	4	6.1 静态建模概述 6.2 类图概述 6.3 类图的基本组成	6.3.1 类的概述 6.3.2 绘制带属性的实体类 6.3.3 绘制带操作的实体类
	2	6.3.4 绘制边界类图 6.3.5 绘制控制类图 6.3.6 UML 中的类与语言中的类	
	4	6.4 类之间的关系 6.4.1 关联关系 6.4.2 聚合关系 6.4.3 组合关系 6.4.4 泛化关系 6.4.5 实现关系	6.4.6 依赖关系 6.5 对象图 6.5.1 对象图概述 6.5.2 对象图组成 6.5.3 类图 VS 对象图
第 7 章 数据库建模	4	7.1 PowerDesigner 简介 7.2 PowerDesigner 安装和启动 7.2.1 PowerDesigner 的安装 7.2.2 PowerDesigner 的启动	7.3 PowerDesigner 概念数据模型 7.3.1 概念数据模型概述 7.3.2 PowerDesigner 概念数据模型概述
	2	7.4 PowerDesigner 物理数据模型	
第 8 章 动态建模	4	8.1 动态建模概述 8.2 状态图 8.2.1 状态图概述	8.2.2 状态图组成 8.2.3 绘制员工下班回家状态图
	4	8.3 活动图 8.3.1 活动图概述 8.3.2 活动图组成 8.3.3 绘制 WebShop 电子商城活动图	8.4 活动图拾遗 8.4.1 活动图与流程图的比较 8.4.2 活动图与状态图的比较
	2	8.5 时序图 8.5.1 时序图概述 8.5.2 时序图组成 8.5.3 绘制 WebShop 电子商城时序图 8.6 协作图 8.6.1 协作图概述	8.6.2 协作图组成 8.6.3 绘制 WebShop 电子商城协作图 8.7 时序图拾遗 8.7.1 时序图与协作图的比较 8.7.2 时序图与协作图的互换
第 9 章 物理建模	2	9.1 物理建模概述 9.1.1 硬件 9.1.2 软件 9.2 组件图	9.2.1 组件图概述 9.2.2 组件图组成 9.2.3 绘制 WebShop 电子商城组件图
	2	9.3 部署图 9.3.1 部署图概述	9.3.2 部署图组成 9.3.3 绘制 WebShop 电子商城部署图
第 10 章 双向工程	2	10.1 双向工程简介 10.2 正向工程（生成 Java 代码） 10.3 逆向工程	

续表

教学章节	课时	教学内容	
第 11 章 统一软件过程 RUP	4	11.1　RUP 简介 11.2　RUP 工作流程 11.2.1　业务建模 11.2.2　需求 11.2.3　分析设计 11.2.4　实施	11.2.5　测试 11.2.6　部署 11.2.7　配置与变更管理 11.2.8　项目管理 11.2.9　环境
	2	11.3　RUP 迭代过程 11.3.1　初始 11.3.2　细化	11.3.3　构造 11.3.4　移交 11.3.5　迭代计划示例（构造阶段）
累计课时	72		
综合实训	40	网上书城 eBook	

目 录

第 1 章　教学案例综述 ⋯⋯⋯⋯⋯⋯⋯⋯ 1
　1.1　WebShop 电子商城介绍 ⋯⋯⋯⋯⋯ 1
　　　1.1.1　电子商城需求分析 ⋯⋯⋯⋯ 1
　　　1.1.2　电子商城系统设计 ⋯⋯⋯⋯ 2
　　　1.1.3　电子商城数据库设计 ⋯⋯⋯ 7
　1.2　LibraryMIS 图书管理系统介绍 ⋯⋯ 13
　　　1.2.1　图书管理系统需求分析 ⋯⋯ 13
　　　1.2.2　图书管理系统系统设计 ⋯⋯ 14
　　　1.2.3　图书管理系统数据库设计 ⋯ 17
　习题 ⋯⋯⋯⋯⋯⋯⋯⋯⋯⋯⋯⋯⋯⋯ 25

第 2 章　面向对象技术和建模基础 ⋯⋯⋯ 26
　2.1　面向对象方法 ⋯⋯⋯⋯⋯⋯⋯⋯ 26
　　　2.1.1　面向对象方法的基本思想 ⋯ 26
　　　2.1.2　面向对象方法的发展 ⋯⋯⋯ 27
　2.2　面向对象的基本概念与特征 ⋯⋯⋯ 28
　　　2.2.1　面向对象的基本概念 ⋯⋯⋯ 28
　　　2.2.2　面向对象的主要特征 ⋯⋯⋯ 28
　2.3　面向对象分析 ⋯⋯⋯⋯⋯⋯⋯⋯ 29
　　　2.3.1　处理复杂问题的原则 ⋯⋯⋯ 30
　　　2.3.2　OOA 方法的基本步骤 ⋯⋯⋯ 31
　2.4　面向对象设计 ⋯⋯⋯⋯⋯⋯⋯⋯ 31
　2.5　面向对象实现 ⋯⋯⋯⋯⋯⋯⋯⋯ 32
　2.6　面向对象方法的内涵 ⋯⋯⋯⋯⋯ 32
　2.7　软件建模概述 ⋯⋯⋯⋯⋯⋯⋯⋯ 35
　　　2.7.1　软件建模的概念 ⋯⋯⋯⋯⋯ 35
　　　2.7.2　软件建模的用途 ⋯⋯⋯⋯⋯ 36
　　　2.7.3　软件建模的优点及误区 ⋯⋯ 38
　习题 ⋯⋯⋯⋯⋯⋯⋯⋯⋯⋯⋯⋯⋯⋯ 39

第 3 章　UML 简介 ⋯⋯⋯⋯⋯⋯⋯⋯⋯ 40
　3.1　UML 的发展 ⋯⋯⋯⋯⋯⋯⋯⋯⋯ 41
　　　3.1.1　UML 的发展历程 ⋯⋯⋯⋯⋯ 41
　　　3.1.2　理解 UML 建模 ⋯⋯⋯⋯⋯⋯ 42
　3.2　UML 的特点 ⋯⋯⋯⋯⋯⋯⋯⋯⋯ 43
　3.3　UML 的结构 ⋯⋯⋯⋯⋯⋯⋯⋯⋯ 44
　　　3.3.1　UML 的事物 ⋯⋯⋯⋯⋯⋯⋯ 45
　　　3.3.2　UML 的关系 ⋯⋯⋯⋯⋯⋯⋯ 46

　3.4　UML 的视图 ⋯⋯⋯⋯⋯⋯⋯⋯⋯ 46
　　　3.4.1　用例视图 ⋯⋯⋯⋯⋯⋯⋯⋯ 47
　　　3.4.2　逻辑视图 ⋯⋯⋯⋯⋯⋯⋯⋯ 47
　　　3.4.3　并发视图 ⋯⋯⋯⋯⋯⋯⋯⋯ 47
　　　3.4.4　组件视图 ⋯⋯⋯⋯⋯⋯⋯⋯ 48
　　　3.4.5　部署视图 ⋯⋯⋯⋯⋯⋯⋯⋯ 48
　3.5　UML 图形符号 ⋯⋯⋯⋯⋯⋯⋯⋯ 48
　　　3.5.1　用例图 ⋯⋯⋯⋯⋯⋯⋯⋯⋯ 49
　　　3.5.2　类图 ⋯⋯⋯⋯⋯⋯⋯⋯⋯⋯ 50
　　　3.5.3　对象图 ⋯⋯⋯⋯⋯⋯⋯⋯⋯ 50
　　　3.5.4　状态图 ⋯⋯⋯⋯⋯⋯⋯⋯⋯ 50
　　　3.5.5　活动图 ⋯⋯⋯⋯⋯⋯⋯⋯⋯ 51
　　　3.5.6　时序图 ⋯⋯⋯⋯⋯⋯⋯⋯⋯ 52
　　　3.5.7　协作图 ⋯⋯⋯⋯⋯⋯⋯⋯⋯ 52
　　　3.5.8　组件图 ⋯⋯⋯⋯⋯⋯⋯⋯⋯ 53
　　　3.5.9　部署图 ⋯⋯⋯⋯⋯⋯⋯⋯⋯ 53
　　　3.5.10　UML2.0 新特性 ⋯⋯⋯⋯⋯ 54
　3.6　UML 建模基本流程 ⋯⋯⋯⋯⋯⋯ 55
　习题 ⋯⋯⋯⋯⋯⋯⋯⋯⋯⋯⋯⋯⋯⋯ 57

第 4 章　UML 建模工具简介 ⋯⋯⋯⋯⋯ 59
　4.1　常用 UML 建模工具 ⋯⋯⋯⋯⋯⋯ 59
　　　4.1.1　Rational Software Architect ⋯⋯ 60
　　　4.1.2　Enterprise Architect ⋯⋯⋯⋯⋯ 61
　　　4.1.3　PowerDesigner ⋯⋯⋯⋯⋯⋯ 62
　　　4.1.4　Visio ⋯⋯⋯⋯⋯⋯⋯⋯⋯⋯ 63
　　　4.1.5　Trufun Plato ⋯⋯⋯⋯⋯⋯⋯ 64
　4.2　Rational Software Architect 安装与
　　　配置 ⋯⋯⋯⋯⋯⋯⋯⋯⋯⋯⋯⋯ 65
　　　4.2.1　Rational Software Architect 的
　　　　　　安装 ⋯⋯⋯⋯⋯⋯⋯⋯⋯⋯ 65
　　　4.2.2　Rational Software Architect 的
　　　　　　配置 ⋯⋯⋯⋯⋯⋯⋯⋯⋯⋯ 69
　4.3　使用 Rational Software Architect
　　　建模 ⋯⋯⋯⋯⋯⋯⋯⋯⋯⋯⋯⋯ 71
　　　4.3.1　Rational Software Architect
　　　　　　主要菜单 ⋯⋯⋯⋯⋯⋯⋯⋯ 71

| 4.3.2 Rational Software Architect 的模型 ································ 74
| 4.3.3 Rational Software Architect 建模的基本过程 ····················· 75
| 习题 ··· 78
| 第 5 章 需求建模 ································· 80
| 5.1 用例模型概述 ························· 80
| 5.2 用例图组成 ····························· 82
| 5.2.1 参与者 ························· 83
| 5.2.2 系统 ···························· 85
| 5.2.3 用例 ···························· 85
| 5.3 识别和描述用例 ····················· 87
| 5.3.1 识别用例 ····················· 87
| 5.3.2 绘制 WebShop 电子商城用例图 ···································· 89
| 5.3.3 通过包对用例进行合理规划 ····· 94
| 5.3.4 WebShop 电子商城用例图（不含关系）···················· 95
| 5.3.5 用例描述 ····················· 97
| 5.4 用例间的关系 ······················ 100
| 5.4.1 泛化关系 ··················· 100
| 5.4.2 包含关系 ··················· 101
| 5.4.3 扩展关系 ··················· 102
| 5.4.4 关系小结 ··················· 103
| 5.4.5 WebShop 电子商城用例图（含关系）·················· 104
| 习题 ·· 106
| 第 6 章 静态建模 ································· 108
| 6.1 静态建模概述 ······················ 108
| 6.2 类图概述 ····························· 109
| 6.3 类图的基本组成 ··················· 110
| 6.3.1 类的概述 ··················· 110
| 6.3.2 绘制带属性的实体类 ······ 113
| 6.3.3 绘制带操作的实体类 ······ 119
| 6.3.4 绘制边界类图 ············· 121
| 6.3.5 绘制控制类图 ············· 122
| 6.3.6 UML 中的类与语言中的类 ··· 123
| 6.4 类之间的关系 ······················ 124
| 6.4.1 关联关系 ··················· 124
| 6.4.2 聚合关系 ··················· 126
| 6.4.3 组合关系 ··················· 127

       6.4.4 泛化关系 ··················· 128
       6.4.5 实现关系 ··················· 129
       6.4.6 依赖关系 ··················· 130
   6.5 对象图 ······························· 131
       6.5.1 对象图概述 ················· 132
       6.5.2 对象图组成 ················· 132
       6.5.3 类图 VS 对象图 ··········· 133
   习题 ·· 133
第 7 章 数据库建模 ····························· 136
   7.1 PowerDesigner 简介 ············· 136
   7.2 PowerDesigner 安装和启动 ··· 138
       7.2.1 PowerDesigner 的安装 ··· 138
       7.2.2 PowerDesigner 的启动 ··· 141
   7.3 PowerDesigner 概念数据模型 ··· 141
       7.3.1 概念数据模型概述 ········· 141
       7.3.2 PowerDesigner 概念数据模型概述 ······················ 142
   7.4 PowerDesigner 物理数据模型 ··· 147
   习题 ·· 151
第 8 章 动态建模 ································· 153
   8.1 动态建模概述 ······················ 153
   8.2 状态图 ······························· 154
       8.2.1 状态图概述 ················· 154
       8.2.2 状态图组成 ················· 154
       8.2.3 绘制员工下班回家状态图 ··· 158
   8.3 活动图 ······························· 163
       8.3.1 活动图概述 ················· 163
       8.3.2 活动图组成 ················· 164
       8.3.3 绘制 WebShop 电子商城活动图 ························· 167
   8.4 活动图拾遗 ·························· 170
       8.4.1 活动图与流程图的比较 ···· 170
       8.4.2 活动图与状态图的比较 ···· 170
   8.5 时序图 ······························· 171
       8.5.1 时序图概述 ················· 172
       8.5.2 时序图组成 ················· 172
       8.5.3 绘制 WebShop 电子商城时序图 ························· 174
   8.6 协作图 ······························· 177
       8.6.1 协作图概述 ················· 177
       8.6.2 协作图组成 ················· 178

8.6.3　绘制 WebShop 电子商城
　　　　　协作图 ················· 179
8.7　时序图拾遗 ····················· 180
　　8.7.1　时序图与协作图的比较 ··· 180
　　8.7.2　时序图与协作图的互换 ··· 180
习题 ····································· 182

第 9 章　物理建模 ··················· 186
9.1　物理建模概述 ··················· 186
　　9.1.1　硬件 ······················ 187
　　9.1.2　软件 ······················ 187
9.2　组件图 ·························· 188
　　9.2.1　组件图概述 ··············· 188
　　9.2.2　组件图组成 ··············· 189
　　9.2.3　绘制 WebShop 电子商城组
　　　　　件图 ····················· 191
9.3　部署图 ·························· 194
　　9.3.1　部署图概述 ··············· 194
　　9.3.2　部署图组成 ··············· 195
　　9.3.3　绘制 WebShop 电子商城部
　　　　　署图 ····················· 197
习题 ····································· 199

第 10 章　双向工程 ··················· 201
10.1　双向工程简介 ·················· 201
10.2　正向工程（生成 Java 代码）··· 201
10.3　逆向工程 ······················ 205

习题 ····································· 207

第 11 章　统一软件过程 RUP ········· 209
11.1　RUP 简介 ······················ 209
11.2　RUP 工作流程 ·················· 213
　　11.2.1　业务建模 ················ 214
　　11.2.2　需求 ····················· 216
　　11.2.3　分析设计 ················ 221
　　11.2.4　实施 ····················· 224
　　11.2.5　测试 ····················· 226
　　11.2.6　部署 ····················· 229
　　11.2.7　配置与变更管理 ········· 232
　　11.2.8　项目管理 ················ 234
　　11.2.9　环境 ····················· 236
11.3　RUP 迭代过程 ·················· 239
　　11.3.1　初始 ····················· 239
　　11.3.2　细化 ····················· 240
　　11.3.3　构造 ····················· 242
　　11.3.4　移交 ····················· 243
　　11.3.5　迭代计划示例（构造
　　　　　　阶段）··················· 244
习题 ····································· 247

附录 A　综合实训 ····················· 249
附录 B　Rational Software Architect 8.5
　　　　主菜单 ························ 256
参考文献 ······························· 264

第1章 教学案例综述

学习目标

本章详细介绍了本书教学演示用的"WebShop 电子商城"和学生模仿实践用的"图书管理系统"两个项目的需求分析、功能设计、界面设计和数据库设计等。本章的学习要点包括:
- "WebShop 电子商城"教学案例的设计;
- "图书管理系统"模仿案例的设计。

学习导航

本书将以典型的 B/S 架构的"WebShop 电子商城"和 C/S 与 B/S 混合架构的"图书管理系统"为载体展开对 UML 建模技术的文件介绍,本章主要对教学案例("WebShop 电子商城")与模仿案例("图书管理系统")的需求、设计等进行说明。

1.1 WebShop 电子商城介绍

本书以基于真实工作任务的案例驱动教学方式讲解 UML 建模的基本知识、训练 UML 建模操作技能。围绕 WebShop 电子商城和图书管理系统两个真实的软件系统展开对 UML 建模技术的详细介绍。其中 WebShop 电子商城与该书作者主编的《SQL Server 实例教程(2008 版)》(电子工业出版社,2012)中用到的系统一致。这样,便于读者对该系统业务逻辑的理解,也便于在不同的课程中学习该系统开发过程中所需要的不同侧面的知识和技能。

1.1.1 电子商城需求分析

随着计算机网络技术的发展,传统的商务正历经一次大的变革。以 Internet 为基础的电子商务正在以难以置信的速度渗透到人们的日常生活。电子商务通常是指在全球各地广泛的商业贸易活动中,在 Internet 开放的网络环境下,基于浏览器/服务器应用方式,买卖双方不谋面地进行各种商贸活动,实现消费者的网上购物、商户之间的网上交易和在线电子支付以及各种商务活动、交易活动、金融活动和相关的综合服务活动的一种新型的商业运营模式。一般分为:ABC、B2B、B2C、C2C、B2M、M2C、B2A(即 B2G)、C2A(即 C2G)、O2O 等。自 1990 年电子商务诞生直到 2014 年的全民电商时代,电子商务作为新兴行业快速发展至成熟稳定期。WebShop 是一个典型的 B2C 模式的电子商城,该电子商务系统要求能够实现前台用户购物和后台管理两大部分功能。前台购物系统包括会员注册、会员登录、商品展示、商品搜索、购物车、产生订单和会员资料修改等功能。后台管理系统包括管理用户、维护商品库、处理订单、维护会员信息和其他管理功能。

WebShop 电子商城的功能需求情况如表 1-1 和表 1-2 所示。

表 1-1 购物用户相关功能需求

对象	功能	说明
购物用户	会员注册	用户填写必要资料和可选资料后成为本购物网站的会员,只有注册会员才可以进行购物操作,非注册会员只能查看商品资料
	会员登录	注册会员输入注册用户名和密码可以登录本网站进行购物
	查看/选购商品	注册会员可以通过商品列表了解商品的基本信息,再通过商品详细资料页面了解商品的详细情况,同时,可以根据自己需要进行根据商品编号、商品名称、商品类别和热销度等条件进行搜索
	购买商品	会员在浏览商品过程中,可以将自己需要的商品放入购物车中,用户最终购买的商品从购物车中选取。在购物车中根据不同等级的登录会员,进行订单总金额计算。会员在选购商品后,在付款前,对购物车中商品进行最后的选取,可以从中删除不需要的商品,也可以修改所选择的商品的数量
	确认购买	会员在购物过程中任何时候都可以查看购物车中自己所选取的商品,以了解所选择商品信息;用户在确认购买后,可以在本系统中查询订单情况,以了解付款信息和商品配送情况
	用户资料维护	会员可以对个人信息和密码进行修改

表 1-2 后台管理员相关功能需求

对象	功能	说明
后台管理员	商品管理	添加、删除和修改商品信息,还可以对商品的类型进行添加、删除和修改
	订单管理	对购物者在前台购物时产生的订单进行管理,包括接收、送货等功能
	会员管理	对注册会员信息进行相关管理操作
	管理员管理	添加、删除后台管理员,可添加后台管理员相对应的权限
	库存管理	设置库存报警限额,当库存处于饱和或者缺货状态,库存报警
	综合管理	对支付方式和配送方式进行管理

同时该系统的性能要求包括以下几个方面:
- 系统具有易操作性;
- 系统具有通用性、灵活性;
- 系统具有可维护性;
- 系统具有可开放性;
- 系统具有较高的安全机制。

1.1.2 电子商城系统设计

WebShop 电子商城是一个基于多层的分布式 Web 应用程序。该系统由三层组成:视图层、业务逻辑层和持久层。其中视图层负责数据的呈现,业务逻辑层负责实际的业务处理,持久层负责数据的持久性处理。WebShop 电子商城网站结构图如图 1-1 所示。

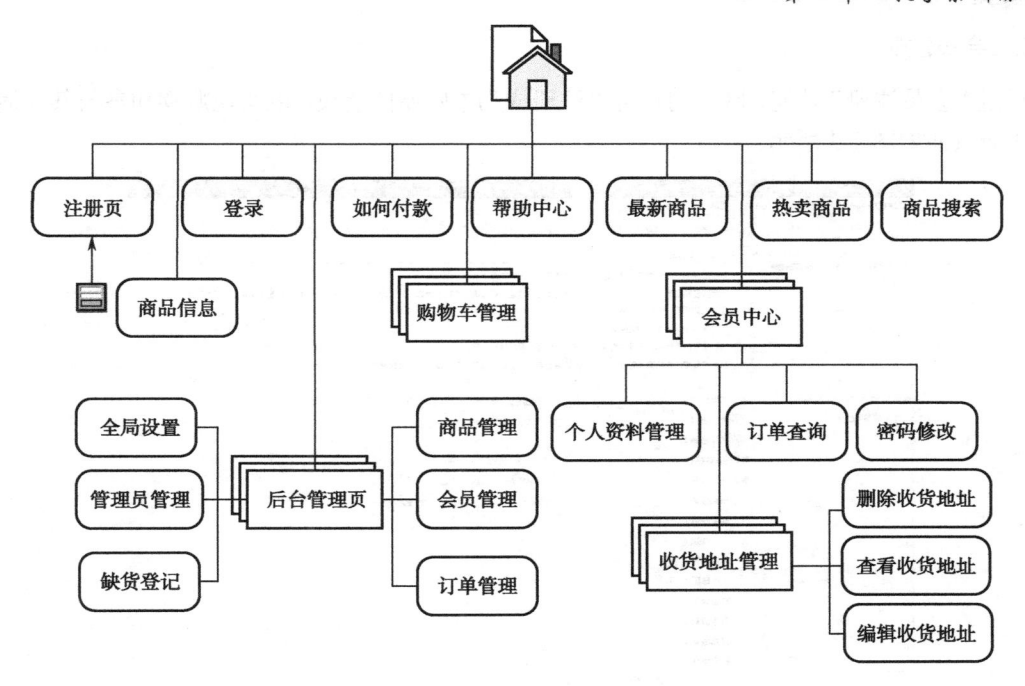

图 1-1 WebShop 电子商城网站结构图

下面以实际运行的页面形式，对 WebShop 电子商城的功能进行说明。

1. 前台主页面

"前台主页面"综合了会员登录、会员注册和会员购物的各项功能，如图 1-2 所示。

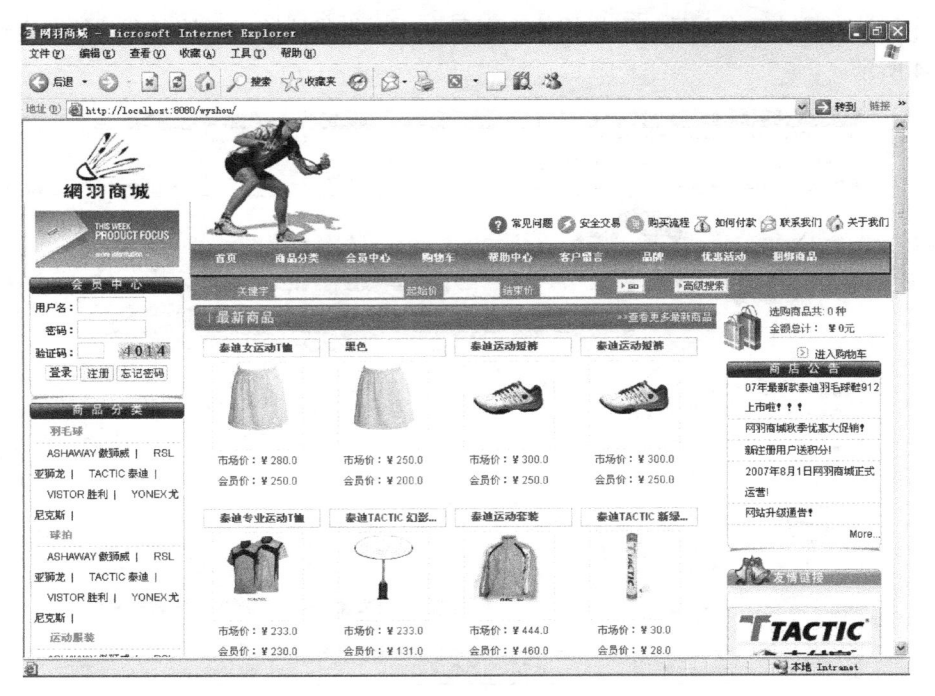

图 1-2 前台主页面

2. 会员注册

通过"会员注册"功能，网站用户可以注册成为本网站的会员，以实现购物和参与其他活动。会员注册页面如图 1-3 所示。

图 1-3　会员注册页面

3. 会员中心

"会员中心"可以完成会员的资料修改、密码更改、收货地址更新等各项功能。会员中心页面如图 1-4 所示。

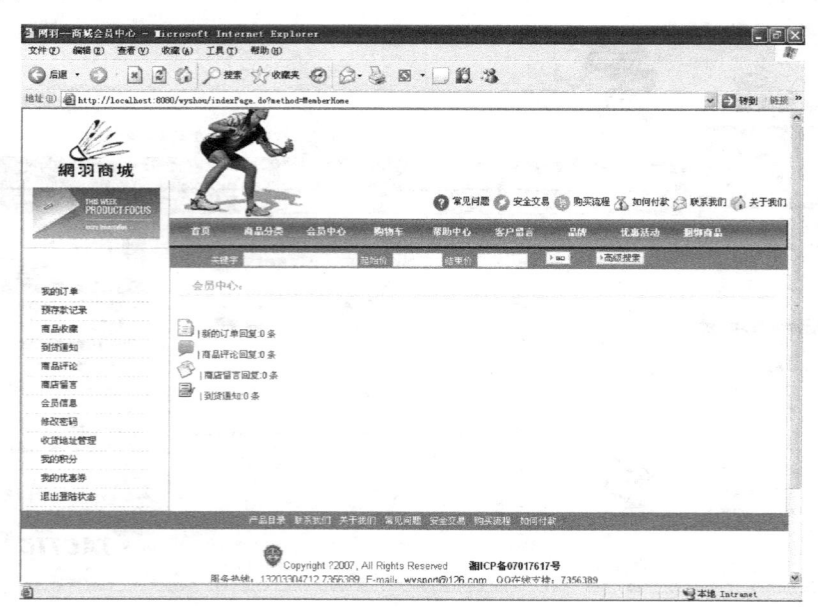

图 1-4　会员中心页面

4. 查看/购买商品

通过"查看/购买商品"功能，注册会员可以搜索到自己需要的商品，并添加到购物车。同时，可以对购物车中的商品进行删除，对商品数量进行修改。查看/购买商品页面如图1-5所示。

图1-5　查看/购买商品页面

5. 生成订单

通过"生成订单"功能，注册会员可以确认购买购物车中的商品，并选择支付方式和填写送货地址，完成商品的订购。生成订单页面如图1-6所示。

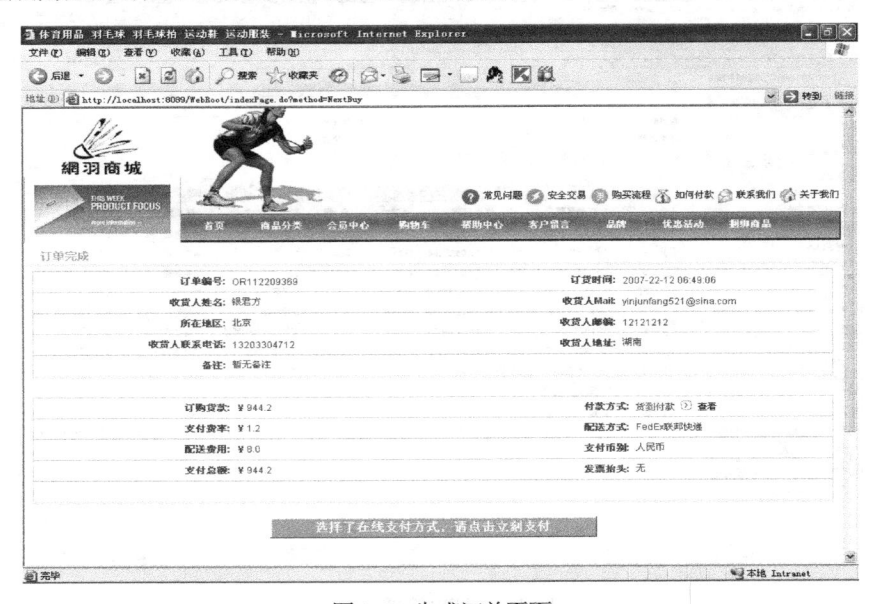

图1-6　生成订单页面

6. 商品管理

通过"商品管理"功能，后台管理员可以完成添加、修改和删除商品的操作。商品管理页面如图 1-7 所示。

图 1-7　商品管理页面

7. 订单管理

通过"订单管理"功能，管理员可以完成订单的处理操作。订单管理页面如图 1-8 所示。

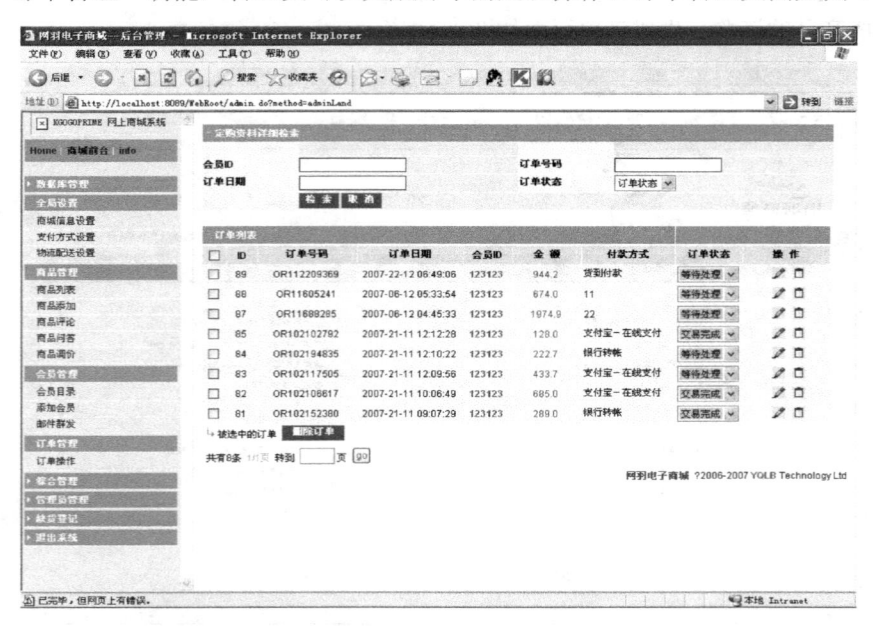

图 1-8　订单管理页面

会员管理、管理员管理、库存管理和综合管理的基本功能与商品管理和订单管理相似，请读者参照商品管理和订单管理的页面进行理解，在此不详细列出。

1.1.3 电子商城数据库设计

根据系统功能描述和实际业务分析，进行了 WebShop 电子商城的数据库设计，主要数据表及其内容如下。

1. Customers 表（会员信息表）

会员信息表结构的详细信息如表 1-3 所示。

表 1-3 Customers 表结构

表序号	1	表	名	Customers		
用途	存储客户基本信息					
序号	属性名称	含义	数据类型	长度	为空性	约束
1	c_ID	客户编号	char	5	not null	主键
2	c_Name	客户名称	varchar	30	not null	唯一
3	c_TrueName	真实姓名	varchar	30	not null	
4	c_Gender	性别	char	2	not null	
5	c_Birth	出生日期	datetime		not null	
6	c_CardID	身份证号	varchar	18	not null	
7	c_Address	客户地址	varchar	50	null	
8	c_Postcode	邮政编码	char	6	null	
9	c_Mobile	手机号码	varchar	11	null	
10	c_Phone	固定电话	varchar	15	null	
11	c_E-mail	电子邮箱	varchar	50	null	
12	c_Password	密码	varchar	30	not null	
13	c_SafeCode	安全码	char	6	not null	
14	c_Question	提示问题	varchar	50	not null	
15	c_Answer	提示答案	varchar	50	not null	
16	c_Type	用户类型	varchar	10	not null	

会员信息表内容的详细信息如表 1-4 所示。

表 1-4 Customers 表内容

c_ID	c_Name	c_TrueName	c_Gender	c_Birth	c_CardID	c_Address	c_Postcode	c_Mobile
C0001	liuzc	刘志成	男	1972-5-18	120104197205186313	湖南株洲市	412000	13317411740
C0002	liujin	刘津津	女	1986-4-14	430202198604141006	湖南长沙市	410001	13313313333
C0003	wangym	王咏梅	女	1976-8-6	120102197608061004	湖南长沙市	410001	13513513555
C0004	hangxf	黄幸福	男	1978-4-6	120102197608060204	广东顺德市	310001	13613613666
C0005	hangrong	黄蓉	女	1982-12-1	220102197608060104	湖北武汉市	510001	13613613666

续表

c_ID	c_Name	c_TrueName	c_Gender	c_Birth	c_CardID	c_Address	c_Postcode	c_Mobile
C0006	chenhx	陈欢喜	男	1970-2-8	430202197002081108	湖南株洲市	412001	13607330303
C0007	wubo	吴波	男	1979-10-10	430202197910108110	湖南株洲市	412001	13607338888
C0008	luogh	罗桂华	女	1985-4-26	430201198504264545	湖南株洲市	412001	13574268888
C0009	wubin	吴兵	女	1987-9-9	430201198709092346	湖南株洲市	412001	13873308088
C0010	wenziyu	文子玉	女	1988-5-20	320908198805200116	河南郑州市	622000	13823376666

c_Phone	c_SafeCode	c_Password	c_E-mail	c_Question	c_Answer	c_Type
0733-8208290	6666	123456	liuzc518@163.com	你的生日哪一天	5月18日	普通
0731-8888888	6666	123456	amy@163.com	你出生在哪里	湖南长沙	普通
0731-8666666	6666	123456	wangym@163.com	你最喜爱的人是谁	女儿	VIP
0757-25546536	6666	123456	hangxf@sina.com	你最喜爱的人是谁	我的父亲	普通
024-89072346	6666	123456	hangrong@sina.com	你出生在哪里	湖北武汉	普通
0733-26545555	6666	123456	chenhx@126.com	你出生在哪里	湖南株洲	VIP
0733-26548888	6666	123456	wubo@163.com	你的生日哪一天	10月10日	普通
0733-8208888	6666	123456	guihua@163.com	你的生日哪一天	4月26日	普通
0733-8208208	6666	123456	wubin0808@163.com	你出生在哪里	湖南株洲	普通
0327-8208208	6666	123456	wuziyu@126.com	你的生日哪一天	5月20日	VIP

2. Types 表（商品类别表）

商品类别表结构的详细信息如表 1-5 所示。

表 1-5 Types 表结构

表序号	2	表 名		Types		
含义			存储商品类别信息			
序号	属性名称	含义	数据类型	长度	为空性	约束
1	t_ID	类别编号	char	2	not null	主键
2	t_Name	类别名称	varchar	50	not null	
3	t_Description	类别描述	varchar	100	null	

商品类别表内容的详细信息如表 1-6 所示。

表 1-6 Types 表内容

t_ID	t_Name	t_Description
01	通信产品	包括手机和电话等通信产品
02	电脑产品	包括台式电脑和笔记本电脑及电脑配件
03	家用电器	包括电视机、洗衣机、微波炉等
04	服装服饰	包括服装产品和服饰商品
05	日用商品	包括家庭生活中常用的商品

t_ID	t_Name	t_Description
06	运动用品	包括篮球、排球等运动器具
07	礼品玩具	包括儿童、情侣、老人等礼品
08	女性用品	包括化妆品等女性用品
09	文化用品	包括光盘、图书、文具等文化用品
10	时尚用品	包括一些流行的商品

3. Goods 表（商品信息表）

商品信息表结构的详细信息如表 1-7 所示。

表 1-7 Goods 表结构

表序号	3	表名			Goods	
含义			存储商品信息			
序号	属性名称	含义	数据类型	长度	为空性	约束
1	g_ID	商品编号	char	6	not null	主键
2	g_Name	商品名称	varchar	50	not null	
3	t_ID	商品类别	char	2	not null	外键
4	g_Price	商品价格	float		not null	
5	g_Discount	商品折扣	float		not null	
6	g_Number	商品数量	smallint		not null	
7	g_ProduceDate	生产日期	datetime		not null	
8	g_Image	商品图片	varchar	100	null	
9	g_Status	商品状态	varchar	10	not null	
10	g_Description	商品描述	varchar	1000	null	

商品信息表内容的详细信息如表 1-8 所示。

表 1-8 Goods 表内容

g_ID	g_Name	t_ID	g_Price	g_Discount	g_Number	g_ProduceDate	g_Image	g_Status	g_Description
010001	诺基亚 6500 Slide	01	1500	0.9	20	2007-6-1	略	热点	略
010002	三星 SGH-P520	01	2500	0.9	10	2007-7-1	略	推荐	略
010003	三星 SGH-F210	01	3500	0.9	30	2007-7-1	略	热点	略
010004	三星 SGH-C178	01	3000	0.9	10	2007-7-1	略	热点	略
010005	三星 SGH-T509	01	2020	0.8	15	2007-7-1	略	促销	略
010006	三星 SGH-C408	01	3400	0.8	10	2007-7-1	略	促销	略
010007	摩托罗拉 W380	01	2300	0.9	20	2007-7-1	略	热点	略
010008	飞利浦 292	01	3000	0.9	10	2007-7-1	略	热点	略
020001	联想旭日 410MC520	02	4680	0.8	18	2007-6-1	略	促销	略

续表

g_ID	g_Name	t_ID	g_Price	g_Discount	g_Number	g_ProduceDate	g_Image	g_Status	g_Description
020002	联想天逸 F30T2250	02	6680	0.8	18	2007-6-1	略	促销	略
030002	海尔电冰箱 HDFX01	03	2468	0.9	15	2007-6-1	略	热点	略
030003	海尔电冰箱 HEF02	03	2800	0.9	10	2007-6-1	略	热点	略
040001	劲霸西服	04	1468	0.9	60	2007-6-1	略	推荐	略
060001	红双喜牌乒乓球拍	06	46.8	0.8	45	2007-6-1	略	促销	略
999999	测试商品	01	8888	0.8	8	2007-8-8	略	热点	略

4．Employees（员工表）

员工信息表结构的详细信息如表1-9所示。

表1-9 Employees 表结构

表 序 号	4	表　名		Employees	
含义			存储员工信息		
序号	属性名称	含义	数据类型	长度	为空性	约束
1	e_ID	员工编号	char	10	not null	主键
2	e_Name	员工姓名	varchar	30	not null	
3	e_Gender	性别	char	2	not null	
4	e_Birth	出生年月	datetime		not null	
5	e_Address	员工地址	varchar	100	null	
6	e_Postcode	邮政编码	char	6	null	
7	e_Mobile	手机号码	varchar	11	null	
8	e_Phone	固定电话	varchar	15	not null	
9	e_E-mail	电子邮箱	varchar	50	not null	

员工信息表内容的详细信息如表1-10所示。

表1-10 Employees 表内容

e_ID	e_Name	e_Gender	e_Birth	e_Address	e_Postcode	e_Mobile	e_Phone	e_E-mail
E0001	张小路	男	1982-9-9	湖南株洲市	412000	13317411740	0733-8208290	zhangxl@163.com
E0002	李玉蓓	女	1978-6-12	湖南株洲市	412001	13873307619	0733-8208290	liyp@126.com
E0003	王忠海	男	1966-2-12	湖南株洲市	412000	13973324888	0733-8208290	wangzhh@163.com
E0004	赵光荣	男	1972-2-12	湖南株洲市	412000	13607333233	0733-8208290	zhaogr@163.com
E0005	刘丽丽	女	1984-5-18	湖南株洲市	412002	13973309090	0733-8208290	liulili@163.com

5．Payments 表（支付方式表）

支付方式表结构的详细信息如表1-11所示。

表 1-11 Payments 表结构

表 序 号	5	表　名		Payments	
含义	存储支付信息				
序号	属性名称	含义	数据类型	长度	为空性	约束
1	p_Id	支付编号	char	2	not null	主键
2	p_Mode	支付名称	varchar	20	not null	
3	p_Remark	支付说明	varchar	100	null	

支付方式表内容的详细信息如表 1-12 所示。

表 1-12 Payments 表内容

p_Id	p_Mode	p_Remark
01	货到付款	货到之后再付款
02	网上支付	采用支付宝等方式
03	邮局汇款	通过邮局汇款方式
04	银行电汇	通过各商业银行电汇
05	其他方式	赠券等其他方式

6. Orders 表（订单信息表）

订单信息表结构的详细信息如表 1-13 所示。

表 1-13 Orders 表结构

表 序 号	6	表　名		Orders	
含义	存储订单信息				
序号	属性名称	含义	数据类型	长度	为空性	约束
1	o_ID	订单编号	char	14	not null	主键
2	c_ID	客户编号	char	5	not null	外键
3	o_Date	订单日期	datetime		not null	
4	o_Sum	订单金额	float		not null	
5	e_ID	处理员工	char	10	not null	外键
6	o_SendMode	送货方式	varchar	50	not null	
7	p_Id	支付方式	char	2	not null	外键
8	o_Status	订单状态	bit		not null	

订单信息表内容的详细信息如表 1-14 所示。

表 1-14 Orders 表内容

o_ID	c_ID	o_Date	o_Sum	e_ID	o_SendMode	p_Id	o_Status
200708011012	C0001	2007-8-1	1387.44	E0001	送货上门	01	0
200708011430	C0001	2007-8-1	5498.64	E0001	送货上门	01	1

续表

o_ID	c_ID	o_Date	o_Sum	e_ID	o_SendMode	p_Id	o_Status
200708011132	C0002	2007-8-1	2700	E0003	送货上门	01	1
200708021850	C0003	2007-8-2	9222.64	E0004	邮寄	03	0
200708021533	C0004	2007-8-2	2720	E0003	送货上门	01	0
200708022045	C0005	2007-8-2	2720	E0003	送货上门	01	0

7. OrderDetails 表（订单详情表）

订单详情表结构的详细信息如表 1-15 所示。

表 1-15　OrderDetails 表结构

表序号	7	表名		OrderDetails		
含义			存储订单详细信息			
序号	属性名称	含义	数据类型	长度	为空性	约束
1	d_ID	编号	int		not null	主键
2	o_ID	订单编号	char	14	not null	外键
3	g_ID	商品编号	char	6	not null	外键
4	d_Price	购买价格	float		not null	
5	d_Number	购买数量	smallint		not null	

订单详情表内容的详细信息如表 1-16 所示。

表 1-16　OrderDetails 表内容

d_ID	o_ID	g_ID	d_Price	d_Number
1	200708011012	010001	1350	1
2	200708011012	060001	37.44	1
3	200708011430	060001	37.44	1
4	200708011430	010007	2070	2
5	200708011430	040001	1321.2	1
6	200708011132	010008	2700	1
7	200708021850	030003	2520	1
8	200708021850	020002	5344	1
9	200708021850	040001	1321.2	1
10	200708021850	060001	37.44	1
11	200708021533	010006	2720	1
12	200708022045	010006	2720	1

8. Users 表（用户表）

用户表结构的详细信息如表 1-17 所示。

表 1-17 Users 表结构

表 序 号	8	表名			Users	
含义			存储管理员基本信息			
序号	属性名称	含义	数据类型	长度	为空性	约束
1	u_ID	用户编号	varchar	10	not null	主键
2	u_Name	用户名称	varchar	30	not null	
3	u_Type	用户类型	varchar	10	not null	
4	u_Password	用户密码	varchar	30	null	

用户表内容的详细信息如表 1-18 所示。

表 1-18 Users 表内容

u_ID	u_Name	u_Type	u_Password
01	admin	超级	admin
02	amy	超级	amy0414
03	wangym	普通	wangym
04	luogh	查询	luogh

课堂实践 1

1. 操作要求

（1）进入中国互动出版网的网站：http://www.china-pub.com。

（2）注册成为该图书商城的购物用户，体验用户注册、用户登录、搜索图书、购买图书和下订单等典型 B2C 电子商城的主要业务，进一步明确 B2C 电子商城系统的基本功能。

2. 操作提示

（1）也可以进入其他的 B2C 电子商城网站。
（2）为避免产生垃圾数据和增加网站的处理量，测试购物时请尽量不要确认订单。

1.2 LibraryMIS 图书管理系统介绍

1.2.1 图书管理系统需求分析

图书管理系统是用来在学校、大中型企业等机构实现组织内部图书馆中的图书管理、读者管理、图书借阅管理、图书借阅统计等功能的信息系统。该系统主要满足来自三方面的需求，这三个方面分别是读者、图书管理人员和系统管理员。图书管理系统的需求情况如表 1-19 所示。

表 1-19 图书管理系统需求情况

对象	功能	说明
读者	办理借书证	向系统管理员提出申请，办理借书证以便进行借书、还书操作
	借阅图书	到图书馆办理借阅图书手续
	归还图书	到图书馆办理归还图书手续，在还书时所借的图书如果超过了规定的借阅期限或损坏了图书，需要支付罚款
	网上预订	登录网上系统，查询到自己需要的图书信息后，通过网上系统进行预订
图书管理人员	处理借书	在读者借阅图书时，处理读者的借书请求
	处理还书	在读者归还图书时，处理读者的还书操作；如果读者所借的图书超过了规定的借阅期限或图书受到损坏时，在还书时按规定收取罚款
	日常维护	对新书上架或图书下架进行处理
系统管理员	管理系统用户	添加、删除或修改图书管理系统中各类图书管理员信息
	管理读者信息	响应读者办理借书证的申请，添加、删除或修改图书管理系统中的读者信息
	管理图书信息	添加、删除或修改图书管理系统中各类图书信息和图书类别信息
	系统维护	完成系统数据备份、系统数据初始化、密码设置和权限管理等操作；根据需求统计图书借阅情况、在库图书情况、图书借阅排行等；发布后台公告；添加、删除或修改图书管理系统中各类罚款的额度和期限等

1.2.2 图书管理系统系统设计

本书中的图书管理系统采用 C/S+B/S 的混合结构，其中 B/S 结构实现在网上发布图书信息、会员注册、网上预订等功能，C/S 系统实现读者借书、还书、系统设置等功能。

下面以实际运行的界面形式，对 LibraryMIS 图书管理系统的功能进行说明。

1. 读者类别管理

"读者类别管理"是针对不同类型的读者，有不同的借书数量、借书时间等，如图 1-9 所示。

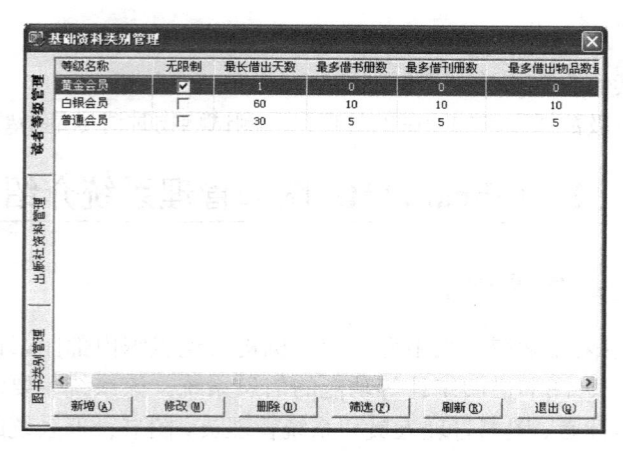

图 1-9 读者类别管理

2. 读者管理

"读者管理"可以添加新的读者，也可以对已有的读者信息进行修改，还可以删除读者信息，如图1-10所示。

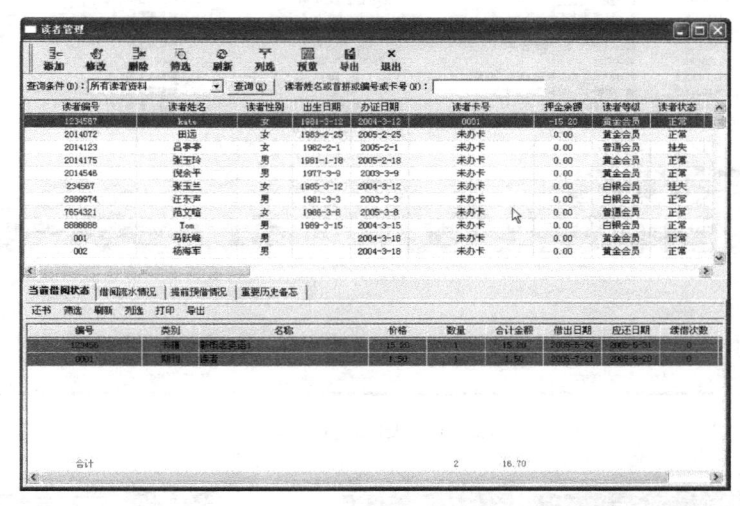

图1-10 读者管理

3. 图书类别管理

"图书类别管理"功能可以完成添加、修改和删除图书类别信息等操作，如图1-11所示。

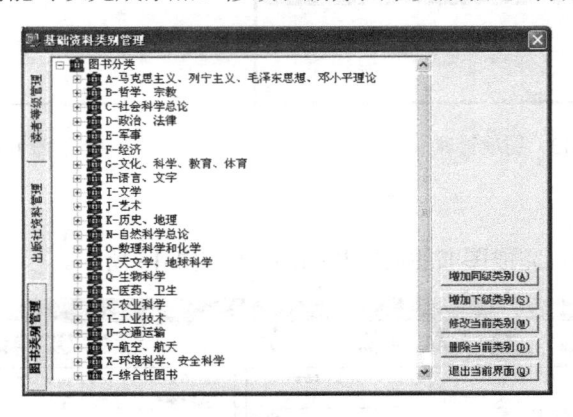

图1-11 图书类别管理

4. 图书信息管理

"图书信息管理"功能可以完成添加、修改和删除图书基本信息等操作，如图1-12所示。

5. 罚款管理

"罚款管理"功能可以完成添加、修改和删除罚款基本信息等操作，如图1-13所示。

6. 用户管理

"用户管理"功能可以完成添加、修改和删除图书管理员和系统管理员基本信息等操作，如图1-14所示。

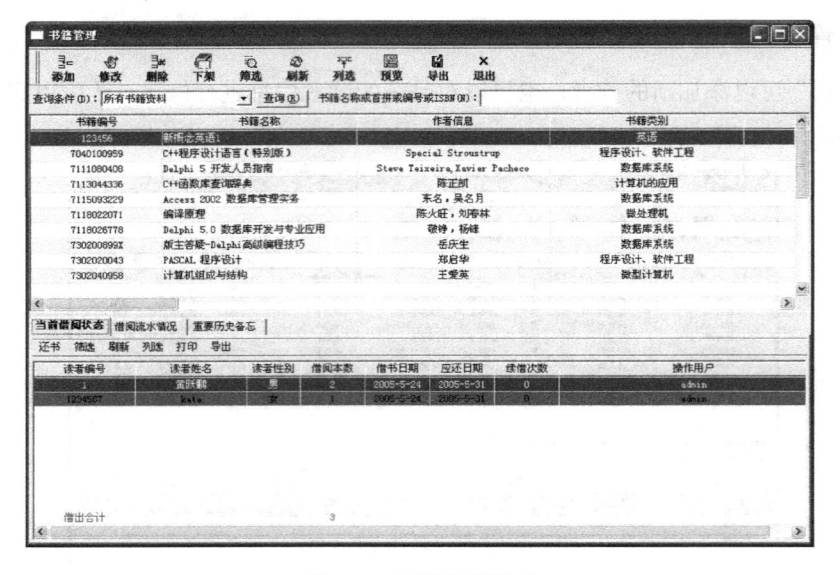

图 1-12　图书信息管理

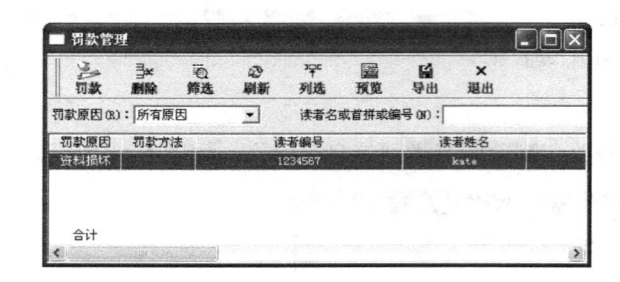

图 1-13　罚款管理　　　　　　　　　　　图 1-14　用户管理

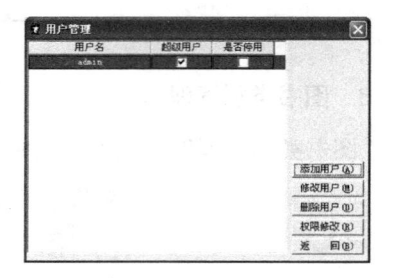

7. 借还图书

"借还图书"功能可以完成图书的借出和归还,如图 1-15 所示。

图 1-15　借还图书

8. 统计分析

"统计分析"功能可以统计资料借阅排行榜、当日图书借还信息、当月图书借还信息等,如图 1-16 所示。

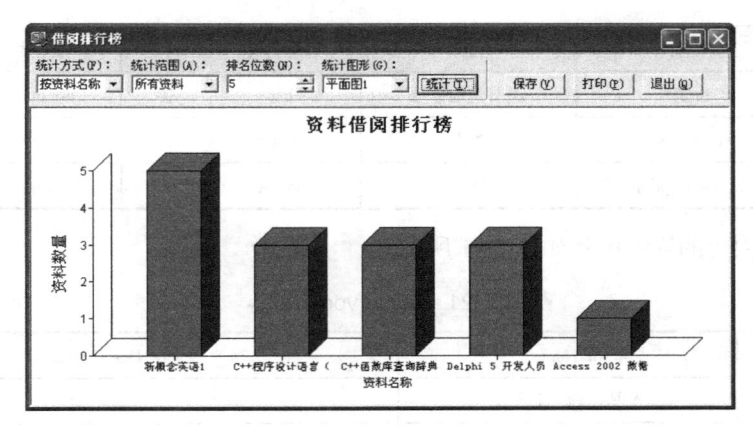

图 1-16 统计分析

9. 后台信息发布

"后台信息发布"功能可以发布网上系统显示的公告信息,如图 1-17 所示。

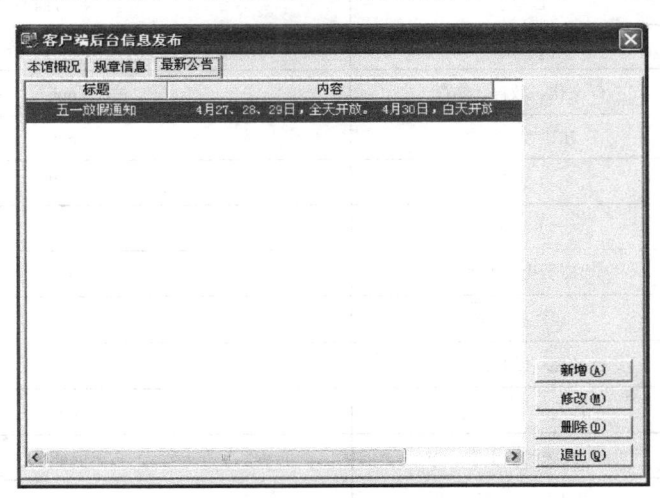

图 1-17 后台信息发布

1.2.3 图书管理系统数据库设计

LibraryMIS 图书管理系统的数据库包含 BookType、Publisher、BookInfo、BookStore、ReaderType、ReaderInfo 和 BorrowReturn 七个表。

1. BookType 表(图书类别表)

图书类别表结构的详细信息如表 1-20 所示。

表 1-20 BookType 表结构

表 序 号	1	表 名		BookType		
含义			存储图书类别信息			
序号	属性名称	含义	数据类型	长度	为空性	约束
1	bt_ID	图书类别编号	char	10	not null	主键
2	bt_Name	图书类别名称	varchar	20	not null	
3	bt_Description	描述信息	varchar	50	null	

图书类别表内容的详细信息如表 1-21 所示。

表 1-21 BookType 表内容

bt_ID	bt_Name	bt_Description
01	A 马、列、毛著作	null
02	B 哲学	关于哲学方面的书籍
03	C 社会科学总论	null
04	D 政治、法律	关于政治和法律方面的书籍
05	E 军事	关于军事方面的书籍
06	F 经济	关于宏观经济和微观经济方面的书籍
07	G 文化、教育、体育	null
08	H 语言、文字	null
09	I 文学	null
10	J 艺术	null
11	K 历史、地理	null
12	N 自然科学总论	null
13	O 数理科学和化学术	null
14	P 天文学、地球	null
15	R 医药、卫生	null
16	S 农业技术（科学）	null
17	T 工业技术	null
18	U 交通、运输	null
19	V 航空、航天	null
20	X 环境科学、劳动科学	null
21	Z 综合性图书	null
22	M 期刊杂志	null
23	W 电子图书	null

2. Publisher 表（出版社信息表）

出版社信息表结构的详细信息如表 1-22 所示。

表 1-22　Publisher 表结构

表序号	2	表名		Publisher	
含义			存储出版社信息		
序号	属性名称	含义	数据类型	长度	为空性	约束

序号	属性名称	含义	数据类型	长度	为空性	约束
1	p_ID	出版社编号	char	4	not null	主键
2	p_Name	出版社名称	varchar	30	not null	
3	p_ShortName	出版社简称	varchar	8	not null	
4	p_Code	出版社代码	char	4	not null	
5	p_Address	出版社地址	varchar	50	not null	
6	p_PostCode	邮政编码	char	6	not null	
7	p_Phone	联系电话	char	15	not null	

出版社信息表内容的详细信息如表 1-23 所示。

表 1-23　Publisher 表内容

p_ID	p_Name	p_ShortName	p_Code	p_Address	p_PostCode	p_Phone
001	电子工业出版社	电子	7-12	北京市海淀区万寿路 173 信箱	100036	(010)68279077
002	高等教育出版社	高教	7-04	北京西城区德外大街 4 号	100011	(010)58581001
003	清华大学出版社	清华	7-30	北京清华大学学研大厦	100084	(010)62776969
004	人民邮电出版社	人邮	7-11	北京市崇文区夕照寺街 14 号	100061	(010)67170985
005	机械工业出版社	机工	7-11	北京市西城区百万庄大街 22 号	100037	(010)68993821
006	西安电子科技大学出版社	西电	7-56	西安市太白南路 2 号	710071	(010)88242885
007	科学出版社	科学	7-03	北京东黄城根北街 16 号	100717	(010)62136131
008	中国劳动社会保障出版社	劳动	7-50	北京市惠新东街 1 号	100029	(010)64911190
009	中国铁道出版社	铁道	7-11	北京市宣武区右安门西街 8 号	100054	(010)63583215
010	北京希望电子出版社	希望电子	7-80	北京市海淀区车道沟 10 号	100089	(010)82702660
011	化学工业出版社	化工	7-50	北京市朝阳区惠新里 3 号	100029	(010)64982530
012	中国青年出版社	中青	7-50	北京市东四十二条 21 号	100708	(010)84015588
013	中国电力出版社	电力	7-50	北京市三里河路 6 号	100044	(010)88515918
014	北京工业大学出版社	北工大	7-56	北京市朝阳区平乐园 100 号	100022	(010)67392308
015	冶金工业出版社	冶金	7-50	北京市沙滩嵩祝院北巷 39 号	100009	(010)65934239

3. BookInfo 表（图书信息表）

图书信息表结构的详细信息如表 1-24 所示。

表 1-24 BookInfo 表结构

表序号	3		表名		BookInfo	
含义	存储图书信息					
序号	属性名称	含义	数据类型	长度	为空性	约束
1	b_ID	图书编号	varchar	16	not null	主键
2	b_Name	图书名称	varchar	50	not null	
3	bt_ID	图书类型编号	char	10	not null	外键
4	b_Author	作者	varchar	20	not null	
5	b_Translator	译者	varchar	20	null	
6	b_ISBN	ISBN	varchar	30	not null	
7	p_ID	出版社编号	char	4	not null	外键
8	b_Date	出版日期	datetime		not null	
9	b_Edition	版次	smallint		not null	
10	b_Price	图书价格	money		not null	
11	b_Quantity	副本数量	smallint		not null	
12	b_Detail	图书简介	varchar	100	null	
13	b_Picture	封面图片	varchar	50	null	

图书信息表内容的详细信息如表 1-25 所示。

表 1-25 BookInfo 表内容

b_ID	b_Name	bt_ID	b_Author	b_Translator	b_ISBN
TP3/2737	Visual Basic.NET 实用教程	17	佟伟光	无	7-5053-8956-4
TP3/2739	C#程序设计	17	李德奇	无	7-03-015754-0
TP3/2741	JSP 程序设计案例教程	17	刘志成	无	7-115-15380-9
TP3/2742	数据恢复技术	17	戴士剑、陈永红	无	7-5053-9036-8
TP3/2744	Visual Basic.NET 进销存程序设计	17	阿惟	无	7-302-06731-7
TP3/2747	VC.NET 面向对象程序设计教程	17	赵卫伟、刘瑞光	无	7-111-18764-4
TP3/2752	Java 程序设计案例教程	17	刘志成	无	7-111-18561-7
TP312/146	C++程序设计与软件技术基础	17	梁普选	无	7-121-00071-7
TP39/707	数据库基础	17	沈祥玖	无	7-04-012644-3
TP39/711	管理信息系统基础与开发	17	陈承欢、彭勇	无	7-115-13103-1
TP39/713	关系数据库与 SQL 语言	17	黄旭明	无	7-04-01375-4
TP39/716	UML 用户指南	17	Grady Booch 等	邵维忠等	7-03-012096
TP39/717	UML 数据库设计应用	17	[美]Eric J.Naiburg 等	陈立军、郭旭	7-5053-6432-4
TP39/719	SQL Server 2005 实例教程	17	刘志成、陈承欢	无	7-7-302-14733-6
TP39/720	数据库及其应用系统开发	17	张迎新	无	7-302-12828-6

p_ID	b_Date	b_Edition	b_Price	b_Quantity	b_Detail	b_Picture
001	2003-8-1	1	￥18.00	9		
007	2005-8-1	1	￥26.00	14		
004	2007-9-1	1	￥27.00	4		
001	2003-8-1	1	￥39.00	4		
003	2003-7-1	1	￥38.00	4		
005	2006-5-1	1	￥20.00	9		
003	2006-9-1	1	￥26.00	14		
001	2004-7-1	1	￥28.00	7		
002	2003-9-1	1	￥18.50	4		
004	2005-2-1	1	￥23.00	2		
002	2004-1-1	1	￥15.00	4		
007	2003-8-1	1	￥35.00	4		
001	2001-3-1	1	￥30.00	9		
001	2006-10-1	1	￥34.00	3		
003	2006-7-1	1	￥26.00	4		

4. BookStore 表（图书存放信息表）

图书存放信息表结构的详细信息如表 1-26 所示。

表 1-26 BookStore 表结构

表序号	4	表名	BookStore			
含义	存储图书存放信息					
序号	属性名称	含义	数据类型	长度	为空性	约束
1	s_ID	条形码	char	8	not null	主键
2	b_ID	图书编号	varchar	16	not null	外键
3	s_InDate	入库日期	datetime		not null	
4	s_Operator	操作员	varchar	10	not null	
5	s_Position	存放位置	varchar	12		
6	s_Status	图书状态	varchar	4	not null	

图书存放信息表内容的详细信息如表 1-27 所示。

表 1-27 BookStore 表内容

s_ID	b_ID	s_InDate	s_Operator	s_Position	s_Status
121497	TP39/719	2006-10-20	林静	03-03-07	借出
121498	TP39/719	2006-10-20	林静	03-03-07	借出
121499	TP39/719	2006-10-20	林静	03-03-07	在藏

续表

s_ID	b_ID	s_InDate	s_Operator	s_Position	s_Status
128349	TP3/2741	2007-9-20	林静	03-03-01	借出
128350	TP3/2741	2007-9-20	林静	03-03-01	借出
128351	TP3/2741	2007-9-20	林静	03-03-01	借出
128352	TP3/2741	2007-9-20	林静	03-03-01	遗失
128353	TP39/711	2005-9-20	谭芳洁	03-03-01	借出
128354	TP39/711	2005-9-20	谭芳洁	03-03-01	在藏
128374	TP3/2752	2006-12-4	林静	03-03-02	借出
128375	TP39/716	2005-9-20	谭芳洁	03-03-02	借出
128376	TP39/717	2005-9-20	谭芳洁	03-03-02	在藏
145353	TP3/2744	2004-9-20	谭芳洁	03-03-02	在藏
145354	TP3/2744	2004-9-20	谭芳洁	03-03-02	借出
145355	TP3/2744	2004-9-20	谭芳洁	03-03-02	借出

5. ReaderType 表（读者类别信息表）

读者类别信息表结构的详细信息如表 1-28 所示。

表 1-28　ReaderType 表结构

表序号	5	表名		ReaderType		
含义	存储读者类别信息					
序号	属性名称	含义	数据类型	长度	为空性	约束
1	rt_ID	读者类型编号	char	2	not null	主键
2	rt_Name	读者类型名称	varchar	10	not null	唯一
3	rt_Quantity	限借数量	smallint		not null	
4	rt_Long	限借期限	smallint		not null	
5	rt_Times	续借次数	smallint		not null	
6	rt_Fine	超期日罚金	money		not null	

读者类别信息表内容的详细信息如表 1-29 所示。

表 1-29　ReaderType 表内容

rt_ID	rt_Name	rt_Quantity	rt_Long	rt_Times	rt_Fine
01	特殊读者	30	12	5	¥1.00
02	一般读者	20	6	3	¥0.50
03	管理员	25	12	3	¥0.50
04	教师	20	6	5	¥0.50
05	学生	10	6	2	¥0.10

6. ReaderInfo 表（读者信息表）

读者信息表结构的详细信息如表 1-30 所示。

表 1-30　ReaderInfo 表结构

表序号	6	表　名			ReaderInfo		
含义			存储读者信息				
序号	属性名称	含义	数据类型	长度	为空性	约束	
1	r_ID	读者编号	char	8	not null	主键	
2	r_Name	读者姓名	varchar	10	not null		
3	r_Date	发证日期	datetime		not null		
4	rt_ID	读者类型编号	char	2	not null		
5	r_Quantity	可借书数量	smallint		not null		
6	r_Status	借书证状态	varchar	4	not null		

读者信息表内容的详细信息如表 1-31 所示。

表 1-31　ReaderInfo 表内容

r_ID	r_Name	r_Date	rt_ID	r_Quantity	r_Status
0016584	王周应	2003-9-16	03	24	有效
0016585	阳杰	2003-9-16	02	19	有效
0016586	谢群	2003-9-16	02	17	有效
0016587	黄莉	2003-9-16	04	19	有效
0016588	向鹏	2003-9-16	05	10	注销
0016589	龙川玉	2003-12-12	01	28	有效
0016590	谭涛涛	2003-12-12	04	20	有效
0016591	黎小清	2003-12-12	05	10	注销
0016592	蔡鹿其	2003-12-12	03	25	有效
0016593	王谢恩	2003-12-12	05	10	注销
0016594	罗存	2004-9-23	05	10	注销
0016595	熊薇	2004-9-23	02	20	挂失
0016596	王彩梅	2004-9-23	05	10	注销
0016597	粟彬	2004-9-23	05	8	注销
0016598	孟昭红	2005-10-17	02	30	有效

7. BorrowReturn 表（借还信息表）

借还信息表结构的详细信息如表 1-32 所示。

表 1-32　BorrowReturn 表结构

表序号	7	表名			BorrowReturn	
含义	存储借还书信息					
序号	属性名称	含义	数据类型	长度	为空性	约束
1	br_ID	借阅编号	char	6	not null	主键
2	s_ID	条形码	char	8	not null	外键
3	r_ID	借书证编号	char	8	not null	外键
4	br_OutDate	借书日期	datetime		not null	
5	br_InDate	还书日期	datetime		null	
6	br_LostDate	挂失日期	datetime		null	
7	br_Times	续借次数	tinyint		null	
8	br_Operator	操作员	varchar	10	not null	
9	br_Status	图书状态	varchar	4	not null	

借还信息表内容的详细信息如表 1-33 所示。

表 1-33　BorrowReturn 表内容

br_ID	s_ID	r_ID	br_OutDate	br_InDate	br_LostDate	br_Times	br_Operator	br_Status
000001	128349	0016584	2007-6-15	2007-9-1		0	张颖	已还
000002	121497	0016584	2007-9-15			0	张颖	未还
000003	128376	0016584	2007-9-15	2007-9-30		1	张颖	已还
000004	128350	0016587	2007-9-15			1	张颖	未还
000005	128353	0016589	2007-9-15			0	张颖	未还
000006	128354	0016590	2007-9-15	2007-9-30		0	张颖	已还
000007	128349	0016584	2007-9-15			1	张颖	未还
000008	128375	0016585	2007-9-15			0	江丽娟	未还
000009	128376	0016586	2007-6-24	2007-9-24		0	江丽娟	已还
000010	145355	0016598	2007-10-24			0	江丽娟	未还

【提示】
- 课堂教学中主要以 WebShop 电子商城为例进行讲解；
- 学生模仿中主要以 LibraryMIS 图书管理系统为例进行实践；
- 两个系统的建模图形请参阅本书所附资源。

课堂实践 2

1. 操作要求

（1）从网上搜索并下载一款图书管理系统。

（2）使用下载的图书管理系统，体验图书登记、办理借阅证、借书和还书等业务流程，进一步明确图书管理系统的基本功能。

2. 操作提示

（1）使用图书管理系统时可以两人为一个小组模拟借书、还书等操作。
（2）在进行读者、图书、借还书处理时，请注意处理的详细数据。

习　　题

课外拓展

1. 操作要求

（1）进入 51job（http://www.51job.com/）等人才招聘网站，了解软件开发程序员相关的职业岗位群对软件工程知识和 UML 建模能力的需求。

（2）运用所掌握的软件工程的相关知识，进一步理解典型 B2C 电子商城和图书管理系统中的数据库设计和功能设计等内容。

2. 操作提示

（1）在了解岗位能力需求后，可以有针对性地进行相关技术的学习。
（2）课外拓展学习过程中要加强学习小组内的讨论。

第 2 章　面向对象技术和建模基础

学习目标

本章将向读者详细介绍面向对象方法的基本知识和软件建模的概述。主要内容包括：面向对象的基本概念、面向对象分析、面向对象设计、面向对象编程、软件建模的概念和软件建模的优点等。本章的学习要点包括：
- 面向对象分析；
- 面向对象设计；
- 面向对象编程；
- 软件建模的概念。

学习导航

面向对象建模技术是面向对象技术在软件系统建模中的重要应用，UML 建模的基础是面向对象思想。本章学习导航如图 2-1 所示。

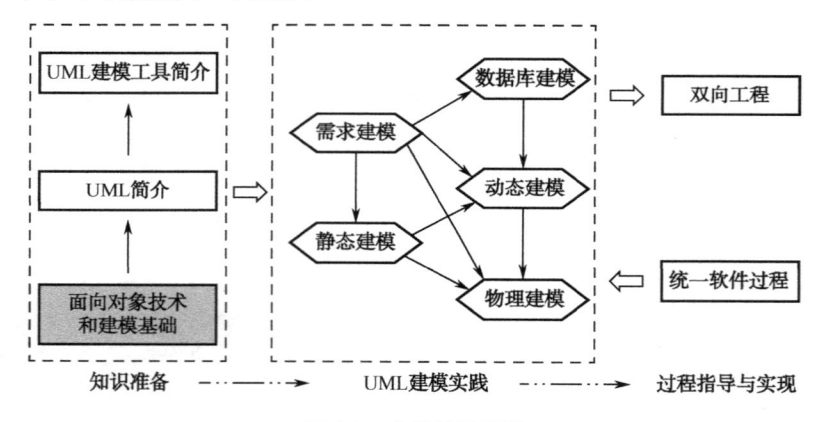

图 2-1　本章学习导航

2.1　面向对象方法

任务 1　了解面向对象软件工程的基本思想和 OOA、OOD 和 OOP 的基本内容。

2.1.1　面向对象方法的基本思想

"对象（Object）"一词，在 19 世纪就由现象学大师胡塞尔提出并定义。胡塞尔认为对象是世界中的物体在人脑中的映象，是人的意识之所以为意识的反映，是作为一种概念而存在的意念的东西，它还包括了人的意愿。例如，当我们认识到一种新的物体，它叫树，于是在我们的意识当中就形成了树的概念。这个概念会一直存在于我们的思维当中，并不会因为这棵树被砍掉而消失，这个概念就是现实世界当中的物体在我们意识当中的映象。我们对树还可以有我们自己的意愿，我们可以想象着把这棵树砍掉做成桌子、凳子等。所以说，对象就是客观世界中物体在人脑中的映象及人的意向。只要这个对象存在于我们的思维意识当中，我们就可以借此判断同类的东西。例如，当我们看到另外一棵树的时候，并不会因为所见的第一棵树不在了（失去了参照的模板）而不认识其他的树了。

  IT 领域中的"面向对象技术"，一般指的是解决信息领域内所遇到问题的方法，特别是应用软件技术来解决问题的方法。如我们经常碰到的面向对象的分析（Object-Oriented Analysis）、面向对象的设计（Object-Oriented Design）和面向对象的编程（Object-Oriented Programming）等。

  面向对象方法（Object-Oriented Method）是一种把面向对象的思想应用于软件开发过程中，指导开发活动的系统方法，简称 OO（Object-Oriented）方法。面向对象方法是建立在"对象"概念基础上的方法学。对象是由数据和允许在数据上执行的操作组成的封装体，与客观实体有直接对应关系，一个类定义了具有相似性质的一组对象。而继承性是对具有层次关系的类的属性和操作进行共享的一种方式。所谓面向对象就是基于对象概念，以对象为中心，以类和继承为构造机制，来认识、理解、刻画客观世界和设计、构建相应的软件系统。

  面向对象方法作为一种新型的独具优越性的新方法正引起全世界越来越广泛的关注和高度的重视，更是当前计算机界关心的重点。面向对象方法会强烈地影响、推动和促进一系列高技术的发展和多学科的综合。

2.1.2 面向对象方法的发展

  面向对象方法起源于面向对象的编程语言。20 世纪 50 年代后期，在用 FORTRAN 语言编写大型程序时，常出现变量名在程序不同部分发生冲突的问题。因此，ALGOL 语言的设计者在 ALGOL60 中采用了以"Begin…End"为标识的程序块，使块内变量名是局部的，以避免它们与程序中块外的同名变量相冲突。这是编程语言中首次提供封装（保护）的尝试。此后程序块结构广泛用于其他高级语言如 PASCAL、ADA 和 C 中。

  20 世纪 60 年代中后期，在 ALGOL 语言基础上研制开发了 Simula 语言，Simula 语言将 ALGOL 语言的块结构概念向前发展一步，提出了对象的概念，并使用了类，也支持类继承。20 世纪 70 年代，Smalltalk 语言诞生，它取 Simula 的类为核心概念。Xerox 公司经过对 Smalltalk72、Smalltalk76 持续不断的研究和改进之后，于 1980 年推出商品化的 Smalltalk 80，它在系统设计中强调对象概念的统一，引入对象、对象类、方法、实例等概念和术语，采用动态联编和单继承机制。

  正是通过 Smalltalk 80 的研制与推广应用，使人们注意到面向对象方法所具有的模块化、信息封装与隐蔽、抽象性、继承性、多样性等独特之处，这些优异特性为研制大型软件、提高软件可靠性、可重用性、可扩充性和可维护性提供了有效的手段和途径。

  自 20 世纪 80 年代以来，人们将面向对象的基本概念和运行机制运用到其他领域，获得了一系列相应领域的面向对象的技术。面向对象方法已被广泛应用于程序设计语言、形式定义、设计方法学、操作系统、分布式系统、人工智能、实时系统、数据库、人机接口、计算机体系结构以及并发工程、综合集成工程等，在许多领域的应用都得到了很大的发展。1986 年在美国举行了首届"面向对象编程、系统、语言和应用（OOPSLA'86）"国际会议，使面向对象受到世人瞩目，其后每年都举行一次，进一步标志面向对象方法的研究已普及到全世界。

2.2 面向对象的基本概念与特征

使用计算机解决问题时需要利用程序设计语言对问题求解加以描述（编程），而软件是问题求解的一种表述形式。显然，假如软件能直接表现人求解问题的思维路径（求解问题的方法），那么软件不仅容易被人理解，而且易于维护和修改，从而会保证软件的可靠性和可维护性，并能提高公共问题域中的软件模块和模块重用的可靠性。面向对象的概念和机制可以使人们按照常规的思维方式来建立问题域的模型，设计出尽可能自然地表现求解方法的软件。

2.2.1 面向对象的基本概念

1. 对象

对象是要研究的任何事物。一本书、一个人、一件商品、一家图书馆、一家极其复杂的自动化工厂、一架航天飞机都可看作对象，它不仅能表示有形的实体，也能表示无形的（抽象的）规则、计划或事件。对象由数据（描述事物的属性）和作用于数据的操作（体现事物的行为）构成一个独立整体。从程序设计者来看，对象是一个程序模块；从用户来看，对象为他们提供所希望的行为。

2. 类

类是对象的模板，即类是对一组有相同数据和相同操作的对象的定义，一个类所包含的方法和数据描述一组对象的共同属性和行为。类是在对象之上的抽象，对象则是类的具体化，是类的实例。类可有其子类，形成类层次结构。

3. 消息

消息是对象之间进行通信的一种规格说明。它一般由三部分组成：接收消息的对象、消息名及实际变元。

2.2.2 面向对象的主要特征

1. 封装性

封装是一种信息隐蔽技术，它体现于类的说明，是对象的重要特性。封装使数据和加工该数据的方法（函数）封装为一个整体，以实现独立性很强的模块，使得用户只能见到对象的外特性（对象能接收哪些消息，具有哪些处理能力），而对象的内特性（保存内部状态的私有数据和实现加工能力的算法）对用户是隐蔽的。封装的目的在于把对象的设计者和对象的使用者分开，使用者不需要知道行为实现的细节，只需通过设计者提供的消息来访问该对象。

2. 继承性

继承性是子类自动共享父类数据和方法的机制，它由类的派生功能体现。一个类直接继承其他类的全部描述，同时可修改和扩充。

继承具有传递性，继承分为单继承（一个子类只有一个父类）和多重继承（一个类有多个父类）。类的对象是各自封闭的，如果没有继承性机制，则类对象中数据、方法就会出现大量重复。继承不仅支持系统的可重用性，而且还促进系统的可扩充性。

3. 多态性

对象根据所接收的消息会产生行动，同一消息为不同的对象接收时可产生完全不同的行动，这种现象称为多态性。利用多态性用户可发送一个通用的信息，而将所有的实现细节都留给接收消息的对象自行决定。例如，Print 消息被发送给图表时调用的打印方法与将同样的 Print 消息发送给正文文件而调用的打印方法会完全不同。多态性的实现受到继承性的支持，利用类继承的层次关系，把具有通用功能的协议存放在类层次中尽可能高的地方，而将实现这一功能的不同方法置于较低层次，这样，在这些低层次上生成的对象就能给通用消息以不同的响应。在面向对象编程语言中可通过在派生类中重定义基类函数（定义为重载函数或虚函数）来实现多态性。

综上所述，在面向对象方法中，对象和消息传递分别表现事物及事物间相互联系的概念。类和继承是适应人们一般思维方式的描述范式。方法是允许作用于该类对象上的各种操作。这种对象、类、消息和方法的程序设计范式的基本点在于对象的封装性和类的继承性。通过封装能将对象的定义和对象的实现分开，通过继承能体现类与类之间的关系，以及由此带来的动态联编和实体的多态性，从而构成了面向对象的基本特征。

4. 面向对象方法的优越性

面向对象方法用于系统开发有如下优越性。

（1）强调从现实世界中客观存在的事物（对象）出发来认识问题域和构造系统，这就大大降低了系统开发者对问题域的理解难度，从而使系统能更准确地反映问题域。

（2）运用人类日常的思维方法和原则（体现于面向对象方法的抽象、分类、继承、封装、消息通信等基本原则）进行系统开发，有益于发挥人类的思维能力，并有效地控制了系统复杂性。

（3）对象的概念贯穿于开发过程的始终，使各个开发阶段的系统成分有良好的对应，从而显著地提高了系统的开发效率与质量，并大大降低系统维护的难度。

（4）对象概念的一致性，使参与系统开发的各类人员在开发的各阶段具有共同语言，有效地改善了人员之间的交流和协作。

（5）对象的相对稳定性和对易变因素隔离，增强了系统的应变能力。

（6）对象类之间的继承关系和对象的相对独立性，对软件复用提供了强有力的支持。

2.3 面向对象分析

当我们遵照面向对象方法学的思想进行软件系统开发时，首先要进行面向对象的分析（Object Oriented Analysis，OOA），其任务是了解问题域所涉及的对象、对象间的关系和作用。然后构造问题的对象模型，力争该模型能真实地反映出所要解决的"实质问题"。在这一过程中，抽象是最本质、最重要的方法。针对不同的问题性质选择不同的抽象层次，过简或过繁都会影响到对问题本质属性的了解和解决。

面向对象的分析方法是在一个系统的开发过程中进行系统业务调查，按照面向对象的思想来分析问题。面向对象分析与结构化分析有较大的区别，面向对象分析所强调的是在系统调查资料的基础上，针对面向对象方法所需要的素材进行归类分析和整理，而不是对管理业务现状和方法的分析。

2.3.1 处理复杂问题的原则

用面向对象分析方法对所调查结果进行分析处理时，一般依据以下几项原则。

1. 抽象（abstraction）

抽象是指为了某一分析目的而集中精力研究对象的某一性质，它可以忽略其他与此目的无关的部分。在使用这一概念时，我们承认客观世界的复杂性，也知道事物包括多个细节，但此时并不打算去完整地考虑它。抽象是我们科学地研究和处理复杂问题的重要方法。抽象机制被用在数据分析方面，称为数据抽象。数据抽象是 OOA 的核心。数据抽象把一组数据对象以及作用在其上的操作组成一个程序实体。使得外部只知道它是如何做和如何表示的。在应用数据抽象原理时，系统分析人员必须确定对象的属性以及处理这些属性的方法，并借助于方法获得属性。在 OOA 中属性和方法被认为是不可分割的整体。抽象机制有时也被用在对过程的分解方面，称为过程抽象。恰当的过程抽象可以对复杂过程的分解和确定，以及描述对象发挥积极的作用。

2. 封装（encapsulation）

封装即信息隐蔽，是指在确定系统的某一部分内容时，应考虑到其他部分的信息及联系都在这一部分的内部进行，外部各部分之间的信息联系应尽可能少。

3. 继承（inheritance）

继承是指能直接获得已有的性质和特征而不必重复定义它们。OOA 可以一次性地指定对象的公共属性和方法，然后再特化和扩展这些属性及方法为特殊情况，这样可大大地减轻在系统实现过程中的重复劳动。在共有属性的基础之上，继承者也可以定义自己独有的特性。

4. 相关（association）

相关是指把某一时刻或相同环境下发生的事物联系在一起。

5. 消息通信（communication with message）

消息通信是指在对象之间互相传递信息的通信方式。

6. 组织方法（method of organization）

在分析和认识世界时，可综合采用如下三种组织方法：
- 特定对象与其属性之间的区别；
- 整体对象与相应组成部分对象之间的区别；
- 不同对象类的构成及其区别。

7. 比例（scale）

比例是一种运用整体与部分原则，辅助处理复杂问题的方法。

8. 行为范畴（categories of behavior）

行为范畴是针对被分析对象而言的，它们主要包括：
- 基于直接原因的行为；
- 时变性行为；
- 功能查询性行为。

2.3.2 OOA 方法的基本步骤

在用 OOA 具体地分析一个事物时，大致遵循如下五个基本步骤。

1. 确定对象和类

这里所说的对象是对数据及其处理方式的抽象，它反映了系统保存和处理现实世界中某些事物信息的能力。类是多个对象的共同属性和方法集合的描述，它包括如何在一个类中建立一个新对象的描述。

2. 确定结构

结构是指问题域的复杂性和连接关系。类成员结构反映了泛化-特化关系，整体-部分结构反映整体和局部之间的关系。

3. 确定主题

主题是指事物的总体概貌和总体分析模型。

4. 确定属性

属性就是数据元素，可用来描述对象或分类结构的实例，可在图中给出，并在对象的存储中指定。

5. 确定方法

方法是在收到消息后必须进行的一些处理操作。对于每个对象和结构来说，用来增加、修改、删除和选择一个方法本身都是隐含的，而有些则是显示的。

2.4 面向对象设计

使用面向对象方法的第二步就是进行面向对象的设计（Object Oriented Analysis，OOD），即设计软件的对象模型。根据所应用的面向对象软件开发环境的功能强弱不等，在对问题对象模型分析的基础上，可能要对它进行一定的改造，但应以最少改变原问题域的对象模型为原则。然后就在软件系统内设计各个对象、对象间的关系（如层次关系、继承关系等）、对象间的通信方式（如消息模式）等。

面向对象的设计方法是面向对象方法中一个中间过渡环节，其主要作用是对面向对象分析的结果作进一步的规范化整理，以便能够被面向对象编程直接接受。在 OOD 的设计过程中，要开展的主要工作如下。

1. 对象定义规格的求精

对于 OOA 所抽象出来的对象和类以及汇集的分析文档，OOD 需要有一个根据设计要求整理和求精的过程，使之更能符合 OOP 的需要。这个整理和求精过程主要有两个方面：一是要根据面向对象的概念模型整理分析所确定的对象结构、属性、方法等内容，改正错误的内容，删去不必要和重复的内容等；二是进行分类整理，以便于下一步数据库设计和程序处理模块设计的需要。整理的方法主要是进行归类，即对类、对象、属性、方法、结构和主题进行归类。

2. 数据模型和数据库设计

数据模型的设计需要确定类和对象属性的内容、消息连接的方式、系统访问、数据模型的方法等。最后每个对象实例的数据都必须落实到面向对象的库结构模型中。

3. 优化设计

OOD 的优化设计过程是从另一个角度对分析结果和处理业务过程的整理归纳，优化包括对象和结构的优化、抽象、集成。对象和结构的模块化表示 OOD 提供了一种范式，这种范式支持对类和结构的模块化。这种模块符合一般模块化所要求的所有特点，如信息隐蔽性好，内部聚合度强和模块之间耦合度弱等。集成化使得单个构件有机地结合在一起，相互支持。

2.5 面向对象实现

最后阶段是面向对象的实现（Object Oriented Implementation，OOI），即指软件功能的编码实现，主要工作为面向对象的编程（Object Oriented Programming，OOP）。它包括：每个对象的内部功能的实现，确立对象哪一些处理能力应在哪些类中进行描述，确定并实现系统的界面、输出的形式及其他控制机理等，总之是实现在 OOD 阶段所规定的各个对象所应完成的任务。

面向对象编程的基本步骤如下。

（1）分析确定在问题空间和解空间出现的全部对象及其属性。
（2）确定应施加于每个对象的操作，即对象固有的处理能力。
（3）分析对象间的联系，确定对象彼此间传递的消息。
（4）设计对象的消息模式，消息模式和处理能力共同构成对象的外部特性。
（5）分析各个对象的外部特性，将具有相同外部特性的对象归为一类，从而确定所需要的类。
（6）确定类间的继承关系，将各对象的公共性质放在较上层的类中描述，通过继承来共享对公共性质的描述。
（7）设计每个类关于对象外部特性的描述。
（8）设计每个类的内部实现（数据结构和方法）。
（9）创建所需的对象（类的实例），实现对象间应有的联系（发消息）。

使用 OOP 的优点是使人们的编程与实际的世界更加接近，所有的对象被赋予属性和方法，结果编程就更加富有人性化。但 OOP 也存在缺点：由于面向更高的逻辑抽象层，在实现的时候，不得不做出性能上的牺牲。

2.6 面向对象方法的内涵

面向对象方法的作用和意义绝不只局限于编程技术，它是一种新的程序设计范型（面向对象程序设计范型），是信息系统开发的新方法论（面向对象方法学），是正在兴起的新技术（面向对象技术）。

1. 面向对象程序设计范型

程序设计范型（以下简称"程设范型"）具体指的是程序设计的体裁，正如文学上有小说、诗歌、散文等体裁，程序设计体裁是用程序设计语言表达各种概念和各种结构的一套设施。目前，程设范型分为：过程式程设范型、函数式程设范型，此外还有进程式程设范型、事件程设范型和类型系统程设范型。每一程设范型都有多种程序设计语言支持（如 FORTRAN、PASCAL、C 均体现过程式程设范型，用来进行面向过程的程序设计），而某些语言兼备多种范型（如 Lisp 属过程与函数混合范型，C++则是进程与面向对象混合范型的语言）。

过程式程设范型是流行最广泛的程序设计范型（人们平常所使用的程序设计语言大多属于此类型），这一程设范型的中心点是设计过程，所以程序设计时首先要决定的是问题解所需要的过程，然后设计过程的算法。这类范型的语言必须提供设施给过程（函数）传送变元和返回的值，如何区分不同种类的过程（函数）、如何传送变元是这类程序设计中关心的主要问题。

面向对象程设范型是在以上范型上发展起来的，它的关键在于加入了类及其继承性，用类表示通用特性，子类继承父类的特性，并可加入新的特性。对象以类为样板被创建。所以在面向对象程设范型中，首要的任务是决定所需要的类，每个类应设置足够的操作，并利用继承机制共享共同的特性。

简而言之，面向对象程设范型具有其他范型所缺乏或不具备的特点，极富生命力，能够适应复杂的大型的软件开发。可以肯定地说，这种新的程设范型必将有力地推动软件开发的新进展。

2. **面向对象方法学**

面向对象方法遵循一般的认知方法学的基本概念（有关演绎——从一般到特殊和归纳——从特殊到一般的完整理论和方法体系），并以面向对象方法为基础。

面向对象方法学要点之一：认为客观世界是由各种"对象"所组成的，任何事物都是对象，每一个对象都有自己的运动规律和内部状态，每一个对象都属于某个对象"类"，都是该对象类的一个元素。复杂的对象可以是由相对比较简单的各种对象以某种方式而构成的。不同对象的组合及相互作用就构成了我们要研究、分析和构造的客观系统。

面向对象方法学要点之二：通过类比，发现对象间的相似性，即对象间的共同属性，这就是构成对象类的依据。在"类"、"父类"、"子类"的概念构成对象类的层次关系时，若不加特殊说明，则处在下一层次上的对象可自然地继承位于上一层次上的对象的属性。

面向对象方法学要点之三：认为对已分成类的各个对象，可以通过定义一组"方法"来说明该对象的功能，即允许作用于该对象上的各种操作。对象间的相互联系是通过传递"消息"来完成的，消息就是通知对象去完成一个允许作用于该对象的操作，至于该对象将如何完成这个操作的细节，则是封装在相应的对象类的定义中的，细节对于外界是隐蔽的。

3. **面向对象技术**

技术"泛指根据生产实践经验和自然科学原理而发展起来的各种工艺操作方法与技能"；"广义地讲，还包括相应的生产工具和其他物质设备，以及生产的工艺过程或作业程序、方法"。面向对象方法既是程序设计新范型、系统开发的新方法学，作为一门新技术它就有了基本的依据。事实上，面向对象方法可支持种类不同的系统开发，已经或正在许多方面得以应用，因此，可以说面向对象方法是一门新的技术——面向对象技术。

近十多年来，除了面向对象的程序设计以外，面向对象方法已发展应用到整个信息系统领域和一些新兴的工业领域，包括：用户界面（特别是图形用户界面——GUI）、应用集成平台、面向对象数据库（OODB）、分布式系统、网络管理结构、人工智能领域及并发工程、综合集成工程等。人工智能是和计算机密切相关的新领域，在很多方面已经采用面向对象技术，如知识的表示，专家系统的建造、用户界面等。人工智能的软件通常规模较大，用面向对象技术有可能更好地设计并维护这类程序。

20 世纪 80 年代后期形成的并发工程，其概念要点是在产品开发初期（方案设计阶段）就把结构、工艺、加工、装配、测试、使用、市场等问题同期并行地启动运行，其实现必须有两个基本条件：一是专家群体，二是共享并管理产品信息（将 CAD、CAE、CIN 紧密结合在一起）。显然，这需要面向对象技术的支持。目前，一些公司采用并发工程组织产品的开发，已取得显著效益：波音公司开发巨型 777 运输机，比开发 767 节省了一年半时间；日本把并发工程用于新型号的汽车生产，和美国相比只用了一半的时间。产业界认为它们今后的生存要依靠并发工程，而面向对象技术是促进并发工程发展的重要支持。

综合集成工程是开发大型开放式复杂统的新的工程概念，和并发工程相似，专家群体的组织和共享信息，是支持这一新工程概念的两大支柱。由于开放式大系统包含人的智能活动，建立数学模型非常困难，而面向对象方法能够比较自然地刻画现实世界，容易达到问题空间和程序空间的一致，能够在多种层次上支持复杂系统层次模型的建立，是研究综合集成工程的重要工具。

4. 面向对象方法当前的研究领域

当前，在研究面向对象方法的热潮中，有如下主要研究领域。

（1）智能计算机的研究。因为面向对象方法可将知识片看作对象，并为相关知识的模块化提供方便，所以在知识工程领域越来越受到重视。面向对象方法的设计思想被引入到智能计算机的研究中。

（2）新一代操作系统的研究。采用面向对象方法来组织设计新一代操作系统具有如下优点：采用对象来描述 OS 所需要设计、管理的各类资源信息，如文件、打印机、处理机等各类设备更为自然；引入面向对象方法来处理面向对象的诸多事务，如命名、同步、保护、管理等，会更易实现、更便于维护；面向对象方法对于多机、并发控制可提供有力的支持，并能恰当地管理网络，使其更丰富和协调。

（3）多学科的综合研究。当前，人工智能、数据库、编程语言的研究有汇合趋势。例如，在研究新一代数据库系统（智能数据库系统）中，能否用人工智能思想与面向对象方法建立描述功能更强的数据模型？能否将数据库语言和编程语言融为一体？为了实现多学科的综合，面向对象方法是一个很有希望的汇聚点。

（4）新一代面向对象的硬件系统的研究。要支持采用面向对象方法设计的软件系统的运行，必须建立更理想的能支持面向对象方法的硬件环境。目前采用松耦合（分布主存）结构的多处理机系统更接近于面向对象方法的思想。最新出现的神经网络计算机的体系结构与面向对象方法的体系结构具有惊人的类似，并能相互支持与配合：一个神经元就是一个小粒度的对象；神经元的连接机制与面向对象方法的消息传送有着天然的联系；一次连接可以看做一次消息的发送。可以预料，将面向对象方法与神经网络研究相互结合，必然可以开发出功能更强、更迷人的新一代计算机硬件系统。

课堂实践 1

1. 操作要求

（1）应用面向对象方法中的概念对 DVD 和播放 DVD 的情景进行描述。

（2）结合软件开发实践，举例说明 OOA、OOD 和 OOP 的具体任务及相关之间的联系。

（3）举例说明面向对象编程和结构化编程的优缺点。

2. 操作提示

（1）以学习小组为单位分组进行讨论，每小组推荐一名成员进行汇报。
（2）通过上网查阅面向对象方法相关资料进行更为详细的了解。
（3）结合自己的编程实践，进一步理解面向对象的基本思想。

2.7 软件建模概述

任务 2　了解软件模型在开发一个软件系统时的重要作用，理解软件建模的优点。

2.7.1 软件建模的概念

1. 什么是模型

模型是什么？模型是对现实存在的实体的抽象和简化，模型提供了系统的蓝图。模型过滤非本质的细节信息，抽象出问题本质，使问题更容易理解。模型是用某种工具对同类或其他工具的表达方式。它是从某一个建模观点出发，抓住事物最重要的方面而简化或忽略其他方面。在工程、建筑等其他需要创造性的领域中都需要使用模型。建立模型的目的是因为在某些用途中模型使用起来比操纵实物更容易和方便。大家在购买房屋时所看到的楼盘的微缩形状就是对应楼盘的模型。

表达模型的工具要求便于使用。建筑模型可以是图纸上所绘的建筑图，也可以是用厚纸板制作的三维模型，还可以用存于计算机中的有限元方程来表示。一个建筑物的结构模型不仅能够展示这个建筑物的外观，还可以用它来进行工程设计和成本核算。

软件系统的模型用建模语言来表达（如 UML）。这里的模型包含语义信息和表示法，可以采取图形和文字等多种不同形式。可视化建模是使用一些图形符号进行建模，可视化建模的作用如下：它可以捕捉用户的业务过程，可以作为一种很好的交流工具，可以管理系统的复杂性，可以定义软件的架构，还可以增加重用性。本文所提的建模都是指可视化建模。

2. 为什么要建模

需要为软件系统建立模型是因为开发一个具有一定规模和复杂性的软件系统和编写一个简单的程序大不一样。其间的差别，借用 G. Booch 的比喻，如同建造一座大厦和搭一个狗窝的差别。大型的、复杂的软件系统的开发是一项工程，必须按工程学的方法组织软件的生产与管理，必须经过分析、设计、实现、测试、维护等一系列的软件生命周期阶段。这是人们从软件危机中获得的最重要的教益。这一认识促进了软件工程学的诞生。编程仍然是重要的，但是更具有决定意义的是系统建模。只有在分析和设计阶段建立了良好的系统模型，才有可能保证工程的正确实施。正是由于这一原因，许多在编程领域首先出现的新方法和新技术，总是很快地被拓展到软件生命周期的分析与设计阶段。

作曲家会将其大脑中的旋律谱成乐曲，建筑师会将其设计的建筑物画成蓝图，这些乐曲、蓝图就是模型（Model），而建构这些模型的过程就称为建模（Modeling）。软件开发如同音乐谱曲及建筑设计，其过程中也必须将需求、分析、设计、实现、布署等各项工作流程的构想与结果予以呈现，这就是软件系统的建模。

现在的软件越来越大，大多数软件的功能都很复杂，使得软件开发只会变得更加复杂和难以把握。解决这类复杂问题最有效的方法之一就是分层理论，即将复杂问题分为多个问题逐一解决。软件模型就是对复杂问题进行分层，从而更好地解决问题。这就是为什么要对软件进行建模的原因。有效的软件模型有利于分工与专业化生产，从而节省生产成本。软件建模也是为了降低软件的复杂程度，便于提早看到软件的将来，便于设计人员和开发人员交流使用了建模技术。对于软件人员来说，模型就好像是工程人员的图纸一样重要。只是目前来看，软件模型在软件工程中的重要性还远远没有达到图纸在其他工程中的地位。

在软件系统建模中，抽象是一种处理复杂问题的常用方法。为了建立复杂的软件系统，我们必须抽象出系统的不同视图，使用精确的符号建立模型，验证这些模型是否满足系统的需求，并逐渐添加细节信息把这些模型转变为实现。这样的一个过程就是模型形成的过程，建模是捕捉系统本质的过程，也就是把问题从问题领域转移到解决领域的过程。软件建模是开发优秀软件的一个核心工作，其目的是把要设计的结构和系统的行为联系起来，并对系统的体系结构进行可视化和控制。

3. 建模的必要性

模型是软件开发之根本，无论软件的大小、涉及的范围，还是建模本身，都是系统化认识所开发软件的一个初步的途径。

在现在软件开发的过程中，必须经历的几个过程是需求分析、系统设计、初步实现、系统实现、系统运行、系统维护。在这几个阶段，迭代式的开发模式让我们每个阶段都经历一次系统建模的洗礼，现在 Rational 公司的 RUP 在系统的开发过程中也约束我们性情的自由发展（软件开发必须遵循某中模式，而不是我们在体现高尚的情操）。

原先的系统建模的形式是初步的、不完善的，随着系统实施向前推进，系统模型必须随之改变，但建模没有跟踪过程，但 RUP 提供一个合理的机制——迭代，可以帮助我们解决系统级建模的所有问题。

迭代式是开发过程的描述，实质就是在各个阶段对模型的描述更新，重新认识系统，并把握系统发展趋向，从而有效地控制开发和系统的架构。

当需求分析进行到一个合理化的阶段时，系统模型就出现了，但是目前几乎所有的企业都在"多快好省"地开发系统，这是一个大忌，有时需求必须在一定的阶段才会暴露出来，所以急于求成不是开发系统的方法。

2.7.2 软件建模的用途

模型有多种用途，主要包括以下几个方面。

（1）精确捕获和表达项目的需求和应用领域中的知识，以使各方面的利益相关者能够理解并达成一致。

建筑物的各种模型能够准确表达出这个建筑物在外观、交通、服务设施、抗风和抗震性能，以及消费和其他需求。各方面的利益相关者则包括建筑设计师、建筑工程师、合同缔约人、各个子项目的缔约人、业主、出租者和市政当局。

软件系统的不同模型可以捕获关于这个软件的应用领域、使用方法、度量手段和构造模式等方面的需求信息。各方面的利益相关者包括软件结构设计师、系统分析员、程序员、项目经理、顾客、投资者、最终用户和使用软件的操作员。在 UML 中要使用各种各样的模型。

（2）进行系统设计。

建筑设计师可以用画在图纸上的模型图、存于计算机中的模型或实际的三维模型使自己的设计结果可视化,并用这些模型来做设计方面的试验。建造、修改一个小型模型比较简单,这使得设计人员不需花费什么代价就可以进行创造和革新。

在编写程序代码以前,软件系统的模型可以帮助软件开发人员方便地研究软件的多种构架和设计方案。在进行详细设计以前,一种好的建模语言可以让设计者对软件的构架有全面的认识。

(3) 使具体的设计细节与需求分开。

建筑物的某种模型可以展示出符合顾客要求的外观;另一类模型可以说明建筑物内部的电气线路、管线和通风管道的设置情况。实现这些设置有多种方案。最后确定的建筑模型一定是建筑设计师认为最好的一个设计方案。顾客可以对此方案进行检查验证,但通常顾客对具体的设计细节并不关心,只要能满足他们的需要即可。

软件系统的一类模型可以说明这个系统的外部行为和系统中对应于真实世界的有关信息;另一类模型可以展示系统中的类以及实现系统外部行为特性所需要的内部操作。实现这些行为有多种方法。最后的设计结果对应的模型一定是设计者认为最好的一种。

(4) 生成有用的实际产品。

建筑模型可以有多种相关产品,包括建筑材料清单、在各种风速下建筑物的偏斜度、建筑结构中各点的应力水平等。

利用软件系统的模型,可以获得类的声明、过程体、用户界面、数据库、合法使用的说明、配置草案以及与其他单位技术竞争情况的对比说明。

(5) 组织、查找、过滤、重获、检查以及编辑大型系统的有关信息。

建筑模型用服务设施来组织信息,如建筑结构、电器、管道、通风设施、装潢等。除非利用计算机存储,否则对这些信息的查找和修改没那么容易。相反,如果整个模型和相关信息均存储在计算机中,则这些工作很容易进行,并且可方便地研究多种设计方案,这些设计方案共享一些公共信息。

软件系统用视图来组织信息,如静态结构视图、状态机视图、交互视图、反映需求的视图等。每一种视图均是针对某一目的从模型中挑选的一部分信息的映射。没有模型管理工具的支持不可能使模型做得任意精确。一个交互视图编辑工具可以用不同的格式表示信息,可以针对特定的目的隐藏暂时不需要的信息并在以后再展示出来,可以对操作进行分组,修改模型元素以及只用一个命令修改一组模型元素等。

(6) 经济地研究多种设计过程中的解决方案。

对同一建筑的不同设计方案的利弊在一开始可能不很清楚。例如,建筑物可以采用的不同的子结构彼此之间可能有复杂的相互影响,建筑工程师可能无法对这些做出正确的评价。在实际建造建筑物以前,利用模型可以同时研究多种设计方案并进行相应的成本和风险估算。

通过研究一个大型软件系统的模型可以提出多个实际方案并可以对它们进行相互比较。当然模型不可能做得足够精细,但即使一个粗糙的模型也能够说明在最终设计中所要解决的许多问题。利用模型可以研究多种设计方案,所花费的成本只是实现其中一种方案所花费的成本。

(7) 利用模型可以全面把握复杂的系统。

一个关于龙卷风袭击建筑物的工程模型中的龙卷风不可能是真实世界里的龙卷风,仅仅是模型而已。真正的龙卷风不可能呼之即来,并且它会摧毁测量工具。许多快速、激烈的物理过程现在都可以运用这种物理模型来研究和理解。

一个大型软件系统由于其复杂程度可能无法直接研究，但模型使之成为可能。在不损失细节的情况下，模型可以抽象到一定的层次以使人们能够理解。可以利用计算机对模型进行复杂的分析以找出可能的"问题点"，如时间错误和资源竞争等。在对实物做出改动前，通过模型研究系统内各组成部分之间的依赖关系可以得出这种改动可能会带来哪些影响。

2.7.3 软件建模的优点及误区

1. 模型的好处

- 使用模型便于从整体上、宏观上把握问题，可以更好地解决问题；
- 可以加强人员之间的沟通；
- 可以更早地发现问题或疏漏的地方。模型为代码生成提供依据；
- 模型帮助我们按照实际情况对系统进行可视化；
- 模型允许我们详细说明系统的结构或行为；
- 模型给出了一个指导我们构造系统的模板；
- 模型对我们做出的决策进行文档化。

2. 建模的误区

由于软件建模技术的发展时间并不长，中国软件业中实际应用建模技术也是近几年的事情，这样就必然存在对软件建模认识的误区。下面是一些常见的误区。

误区一：建模＝写文档。很多开发人员认为建模就是写文档从而放弃了软件建模。许多优秀的软件开发人员不想把时间浪费在这些"无用的"文档上，整天沉溺于编码之中，而制造一些脆弱而劣质的系统。实际上"模型"与"文档"在概念上是风马牛不相及的。我们可以拥有一个不是文档的模型和不是模型的文档。

误区二：建模是在浪费时间。很多比较初级的程序员都这样认为，这主要是因为他们所掌握的软件知识仅局限于如何编写代码，对于软件开发没有一个整体的认识。这是编者在工作中经常见到的一种现象，也是推行软件建模技术的障碍之一。

误区三：从开始阶段就形成一个很完美的模型。建模应该是一个不断迭代的过程，一下子形成一个完美的模型想法是好的，但是很难实现。我们对事物认识的过程总是由浅入深，不断完善的。现在提倡的软件过程都是增量式迭代开发，也就是这个原因。

➡ 课堂实践 2

1. 操作要求

（1）结合生活中的实例，举例说明模型的重要作用。

（2）结合软件开发实践，举例说明软件建模的必要性及使用软件模型的特点。

2. 操作提示

（1）以学习小组为单位分组进行讨论，每小组推荐一名成员进行汇报。

（2）通过上网查阅软件建模相关资料进行更为详细的了解。

（3）通过类比方式，理解模型和建模的含义。

习 题

一、填空题

1. _____是对象的模板，即类是对一组有相同数据和相同操作的对象的定义。
2. 面向对象的主要特征中，_____是子类自动共享父类数据和方法的机制，它由类的派生功能体现；同一消息为不同的对象接收时可产生完全不同的行动，这种现象称为_____。
3. 在_____语言中最先强调了对象概念，引入对象、对象类、方法、实例等概念和术语，采用动态联编和单继承机制。

二、选择题

1. 下列不属于面向对象方法的基本特性的是_____。
   A．多态性　　　　　　　　B．封装性
   C．继承性　　　　　　　　D．抽象性
2. "了解问题域所涉及的对象、对象间的关系和作用，然后构造问题的对象模型"，这是利用面向对象方法学进行软件系统开发过程中_____阶段的任务。
   A．OOA　　　　　　　　　B．OOD
   C．OOI　　　　　　　　　D．OOP
3. 下列关于软件建模的用途，说法错误的是_____。
   A．软件建模可以帮助进行系统设计
   B．软件建模可以使具体的设计细节与需求分开
   C．通过软件建模可以利用模型全面把握复杂的系统
   D．软件建模可以直接生成最终的软件产品

三、简答题

1. 举例说明面向对象的主要特征及优越性？
2. 举例说明 OOA、OOD、OOP 的主要任务。
3. 结合建筑实例，举例说明什么是模型？什么是建模？

➡ 课外拓展

1. 操作要求

（1）查阅百度百科（http://baike.baidu.com/）的关于面向对象、模型等相关词条的内容，并对相关词条进行适当的补充。

（2）结合您所使用过的编程语言，比较 C 与 C++/Java/C#语言间的区别。

2. 操作提示

（1）通过网址（http://baike.baidu.com）进入百度百科。
（2）通过学习小组讨论的形式完成本次课外拓展。

第 3 章 UML 简介

学习目标

本章主要介绍 UML 的发展和特点，以及 UML 的主要视图和基本 UML 图形符号的情况。主要内容包括：UML 的发展、UML 的特点、UML 结构、UML 视图、UML 基本图形符号和 UML 建模基本流程等。通过本章的学习，读者应了解 UML 的基本组成及 UML 建模的一般步骤。本章的学习要点包括：

- UML 的发展；
- UML 的特点；
- UML 的结构；
- UML 的视图；
- UML 基本图形符号；
- UML 建模基本流程。

学习导航

本章主要介绍 UML（统一建模语言）的基本知识，帮助学生了解统一建模语言的基本概况。这部分内容是 UML 建模的基础，也是使用 Rational 系列或其他 CASE 工具进行建模必须掌握的知识。本章学习导航如图 3-1 所示。

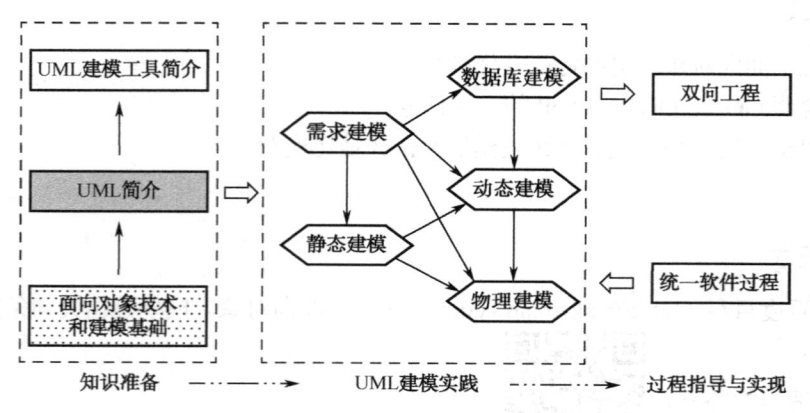

图 3-1 本章学习导航

任务 1 了解 UML 的基本概念，了解 UML 的发展历程，理解 UML 的特点，并理解为什么选择 UML 进行建模。

3.1 UML 的发展

3.1.1 UML 的发展历程

UML（Unified Modeling Language，统一建模语言）是一种建模语言，是第三代用来为面向对象系统的产品进行说明、可视化和编制文档的方法。它是由信息系统和面向对象领域的三位著名的方法学家 Grady Booch、James Rumbaugh 和 Ivar Jacobson（俗称为"三个好朋友"）在 20 世纪 90 年代中期提出的。UML 这种建模语言得到了"UML 合作伙伴"的应用与反馈，并得到工业界的广泛支持，由 OMG 组织（Object Management Group，对象管理组织）采纳作为业界标准。最终，UML 取代了当时软件业众多的分析和设计方法，成为一种标准，软件界第一次有了一个统一的建模语言，UML 最终正式成为信息技术的国际标准。

从 20 世纪 80 年代初期开始，众多的方法学家都在尝试用不同的方法进行面向对象的分析与设计。有少数几种方法开始在一些关键性的项目中发挥作用，包括 Booch 和 OMT 等，这些方法被称为第一代面向对象方法。到了 20 世纪 90 年代中期，出现了第二代面向对象方法，著名的有 Booch 94、OMT 的沿续以及 Fusion 等。这些方法尝试在程序设计艺术与计算机科学之间寻求合理的平衡，以便进行复杂软件系统的开发。此时，面向对象方法已经成为软件分析和设计方法的主流。

由于 Booch 和 OMT 方法都已经独自成功地发展成为世界上主要的面向对象方法，因此 Grady Booch 和 James Rumbaugh 在 1994 年 10 月共同合作把他们的工作统一起来，到 1995 年成为"统一方法（Unified Method）"版本 0.8。随后，UM 方法又吸纳了 Ivar Jacobson 提出的用例（Use Case）思想，到 1996 年，成为"统一建模语言"版本 0.9。1997 年 1 月，UML 版本 1.0 被提交给 OMG 组织，作为软件建模语言标准化的候选。在其后的半年多时间里，一些重要的软件开发商和系统集成商都成为"UML 合作伙伴"，如 Mircrosoft、IBM、HP 等，他们积极地使用 UML 并提出反馈意见，最后于 1997 年 9 月再次提交给 OMG 组织，于 1997 年 11 月 7 日正式被 OMG 采纳作为业界标准。UML 各种版本的演化过程如图 3-2 所示。

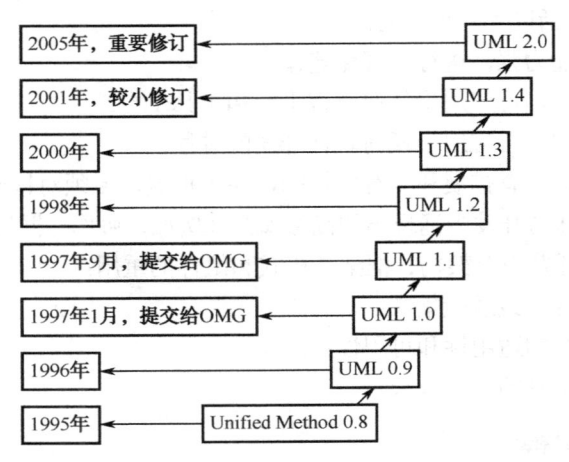

图 3-2 UML 各种版本的演化过程

UML 由 OMG 组织负责修订并发布相关的版本，OMG 发布的 UML 的正式版本及下载地址如表 3-1 所示。

表 3-1　UML 的正式版本及下载地址

版 本 号	发 布 日 期	下 载 地 址
2.4.1	2011 年 8 月	http://www.omg.org/spec/UML/2.4.1
2.4	2011 年 3 月	http://www.omg.org/spec/UML/2.4
2.3	2010 年 5 月	http://www.omg.org/spec/UML/2.3
2.2	2009 年 2 月	http: //www.omg.org/spec/UML/2.2
2.1.2	2007 年 11 月	http: //www.omg.org/spec/UML/2.1.2
2.1.1	2007 年 8 月	http: //www.omg.org/spec/UML/2.1.1
2.0	2005 年 7 月	http: //www.omg.org/spec/UML/2.0
1.5	2003 年 3 月	http: //www.omg.org/spec/UML/1.5
1.4.2	2004 年 7 月	参阅ISO/IEC 19501
1.4	2001 年 9 月	http: //www.omg.org/spec/UML/1.4
1.3	2000 年 3 月	http: //www.omg.org/spec/UML/1.3

【提示】
- OMG 官方发布的 UML 的当前最高版本为 2.4，可以从 http：//www.uml.org/上下载；
- 2.1 版没有作为一个正式的版本独立发布。

UML 是 Booch、Objectory 和 OMT 方法的结合，并且是这三者直接的向上兼容的后继。另外它还吸收了其他大量方法学家的思想。通过把这些先进的面向对象思想统一起来，UML 为公共的、稳定的、表达能力很强的面向对象开发方法提供了基础。

那么到底怎样理解 UML 呢？UML 是一种标准的图形化建模语言，它是面向对象分析与设计的一种标准表示。UML 不是一种可视化的程序设计语言，而是一种可视化的建模语言；UML 不是工具或知识库的规格说明，而是一种建模语言规格说明，是一种表示的标准；UML 不是过程，也不是方法，但允许任何一种过程和方法使用它。

使用 UML 的目标包括以下几个方面：
- 易于使用、表达能力强，进行可视化建模；
- 与具体的实现无关，可应用于任何语言平台和工具平台；
- 与具体的过程无关，可应用于任何软件开发的过程；
- 简单并且可扩展，具有扩展和专有化机制，便于扩展，无须对核心概念进行修改；
- 为面向对象的设计与开发中涌现出的高级概念（例如，协作、框架、模式和组件）提供支持，强调在软件开发中对架构、框架、模式和组件的重用；
- 与最好的软件工程实践经验集成；
- 可升级，具有广阔的适用性和可用性；
- 有利于面对对象工具的市场成长。

3.1.2　理解 UML 建模

自 1997 年 UML 被 OMG 采纳为面向对象的建模语言的国际标准以来，它不断融入软件工程领域的新思想、新方法和新技术。UML 不局限于支持面向对象的分析与设计，还支持从需求分析开始的软件开发的全过程。近年来，UML 凭借其简洁明晰的表达方式、超凡脱俗的表达能力,为业界所广泛认同。目前,在多数软件企业的正规化开发流程中,开发人员普遍使用 UML 进行模型的建立。作为软件开发人员,我们必须学会 UML,因为 UML 就像统一的"文字",统一的"度"、"量"、"衡"。

3.2 UML 的特点

在前面介绍 UML 的定义和发展的时候,也提到了 UML 的一些特点。总的来说,使用 UML 进行软件系统建模的优点体现在以下几个方面。

1. 标准的表示方法

UML 是一种建模语言,是一种标准的表示,而不是一种方法(或方法学)。方法是一种把人的思考和行动结构化的明确方式,方法需要定义软件开发的步骤、告诉人们做什么,如何做,什么时候做,以及为什么要这么做。而 UML 只定义了一些图以及它们的意义,它的思想与方法无关。因此,我们会看到人们将用各种方法来使用 UML,而无论方法如何变化,它们的基础是 UML 的图,这就是 UML 的最终用途,即为不同领域的人们提供统一的交流标准。

我们知道软件开发的难点在于软件项目需求的确定,即项目参与者包括领域专家、软件开发人员、客户以及用户之间的交流的问题成为软件开发的最大难题。UML 的重要性在于:通过提供标准化的表示方法有效地促进了不同背景人们的交流,有效地促进软件设计人员、软件开发人员和测试人员的相互理解。无论分析、设计和开发人员采取何种不同的方法或过程,他们提交的设计产品都是用 UML 来描述的,这有利地促进了相互的理解,更容易确定系统的需求和明确目标系统的功能和实现方式。

2. 与软件开发的成功经验集成

UML 尽可能地结合了世界范围内面向对象项目的成功经验,因而它的价值在于它体现了世界上面向对象方法实践的最好经验,并以建模语言的形式把它们打包,以适应开发大型复杂系统的要求。

在众多成功的软件设计与实现的经验中,最突出的两条,一是注重系统架构的开发,二是注重过程的迭代和递增性。尽管 UML 本身没有对过程有任何定义,但 UML 对任何使用它的方法(或过程)提出的要求是:支持用例驱动、以架构为中心以及递增和迭代的开发。这些特点正是统一软件过程(RUP)的特点,也就是说,UML 和 RUP 在软件开发过程中是"最佳拍档"。

注重架构意味着不仅要编写出大量的类和算法,还要设计出这些类和算法之间简单而有效的协作。所有高质量的软件中似乎都有大量这类的协作,而近年出现的软件设计模式也正在为这些协作起名和分类,使它们更易于重用。

迭代和递增的开发过程反映了项目开发的节奏。不成功的项目没有进度节奏,因为它们总是机会主义的,在工作中是被动的。成功的项目有自己的进度节奏,反映在它们有一个定期的版本发布过程,注重于对系统架构进行持续的改进。

3. UML 的应用贯穿在系统开发的五个阶段

(1)需求分析。UML 的用例视图可以表示客户的需求。通过用例建模,可以对外部的角色以及它们所需要的系统功能建模。角色和用例是用它们之间的关系、通信建模的。每个用例都指定了客户的需求。不仅对软件系统,对商业过程也要进行需求分析。

(2)系统分析。分析阶段主要考虑所要解决的问题,可用 UML 的逻辑视图和动态视图来描述：类图描述系统的静态结构，协作图、时序图、活动图和状态图描述系统的动态特征。在分析阶段，只为问题领域的类建模——不定义软件系统的解决方案的细节（如用户接口的类、数据库等）。

（3）系统设计。在设计阶段，把分析阶段的结果扩展成技术解决方案，加入新的类来提供技术基础结构——用户接口、数据库操作等。分析阶段的领域问题类被嵌入在这个技术基础结构中。设计阶段的结果是构造阶段的详细的规格说明。

（4）构造。在构造（或程序设计阶段），把设计阶段的类转换成某种面向对象程序设计语言的代码。在对 UML 表示的分析和设计模型进行转换时，最好不要直接把模型转化成代码。因为在早期阶段，模型是理解系统并对系统进行结构化的手段。

（5）测试。对系统的测试通常分为单元测试、集成测试、系统测试和接受测试几个不同级别。单元测试是对几个类或一组类的测试，通常由程序员进行；集成测试集成组件和类，确认它们之间是否恰当地协作；系统测试把系统当作一个"黑箱"，验证系统是否具有用户所要求的所有功能；接受测试由客户完成，与系统测试类似，验证系统是否满足所有的需求。不同的测试小组使用不同的 UML 图作为他们工作的基础：单元测试使用类图和类的规格说明，集成测试典型地使用组件图和协作图，而系统测试使用用例图来确认系统的行为符合这些图中的定义。

【提示】
- UML 是一种建模语言，即软件开发过程中各类人员交流和沟通的工具；
- RUP 是一种软件过程模型，是指导软件开发过程的方法，详见第 11 章；
- Rational Software Architect 是一种建模工具，是完成 UML 模型绘制的一种工具，详见第 4 章。

课堂实践 1

1. 操作要求

（1）通过访问 OMG 的官方网站（http：//www.uml.org），了解 UML 的发展历程。
（2）访问http：//www.uml.org.cn，以小组的形式讨论 UML 的基本特点。
（3）收集 UML 的相关学习资源和学习网站。

2. 操作提示

（1）比较 UML 和其他面向对象程序设计语言的区别。
（2）理解 UML 和面向对象思想的联系。

> 任务 2　了解 UML 的基本事物及其特点，了解 UML 的关系，了解 UML 的视图及其主要功能。

3.3　UML 的结构

UML 由图和元模型组成，图是语法，元模型是语义。UML 主要包括三个基本构造块：事物（Things）、关系（Relationships）和图（Diagrams），如图 3-3 所示。UML 的图是本书的重点，在后续的章节中会通过 WebShop 电子商城系统的建模实践进行详细介绍，本节只介绍 UML 的事物和关系。

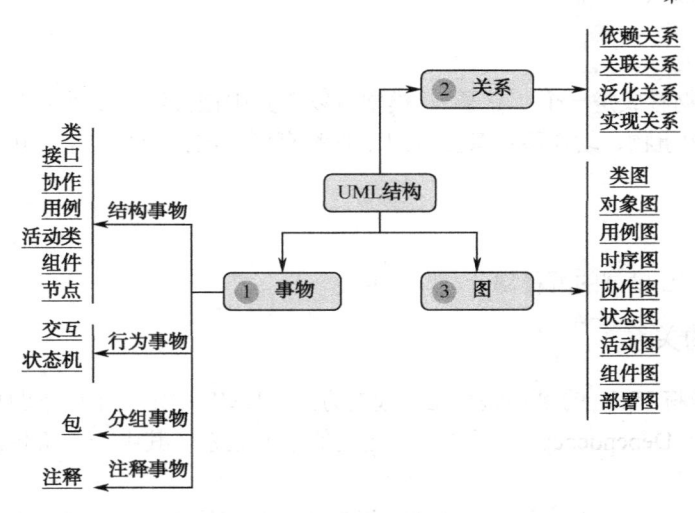

图 3-3 UML 结构图

3.3.1 UML 的事物

UML 的事物是实体抽象化的最终结果，是模型中的基本成员，包含结构事物、行为事物、分组事物和注释事物。

1. 结构事物

结构事物是模型中的静态部分，用以呈现概念或实体的表现元素，是软件建模中最常见的元素，共有以下七种。

（1）类（Class）：具有相同属性、方法、关系和语义的对象的集合。

（2）接口（Interface）：类或组件所提供的服务（操作），描述了类或组件对外可见的动作。

（3）协作（Collaboration）：描述合作完成某个特定任务的一组类及其关联的集合，用于对使用情形的实现建模。

（4）用例（Use Case）：定义了参与者（在系统外部与系统交互的人或系统）和被考虑的系统之间的交互来实现的一个业务目标。

（5）活动类（Active Class）：活动类的对象有一个或多个进程或线程。活动类和类很相像，只是它的对象代表的元素的行为和其他元素是同时存在的。

（6）组件（Component）：组件是物理的、可替换的部分，包含接口的集合。例如，COM+、JavaBean 等。

（7）节点（Node）：系统在运行时存在的物理元素，代表一个可计算的资源，通常占用一些内存和具有处理能力。

2. 行为事物

行为事物指的是 UML 模型中的动态部分，代表语句里的"动词"，表示模型里随着时空不断变化的部分，包含以下两类。

（1）交互（Interaction）：在特定上下文中，由一组对象之间为达到特定的目的而进行的一系列消息交换而组成的动作。

（2）状态机（State Machine）：由一系列对象的状态组成。

3. 分组事物

可以把分组事物看成是一个"盒子",模型可以在其中被分解。目前只有一种分组事物,即包(Package)。结构事物、动作事物甚至分组事物都有可能放在一个包中。包纯粹是概念上的,只存在于开发阶段。

4. 注释事物

注释事物是 UML 模型的解释部分。

3.3.2 UML 的关系

UML 的关系是将 UML 的事物联系在一起的方式,UML 中定义了以下四种关系。

(1)依赖关系(Dependency):两个事物之间的语义关系,其中一个事物发生变化会影响另一个事物的语义。

(2)关联关系(Association):一种描述一组对象之间连接的结构关系,如聚合关系就描述了整体和部分间的结构关系。

(3)泛化关系(Generalization):一种一般化和特殊化的关系。

(4)实现关系(Realization):类之间的语义关系,其中的一个类指定了由另一个类保证执行的契约。

📢【提示】
- 这里的事物是指 UML 模型中的组成部分,也可以理解为部件或元素;
- 这里的关系是指 UML 各事物(组成元素)间存在的各种联系。

3.4 UML 的视图

给复杂的系统建模是一件困难和耗时的事情。从理想化的角度来说,整个系统像是一张图画,这张图画清晰而又直观地描述了系统的结构和功能,既易于理解又易于交流。但事实上,要画出这张完整的图画几乎是不可能的,因为要在一张图画中完全反映出系统中需要的所有信息是不太可能的。

描述一个系统涉及该系统的许多方面,比如:功能性方面(它包括静态结构和动态交互)、非功能性方面(定时需求、可靠性、展开性等)和组织管理方面(工作组、映射代码模块等)。完整地描述系统,通常的做法是用一组视图反映系统的各个方面,每个视图代表完整系统描述中的一个抽象,显示这个系统中的一个特定的方面。每个视图由一组图构成,图中包含了强调系统中某一方面的信息。视图与视图之间有时会产生轻微的重叠,从而使得一个图实际上可能是多个视图的一个组成部分。如果用不同的视图观察系统,每次只集中地观察系统的一个方面,而如果使用所有的视图来观察系统,应该可以看到系统的各个侧面(包括动态的和静态的)。视图中的图应该简单,易于交流,且与其他的图和视图有关联关系。

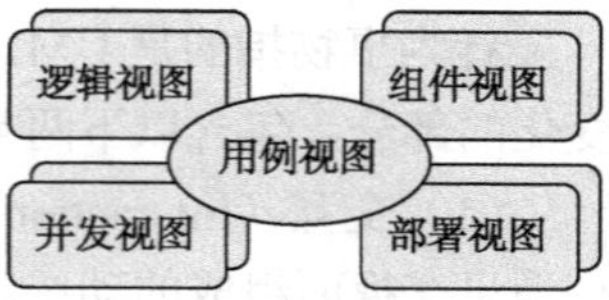

UML 中的视图包括:用例视图(Use Case View)、逻辑视图(Logical View)、并发视图(Concurrency View)、组件视图(Component View)、部署视图(Deployment View)五种,如图 3-4 所示。能够使用的其他视图还有静态→动态视图、逻辑→物理视图、工作流程等视

图 3-4 4+1 视图模型

图，但 UML 语言中并不使用这些视图，它们是 UML 语言的设计者意识中的视图，因此在未来的大多数 CASE 工具中有可能包含这些视图。

当用户选择一个 CASE 工具绘图的时候，一定要保证该工具能够容易地从一个视图导航到另一个视图。另外，为了看清楚一个功能在图中是怎样工作的，该工具也应该具备方便地切换至用例视图或部署视图的长处，因为用例视图下可以看到该功能是怎样被外部用户描述的，部署视图下可以看到物理结构中该功能是怎样分布的（确定在哪台计算机中得到该功能）。

◁》【提示】
- 这里的视图是指从不同的角度所看到的系统的不同的侧面；
- 在 Rational Software Architect 8.5 中也进行了简单视图的划分，但与 UML 中的视图不是一一对应的关系。

3.4.1 用例视图

用例视图用于描述系统应该具有的功能集。它是从系统的外部用户角度出发，对系统的抽象表示。用例视图所描述的系统功能依靠于外部用户或由另一个系统触发激活，为用户或另一个系统提供服务，实现用户或另一个系统与系统的交互。系统实现的最终目标是提供用例视图中描述的功能。用例视图中可以包含若干个用例，用例用来表示系统能够提供的功能（系统用法），一个用例是系统用法（功能请求）的一个通用描述。

用例视图是其他四个视图的核心和基础。其他视图的构造和发展依赖于用例视图中所描述的内容。因为系统的最终目标是提供用例视图中描述的功能，同时附带一些非功能性的性质，因此用例视图影响着所有其他的视图。用例视图还可用于测试系统是否满足用户的需求和验证系统的有效性。用例视图主要为用户、设计人员、开发人员和测试人员而设置。用例视图静态地描述系统功能，为了动态地观察系统功能，也可以使用活动图对用例进行描述。

3.4.2 逻辑视图

用例视图只考虑系统应提供什么样的功能，对这些功能的内部运作情况不予考虑，为了揭示系统内部的设计和协作状况，要使用逻辑视图描述系统。

逻辑视图用来显示系统内部的功能是怎样设计的，它利用系统的静态结构和动态行为来刻画系统功能。静态结构描述类、对象和它们之间的关系等。动态行为主要描述对象之间的动态协作，当对象之间彼此发送消息给给定的函数时产生动态协作、一致性和并发性等性质，以及接口和类的内部结构都要在逻辑视图中定义。在 UML 中，静态结构由类图和对象图进行描述，动态行为用状态图、时序图、协作图和活动图描述。

3.4.3 并发视图

并发视图用来显示系统的并发工作状况。并发视图将系统划分为进程和处理机方式，通过划分引入并发机制，利用并发高效地使用资源、并行执行和处理异步事件。除了划分系统为并发执行的控制线程外，并发视图还必须处理通信和这些线程之间的同步问题。并发视图所描述的方面属于系统中的非功能性质方面。

并发视图供系统开发者和集成者使用。它由动态图（状态图、时序图、协作图、活动图）和执行图（组件图、部署图）构成。

3.4.4 组件视图

组件视图用来显示代码组件的组织方式。它描述了系统的实现模块和它们之间的依赖关系。

组件视图由组件图构成。组件是代码模块，不同类型的代码模块形成不同的组件，组件按照一定的结构和依赖关系呈现。组件的附加信息（如为组件分配资源）或其他管理信息（如进展工作的进展报告）也可以加入到组件视图中。组件视图主要供开发者使用。

3.4.5 部署视图

部署视图用来显示系统的物理架构，即系统的物理部署情况，如计算机和设备以及它们之间的连接方式，其中计算机和设备称为节点。部署视图还包括一个映射，该映射显示在物理架构中组件是怎样部署的。比如，在每台独立的计算机上，哪一个程序或对象在运行。部署视图提供给开发者、集成者和测试者。

可以把这里的视图理解为我们看问题的角度，系统本身是固定不变的，但从不同的角度看会有不同的效果。就像我们观测一个柜子，我们很自然地知道我们在柜子的正面还是反面，现在我们把柜子的门拿下来当一个面，我们也可以知道该门的上面、下面及其左右。假如，把人反一下，再观测该门，情况就变了，虽然柜子本身没有任何变化。

课堂实践 2

1. 操作要求

（1）小组讨论 UML 的结构包括哪些内容。

（2）使用 Word 或其他绘图工具绘制图 3-3 所示的 UML 结构图。

（3）依据工程/机械制图中的三视图概念，类比理解 UML 的视图思想。

2. 操作提示

（1）通过学习小组讨论和上网查询资料形式完成。

（2）将 UML 的作用与工程设计和机械设计的绘图标准进行比较。

> 任务 3　了解 UML 的五种视图和九种图形及功能，了解 UML 建模的基本流程。

3.5　UML 图形符号

UML 中的图（Diagram）由图片（Graph）组成，图片是模型元素的符号化。把这些符号有机地组织起来形成的图表示了系统的一个特殊部分或某个方面。如前所述，一个典型的系统模型应有多个视图和各种类型的图。图是一个具体视图的组成部分，在画一个图时，就相当于把这个图分配给某个视图了。依据图本身的内容，有些图可能是多个视图的一部分（如组件图既属于并发视图，也属于组件视图）。

UML 中包含用例图、类图、对象图、状态图、时序图、协作图、活动图、组件图、部署图共九种。使用这九种图就可以描述世界上任何复杂的事物，这就充分地显示了 UML 的多样性和灵活性。下面对这九种图形进行简单介绍，UML 图形的详细内容和在 RSA 中的绘制方法，请读者参阅本书第 5 章至第 9 章的内容。

在许多的 CASE 工具中，UML 的图形符号是用英文表示的，UML 图形符号的中英文对照如表 3-2 所示。

表 3-2 UML 图形符号的中英文对照

编号	英文名称	中文名称	备注
1	Package Diagram	包图	
2	Class Diagram	类图	
3	Component Diagram	组件图	
4	Deployment Diagram	部署图	
5	Object Diagram	对象图	
6	Composite Structure Diagram	组合结构图	UML 2.0
7	Use Case Diagram	用例图	
8	Activity Diagram	活动图	
9	State Machine Diagram	状态机图	
10	Sequence Diagram	时序图	
11	Communication Diagram	通信图	UML 2.0
12	Interaction Overview Diagram	交互概览图	UML 2.0
13	Timing Diagram	时间图	UML 2.0

3.5.1 用例图

用例图用于显示若干角色（Actor）以及这些角色与系统提供的用例之间的连接关系，如图 3-5 所示。用例是系统提供的功能（系统的具体用法）的描述。通常一个实际的用例采用普通的文字描述，作为用例符号的文档性质，实际的用例图也可以用活动图描述。用例图仅仅从角色（触发系统功能的用户等）使用系统的角度描述系统中的信息，也就是站在系统外部察看系统功能，它并不描述系统内部对该功能的具体操作方式。用例图定义的是系统的功能需求。关于用例图的详细内容，请读者参阅第 5 章内容。

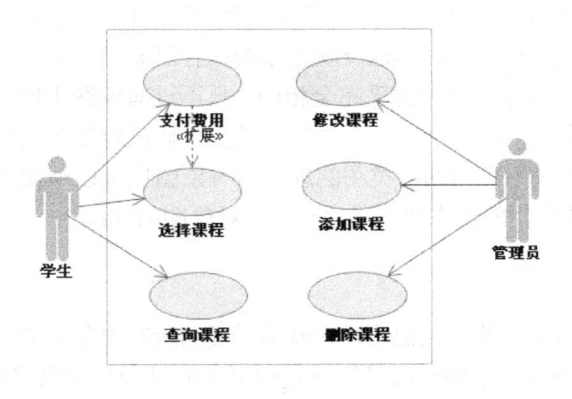

图 3-5 用例图示例

【提示】
- 符号表示参与者（也称为角色或外部执行者）；

- ⬭ 符号表示用例（系统功能）；
- 矩形方框表示系统边界。

3.5.2 类图

类图用来表示系统中的类以及类与类之间的关系，它是对系统静态结构的描述，如图 3-6 所示。

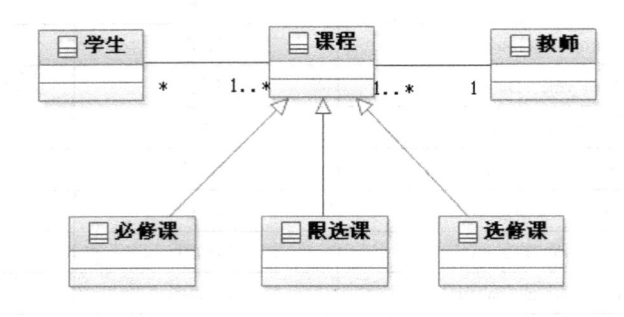

图 3-6 类图示例

类用来表示系统中需要处理的事物。类与类之间有多种连接方式（关系），如关联（彼此间的连接）、依赖（一个类使用另一个类）和泛化（一个类是另一个类的特殊化）等。类与类之间的这些关系都体现在类图的内部结构之中，通过类的属性和操作反映出来。在系统的生命周期中，类图所描述的静态结构在任何情况下都是有效的。

一个典型的系统中通常有若干个类图。一个类图不一定包含系统中所有的类，一个类还可以加到几个类图中。关于类图的详细内容，请读者参阅第 6 章内容。

📢【提示】
- 带有名字的矩形方框表示类；
- 空心箭头表示类和类之间的泛化关系，详见第 6 章。

3.5.3 对象图

对象图是类图的变体。两者之间的差别在于对象图表示的是类的对象实例，而不是真实的类。对象图是类图的一个范例，它及时具体地反映了系统执行到某处时系统的工作状况。

对象图中使用的图形符号与类图几乎完全相同，只不过对象图中的对象名加了下画线。对象图没有类图重要，对象图通常用来示例一个复杂的类图，通过对象图反映真正的实例是什么，它们之间可能具有什么样的关系，帮助对类图的理解。对象图也可以用在协作图中作为其一个组成部分，用来反映一组对象之间的动态协作关系。关于对象图的详细内容，请读者参阅第 6 章内容。

3.5.4 状态图

状态图是对类所描述事物的补充说明，它显示了类的所有对象可能具有的状态，以及引起状态变化的事件，如图 3-7 所示。事件可以是给它发送消息的另一个对象或者某个任务执行完毕（如指定时间到）。状态的变化称为转移（Transition），一个转移可以有一个与之相连的动作（Action），这个动作指明了状态转移时应该做些什么。

并不是所有的类都有相应的状态图。状态图仅用于具有下列特点的类：具有若干个确定的状态，类的行为在这些状态下会受到影响且被不同的状态改变。另外，也可以为系统描绘整体状态图。关于状态图的详细内容，请读者参阅第 8 章内容。

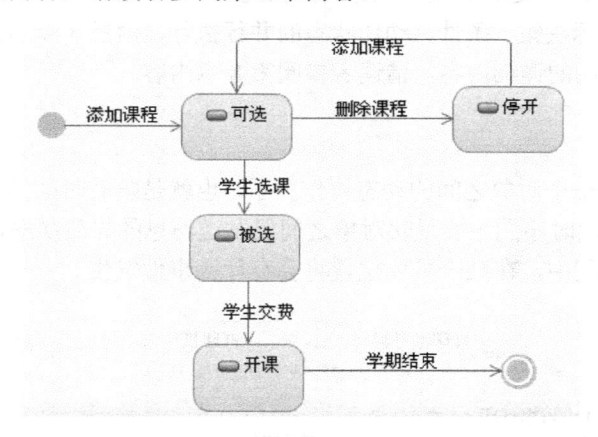

图 3-7 状态图示例

【提示】
- 圆角矩形表示状态；
- 箭头及箭头上面的标注表示引发状态转换的事件。

3.5.5 活动图

活动图反映一个连续的活动流，如图 3-8 所示。活动图常用于描述某个操作执行时的活动状况。

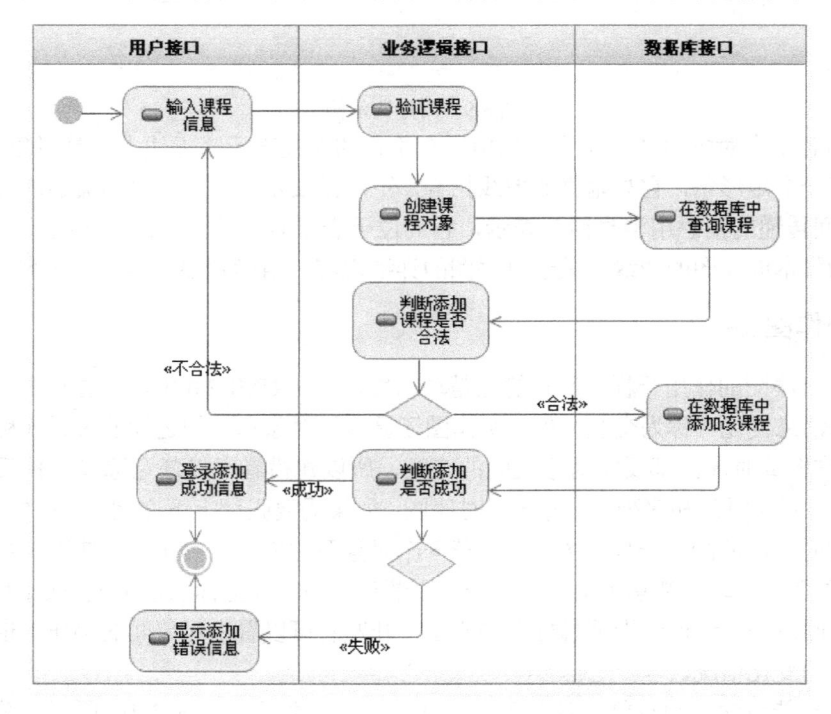

图 3-8 活动图示例

UML 建模实例教程（第2版）

活动图由各种动作状态构成，每个动作状态包含可执行动作的规范说明。当某个动作执行完毕，该动作的状态就会随之改变。这样，动作状态的控制就从一个状态流向另一个与之相连的状态。

活动图中还可以显示决策、条件、动作状态的并行执行、消息（被动作发送或接收）的规范说明等内容。关于活动图的详细内容，请读者参阅第 8 章内容。

3.5.6 时序图

时序图用来反映若干个对象之间的动态协作关系，也就是随着时间的流逝，对象之间是如何交互的，如图 3-9 所示。时序图主要反映对象之间已发送消息的先后次序，说明对象之间的交互过程，以及系统执行过程中，在某一具体位置将会有什么事件发生。

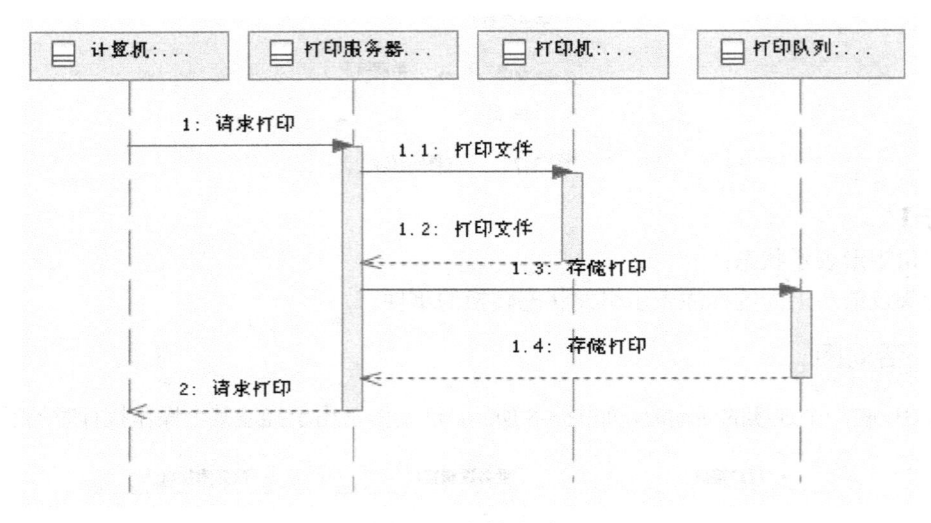

图 3-9 时序图示例

时序图由若干个对象组成，每个对象用一个垂直的虚线表示（虚线上方是对象名），每个对象的正下方有一个矩形条，它与垂直的虚线相叠，矩形条表示该对象随时间流逝的过程（从上至下），对象之间传递的消息用消息箭头表示，它们位于表示对象的垂直线条之间。时间说明和其他的注释作为脚本放在图的边缘。关于时序图的详细内容，请读者参阅第 8 章内容。

3.5.7 协作图

协作图和时序图的作用一样，反映的也是动态协作。在 UML2.0 中，与协作图类似的是通信图。除了显示消息变化（称为交互）外，协作图还显示了对象和它们之间的关系（称为上下文有关）。由于协作图或时序图都反映对象之间的交互，所以建模者可以任意选择一种反映对象间的协作。如果需要强调时间和序列，最好选择时序图；如果需要强调上下文相关，最好选择协作图。

协作图与时序图的画法一样，图中含有若干个对象及它们之间的关系（使用对象图或类图中的符号），对象之间流动的消息用消息箭头表示，箭头中间用标签标识消息被发送的序号、条件、迭代方式、返回值等。通过识别消息标签的语法，开发者可以看出对象间的协作，也可以跟踪执行流程和消息的变化情况。

协作图中也能包含活动对象，多个活动对象可以并发执行，如图 3-10 所示。关于时序图的详细内容，请读者参阅第 8 章内容。

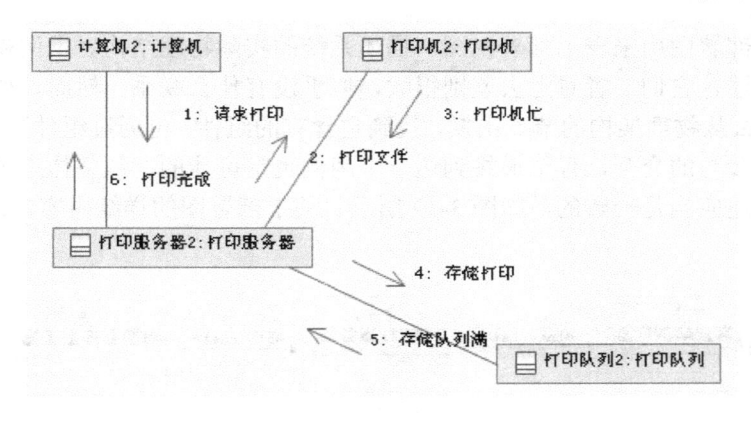

图 3-10 协作图示例

3.5.8 组件图

组件图用来反映代码的物理结构。代码的物理结构用代码组件表示。组件可以是源代码、二进制文件或可执行文件组件。组件包含了逻辑类或逻辑类的实现信息,因此逻辑视图与组件视图之间存在着映射关系。组件之间也存在依赖关系,利用这种依赖关系可以很容易地分析一个组件的变化会给其他的组件带来怎样的影响。

组件可以与公开的任何接口(如 OLE / COM 接口)一起显示,也可以把它们组合起来形成一个包,在组件图中显示这种组合包。实际编程工作中经常使用组件图,如图 3-11 所示。关于组件图的详细内容,请读者参阅第 9 章内容。

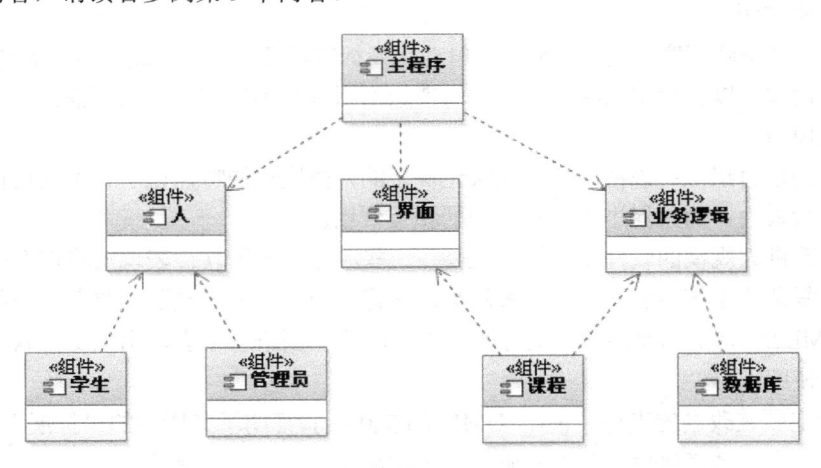

图 3-11 组件图示例

3.5.9 部署图

部署图用来显示系统中软件和硬件的物理架构。通常部署图中显示实际的计算机和设备(用节点表示),以及各个节点之间的关系(还可以显示关系的类型)。每个节点内部显示的可执行的组件和对象清晰地反映出哪个软件运行在哪个节点上。组件之间的依赖关系也可以显示在部署图中。

如前所述，部署图用来表示部署视图，描述系统的实际物理结构。用例视图是对系统应具有的功能的描述，它们二者看上去差别很大，似乎没有什么联系。然而，如果对系统的模型定义明确，那么从物理架构的节点出发，找到它含有的组件，再通过组件到达它实现的类，再到达类的对象参与的交互，直至最终到达一个用例也是可能的。从整体来说，系统的不同视图给系统的描述应当是一致的，如图 3-12 所示。关于部署图的详细内容，请读者参阅第 9 章内容。

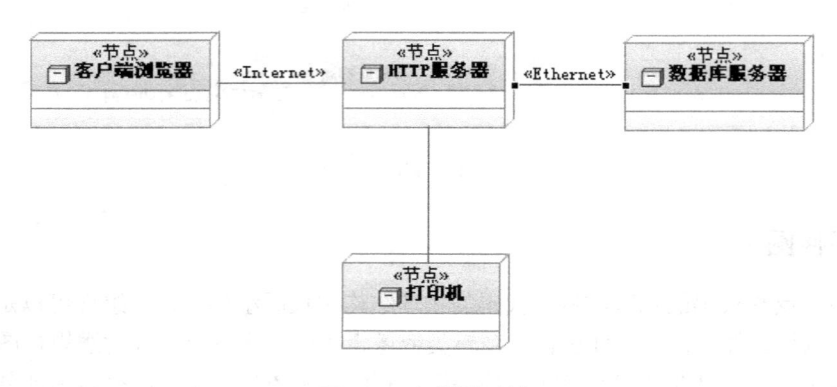

图 3-12　部署图示例

3.5.10　UML2.0 新特性

2005 年修订的 UML2.0 相对 UML1.X 来说，增加了许多新的特性。UML 2.0 的新特性可分为以下五个主要方面。

（1）语言定义精确程度提高：这是支持自动化高标准需要的结果，此标准是 MDD 所必需的。自动化意味着模型（以及后来的模型语言）将消除不明确和不精密，可以保证计算机程序能转换并熟练地操纵模型。

（2）改良的语言组织：该特性是由模块化决定的，模块化的特点在于它不仅使得语言更加容易地被新用户所采用，而且促进了工具之间的相互作用。

（3）重点改进大规模的软件系统模型性能：一些流行的应用软件表现出将现有的独立应用程序集成到更加复杂的系统中去。这是一种趋势，它将可能会继续导致更加复杂的系统。为了支持这种趋势，UML2.0 将更加灵活和新的分等级的性能添加到语言中去，用以支持软件模型在任意复杂的级别中使用。

（4）对特定领域改进的支持：使用 UML 的实践经验证明了其所谓的"扩展"机制的价值。这些机制被统一化、精练化后，使得基础语言更加简化，更加准确精练。

（5）全面的合并，合理化、清晰化各种不同的模型概念：该特性导致一种单一化，更加统一化语言的产生。它包含了合并（在一些案例中消除多余的概念），精练各种各样的定义，添加文字性的解释和例子。

同时 UML2.0 相对 UML1.X 来说，图形符号也进行了一些调整。UML2.0 的图形可以分为两大类：结构图和行为图，如图 3-13 所示。这两大类的图形也是围绕着面向对象思想的，其中的结构图用来描述系统的静态特性，行为图用来描述系统中的各元素间的协作和动作行为。

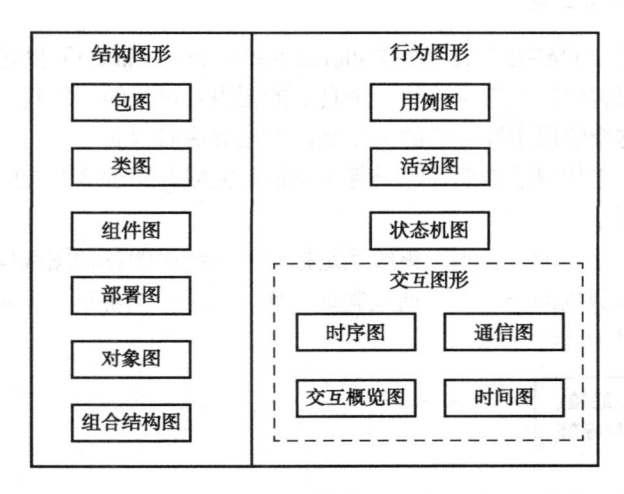

图 3-13　UML 2.0 的图形及其关系

3.6　UML 建模基本流程

用 UML 语言建造系统模型的时候，并不是只创建单独的一个模型。在系统开发的每个阶段都要建造不同的模型，建造这些模型的目的也是不同的。需求分析阶段建造的模型用来捕获系统的需求、描绘与真实世界相应的基本类和协作关系。设计阶段的模型是分析模型的扩充，为实现阶段做指导性的、技术上的解决方案。实现阶段的模型是真正的源代码，编译后的源代码就变成了程序。最后是部署模型，它在物理架构上解释系统是如何部署的。

虽然这些模型各不相同，但通常情况下，后期的模型都由前期的模型扩展而来。因此，每个阶段建造的模型都要保存下来，以便出错时返回重做或重新扩展最初的分析模型。各种模型之间的关系如图 3-14 所示。

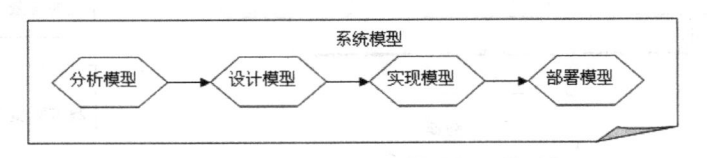

图 3-14　用多个模型描述的系统

UML 语言具有阶段独立性，也就是说，同样的通用语言和同样的图可以用在不同的阶段为不同的事情建模。这使得建模者能把更多的精力放在考虑模型的结构和适用范围上。注意，建模语言只能用于建造模型，不能用于保证系统的质量。

若使用 UML 语言建模，建模工作一定要依照某个方法或过程进行。因为这个方法或过程列出了应进行哪些不同的步骤，以及这些步骤怎样实现的大纲。建模的过程一般被分为以下几个连续的重复迭代阶段：需求分析阶段、设计阶段、实现阶段和部署阶段。与实际的建模工作相比，这是一个简单的建模过程。通常情况下，一组人聚在一起提出问题和讨论目标，就已经开始建模了。他们一起讨论并写出一个非正式的会议记要，记录可能要建造的模型的构想和应有怎样的变化。

记录会议内容的工具也很不正规，通常在笔记本和白板上书写，这种会议一直要持续到参与讨论的人感觉这些基本的模型具有一定的可行性了，才会进入下一阶段。这时形成的模型称为早期的假说。把假说用某一 CASE 工具（如 Rational Software Architect）描述，假说模型就组织起来了，同时按照建模语言的语法规则构建一个真实的图也是可行的。再到下一阶段时，前期模型会被更详细地描述，这个阶段主要完成的工作是，细化解决问题的方案和文档，提取更多的解决问题需要的信息。这个工作可能需要几经反复才能最后完成。通过这个阶段的工作，假说也逐渐变成一个可使用的模型了。

接下来的步骤是集成和验证模型。集成就是把同一系统中的各种图或模型结合起来，通过验证工作保证图与图之间数据的一致性。通过验证工作，保证模型能够正确地解决问题。UML 建模的基本流程如图 3-15 所示。

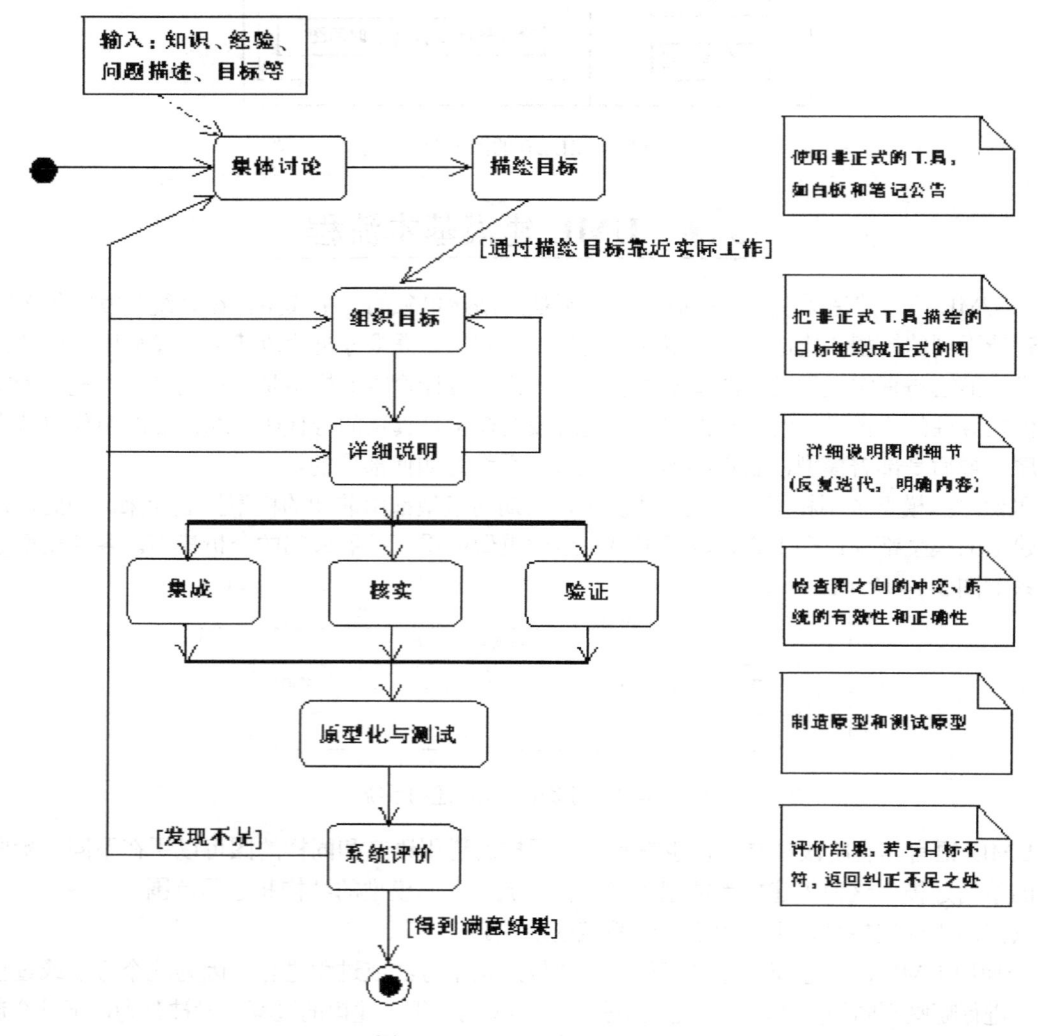

图 3-15 UML 建模基本流程

最后，在实际解决问题的时候，模型被实现为各种原型。生成原型时，要对生成的原型进行评价，以便发现可能潜在的错误、遗漏的功能和开发代价过高等不足之处。如果发现了上述不足之处，那么开发人员还要返回到前期的各个阶段步骤，排除这些问题。如果问题很严重，开发者或许最终要返回到刚开始的集体讨论、描绘草图的阶段，重新建模。当然，如果问题很小，开发者只需改变模型的一部分组织和规格说明。

原型只是一个很粗浅的东西，构建原型仅仅是为了对其进行评价，发现其中的不足之处，而对原型进一步地开发才算得上真正的系统开发过程。

【提示】
- 这里的原型指的是功能不完善的软件系统；
- 要把图转换成原型，一定要在把多个图结合成原型结构之后完成；
- UML 的建模和统一软件过程 RUP 是紧密关联的，RUP 的详细内容请参阅第 11 章。

课堂实践 3

1. 操作要求

（1）小组讨论 UML2.0 中的各种图形符号，并说明各有什么样的功能。
（2）小组讨论 UML 建模的过程是怎样的。

2. 操作提示

（1）通过学习小组讨论和上网查询资料形式完成。
（2）通过配套资源和网站进行深入学习。

习　　题

一、填空题

1. UML 是由信息系统和面向对象领域的三位著名的方法学家_____、James Rumbaugh 和 Ivar Jacobson 在 20 世纪 90 年代中期提出的。

2. UML 最终于_____11 月 7 日正式被 OMG 采纳作为业界标准。

3. 在 UML 的事物关系中，用来描述一般化和特殊化关系是_____关系。

4. _____是对类所描述事物的补充说明，它显示了类的所有对象可能具有的状态，以及引起状态变化的事件。

5. _____用来反映若干个对象之间的动态协作关系，也就是随着时间的流逝，对象之间的交互方式。

二、选择题

1. 下列关于 UML 的特点描述不正确的是_____。
A. 标准的表示方法
B. 与软件开发的成功经验集成
C. 为第四代面向对象建模语言
D. UML 的应用贯穿在系统开发的五个阶段

2. 以下 UML 的描述中，错误的是_____。
A. UML 不是一种可视化的程序设计语言，而是一种可视化的建模语言
B. UML 是一种建模语言规格说明，是一种表示的标准
C. UML 不是过程，也不是方法，但允许任何一种过程和方法使用它
D. UML 是一种面向对象的设计工具

3. 用例属于 UML 的_____。
   A. 结构事物   B. 行为事物
   C. 分组事物   D. 注释事物
4. 从系统的外部用户角度出发，用于描述系统应该具有的功能集的 UML 视图是_____。
   A. 用例视图   B. 逻辑视图
   C. 并发视图   D. 组件视图
5. 与 UML 能够进行无缝结合以进行软件开发的软件过程模型是_____。
   A. XP 方法   B. 瀑布模型
   C. RAD 方法   D. RUP 方法

三、简答题

1. 简述 UML 的特点，并请说明 UML 中的结构的基本内容。
2. 简述 UML 的五种视图及各自的功能，并请说明每一种视图主要通过哪些图形来进行描述。
3. 类比房屋的建造过程，简述 UML 建模的基本过程。

课外拓展

1. 操作要求

（1）登录http：//www.uml.org.cn，进入该网站 UML 专题模块进一步学习 UML 的基本知识。

（2）通过网络搜索引擎，查找 UML2.0 的相关说明文档，了解 UML2.0 的新特性。

2. 操作提示

（1）学习过程中收集 UML 学习的相关网站，以便于课外拓展学习。
（2）课外拓展学习过程中要加强学习小组内的讨论。

第 4 章 UML 建模工具简介

学习目标

本章主要介绍常用的 UML 建模工具，并详细说明了 Rational Software Architect 的基本用法。主要内容包括：常用 CASE 工具、Rational Software Architect 的安装与配置、使用 Rational Software Architect 建模的一般步骤等。通过本章的学习，读者应能选择合适的 UML 建模工具，安装和配置好 Rational Software Architect 建模工具，为后续的建模实践奠定基础。本章的学习要点包括：
- UML 建模工具的选择；
- Rational Software Architect 的安装；
- Rational Software Architect 的配置；
- Rational Software Architect 的简单使用；
- Rational Software Architect 建模的基本步骤。

学习导航

本章主要介绍 Rational Software Architect 8.5 这一款 UML 建模工具的安装、配置和使用。本章内容是使用 Rational Software Architect 8.5 进行 UML 建模的基础。本章学习导航如图 4-1 所示。

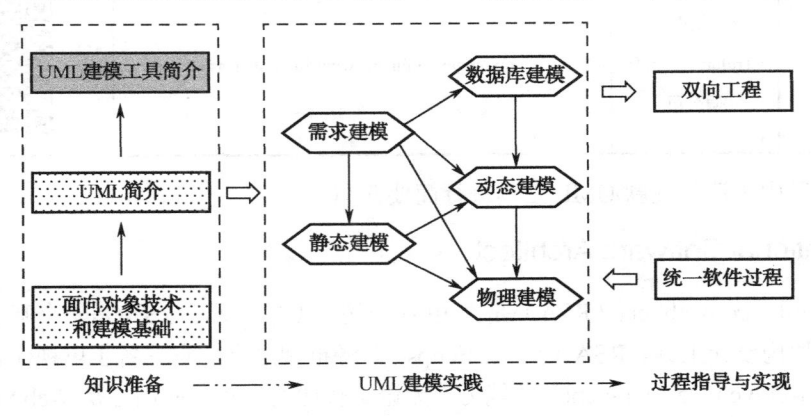

图 4-1 本章学习导航

4.1 常用 UML 建模工具

任务 1 了解常见的 UML 建模工具及其主要特点，选择合适的 UML 工具。

随着 UML 的广泛推广，许多厂商都开发相同的建模工具，以支持 UML 的可视化建模。常见的支持 UML 建模的 CASE 工具及厂商信息如表 4-1 所示。

表 4-1 常用 UML 建模 CASE 工具及厂商信息

编号	工具名称	厂商	网址	二维码
1	PowerDesigner	Sybase	http://www.powerdesigner.de/	
2	Rational Software Architect	IBM	http://www.ibm.com/cn/zh/	
3	Visio	Microsoft	https://products.office.com/zh-cn/Visio/flowchart-software	
4	Enterprise Architect	Sparx	http://www.sparxsystems.com.au/	
5	楚凡	西安楚凡（Trufun）科技有限公司	http://www.trufun.net/www1/Ch/Main.asp	

下面将对其中主流的几款 UML 工具进行简要介绍。

4.1.1 Rational Software Architect

Rational Software Architect（RSA）是由 IBM 公司开发的产品。RSA 是一个基于 UML 2.I 的可视化建模和架构设计工具。RSA 构建在 Eclipse 开源框架之上，它具备了可视化建模和模型驱动开发（Model-Driven Development）的能力。无论是普通的分布式应用还是 Web Services，这个工具都是适用的。

IBM 公司的 Rational Software 有着悠久的历史，最早起源于 20 世纪 90 年代初 UML 的提出。Rational Software 的第一个可视化建模工具是 Rational Rose。这是一个独立的建模工具，支持多种语言而且可以自动进行模型和代码之间的转换。

Rational Rose 对推动 MDD 的实践做出了巨大的贡献，然而也存在着问题。软件建模和软件开发使用的是不同的开发环境，开发人员希望将它们进行无缝集成。2002 年 IBM 收购 Rational 软件公司之后，提出了 IBM Rational XDE 作为一个临时解决方案。XDE 可以作为插件嵌入到集成开发环境中去。此后，IBM 又进一步将所有 Rational Software 的产品进行整合，形成了 IBM Rational 软件交付平台（IBM Rational Delivery Platform）。它包括如下工具：

（1）Rational Software Architect；
（2）Rational Systems Developer；
（3）Rational Application Developer。

较之以前的 Rational 建模工具，RSA 具有以下新特性。

（1）采用 UML2.1 规范。

在 Rational Software Architect 中，将 UML 规范更新为 2.1 版本。在这一规范的更新中包括全新的对象图以及许多其他图的改进（组件图、部署图、时序图、活动图和结构图）。其中，对象图允许为类图中的类实例（对象）建模，用来描述系统活动；组件图通过被命名的分组和更新的界面，使得所有的图都更加容易被理解，从而能够理解并应用原型；对于部署图而言，改进了实例建模，并包含了原型可访问性的更新；在时序图中改进了失败生命线的交互操作；结构图改进了端口、部件的符号。

（2）搜索功能的改进。

支持更多的"Relationship Types"和更多的"Show Related Elements"查询。

（3）模型可用性的改进。

这些改进包括：改进的关联锚点支持、"Change Metatype"重构活动、放缩工具、动画缩放、动画布局、画图时的"Duplicate Element"活动、针对注释和几何图形的连接器助手等。

4.1.2　Enterprise Architect

Enterprise Architect（EA）是 Sparx 公司开发的以目标为导向的软件建模系统。它覆盖了系统开发的整个周期，除了开发类模型之外，还包括事务进程分析、使用案例需求、动态模型、组件和布局、系统管理、非功能需求、用户界面设计、测试和维护等。EA 包括以下主要特点。

（1）为整个团队提供高级的 UML 2.0 建模工具。EA 为用户提供一个高性能、直观的工作界面，结合 UML 2.0 最新规范，为桌面电脑工作人员、开发和应用团队打造先进的软件建模方案。该产品不仅特性丰富，而且性价比极高，可以用来配备整个工作团队，包括分析人员、测试人员、项目经理、品质控制和部署人员等。

（2）特性丰富、系统设计。Enterprise Architect 是一个完全的 UML 分析和设计工具，它能完成从需求收集、系统分析、模型设计到测试和维护的整个软件开发过程。它基于多用户 Windows 平台的图形工具可以帮助开发团队设计健全、可维护的软件。此外，它还包含特性灵活的高品质文档输出。用户指南可以在线获取。

（3）快速、稳定、高性能。统一建模语言能够以一致方式构建强健和可跟踪的软件系统模型，而 EA 为该构建过程提供了一个易于使用和快速灵活的工作环境。

（4）端到端跟踪。Enterprise Architect 提供了从需求分析、软件设计一直到执行和部署整个过程的全面可跟踪性。结合内置的任务和资源分配，项目管理人员和 QA 团队能够及时获取他们需要的信息，以便使项目按计划进行。

（5）在 UML 2.0 上构建。通过 UML（统一建模语言），开发团队可以构建严格的可追踪的软件系统模型。EA 为 UML 构建软件模型提供了一个快速便捷的应用环境，它支持 OMG 定义的新 UML2.0 标准。Enterprise Architect 的基础构建于 UML 2.0 规范之上，不仅如此，使用 UML Profile

还可以扩展建模范围，与此同时，模型验证将确保其完整性。产品含有免费的 Extensions for BPMN 和 Eriksson-Penker Profile，能够将业务程序、信息和工作流程联合到一个模型内。

利用 EA，设计人员可以充分利用 13 种 UML 2.0 图表的功能——EA 支持全部 13 种 UML 2.0 图表和相关的图表元素，包括：

- 结构图表。类、对象、合成元素、包、组件、布局；
- 行为图表。使用案例、通信、序列、交互概述、行为、状态、时序；
- 扩展。分析（简单行为）、定制（需求、变动和 UI 设计）。

EA 提供使用工具，能够跟踪依赖关系、支持大型模型，帮助管理大型复杂的工程；含有 CVS 或 SCC 提供工具，以时间快照为基线，通过比较来跟踪模型变动，从而实现版本控制；含有类似 Explorer 的项目视窗，提供直观、高性能的工作界面。

EA 还含有一个所见即所得形式的模板编辑器，提供强大的文档生成和报告工具，能够生成复杂详细的报告，报告可以按照公司或客户要求的格式提供所需信息。

EA 具备源代码的前向和反向工程能力，支持多种通用语言，包括 C++、C#、Java、Delphi、VB.Net、Visual Basic 和 PHP，此外，还可以获取免费的 CORBA 和 Python 附加组件。EA 提供一个内置的源代码编辑器，含语法突出功能，确保能够在一致的工作环境中快速导航和查找用户的模型源代码。对于 Eclipse 或 Visual Studio.Net 工作人员，Sparx Systems 还提供到这些 IDE 的轻量链接工具，开发团队可以在 EA 中进行建模，而后直接跳转到自己偏爱的编辑器中进行源代码的进一步开发。代码生成模板还允许用户对生成的源代码进行定制，使之同公司规范相符。

EA 还提供对大多数软件开发语言和数据库架构的逆向工程支持，实现应用程序可视化，从源代码、Java.jar 文件甚至是 .Net 二进制汇编语言中获取完整框架。通过导入框架和库代码，实现对已有投资重复利用的最大化。

EA 还提供变换模板，编辑和开发均非常简单，支持先进的模型驱动结构体系（MDA）。通过内置的 DDL、C#、Java、EJB 和 XSD 变换，用户可以从简单的"平台独立模型"开始来构建复杂的解决方案，并定位于"平台专门模型"（PSM）。一个 PIM 可以用来生成并同步多个 PSM，使工作效率得到显著提高。

4.1.3 PowerDesigner

PowerDesigner 是世界著名的企业体系和移动软件提供商 Sybase 推出的一款综合建模的工具。该工具是一个"一站式"的企业级建模及设计解决方案，它能帮助企业快速高效地进行企业应用系统构建及再工程。 IT 专业人员可以利用它来有效开发各种解决方案，从定义业务需求到分析和设计，以至集成所有现代 RDBMS 和 Java、.NET、PowerBuilder 和 Web Services 的开发等。PowerDesigner 是结合了下列几种标准建模技术的一款独具特色的建模工具集：业务流程建模、通过 UML 进行的应用程序建模以及市场占有率第一的数据建模，这些建模技术都是由功能强大的元数据管理解决方案提供支持的。

PowerDesigner 的通用特性如下。

（1）需求管理。PowerDesigner 可以把需求定义转化成任意数量的分析及设计模型，并记录需求及所有分析及设计模型的改动历史，保持对它们的跟踪。Microsoft Word 导入/导出功能使业务用户能轻易处理流程工作。

（2）文档生成。PowerDesigner 提供了 Wizard 向导协助建立多模型的 RTF 和 HTML 格式的文档报表。项目团队中非建模成员同样可以了解模型信息，增强整个团队的沟通。

（3）影响度分析。PowerDesigner 模型之间采用了独特的链接与同步技术进行全面集成，支持企业级或项目级的全面影响度分析。从业务过程模型、UML 面向对象模型到数据模型都支持该技术，大大提高了整个组织的应变能力。

（4）数据映射。PowerDesigner 提供了拖放方式的可视化映射工具，方便、快速及准确地记录数据依赖关系。在任何数据和数据模型、数据与 UML 面向对象模型以及数据与 XML 模型之间建立支持影响度分析的完整的映射定义、生成持久化代码以及数据仓库 ETL 文件。

（5）开放性支持。PowerDesigner 支持所有主流开发平台：支持超过 60 种（版本）关系数据库管理系统，包括最新的 Oracle、IBM、Microsoft、Sybase、NCR Teradata、MySQL 等；支持各种主流应用程序开发平台，如 Java J2EE、Microsoft .NET™ (C#和 VB.NET)、Web Services 和 PowerBuilder；支持所有主流应用服务器和流程执行语言，如 ebXML 和 BPEL4WS 等。

（6）可自定义。PowerDesigner 支持从用户界面到建模行为以及代码生成的客户化定制。支持用于模型驱动开发的自定义转换，包括对 UML 配置文件的高级支持、可自定义菜单和工具栏、通过脚本语言实现自动模型转化、通过 COM API 和 DDL 实现访问功能以及通过模板和脚本代码生成器生成代码。

（7）企业知识库。PowerDesigner 的企业知识库是存储在关系数据库中的完全集成的设计时知识库，具有高度的可扩展性，便于远程用户使用。该知识库提供以下功能：基于角色的模型和子模型访问控制，版本控制和配置管理，模型与版本的变更报告以及全面的知识库搜索功能。PowerDesigner 的知识库还可以存储和管理任何文档，包括 Microsoft® Office® 和 Project 文件、图像和其他类型的文档。

目前使用广泛的版本是 PowerDesigner 12.5，这是一个针对企业的综合建模和设计工具，可以帮助企业快速、低成本地创建或重新设计企业应用程序。

4.1.4 Visio

Visio 是 Microsoft 公司开发一款用于绘图和图表制作的软件。它也对 UML 图形提供了支持，在一些小型的应用中，也可以使用 Visio 进行 UML 建模。

Microsoft Visio "UML 模型图" 解决方案为创建复杂软件系统的面向对象的模型提供全面的支持，包括下列工具、形状和功能：

- "UML 模型资源管理器"，它提供模型的树视图和在视图间进行浏览的手段；
- 预定义的智能形状，表示 UML 标注中的元素并支持 UML 图表类型的创建，在程序控制下，这些形状的运行方式同 UML 语义学相符；
- 易于访问 "UML 属性" 对话框，可通过这些对话框将名称、特性、操作和其他属性添加到 UML 元素；
- 标识和诊断错误（如丢失数据或不正确地使用 UML 表示法）的动态语义错误检查；
- 对用 Microsoft Visual C++ 6.0 或 Microsoft Visual Basic 6.0 创建的项目进行反向工程，以生成 UML 静态结构模型的能力；
- 使用 C++、Visual C#或 Microsoft Visual Basic 根据 UML 模型中的类定义生成代码框架；
- 标识特定于语言的错误代码检查实用程序，这些错误会使代码无法用指定的目标语言编译出来；

- 为 UML 静态结构、活动、状态图、组件和部署图创建报告。

4.1.5 Trufun Plato

Trufun Plato 是西安楚凡（Trufun）科技有限公司开发的中文的 UML 建模工具。Trufun Plato 系列产品为中国广大软件开发人员精心创造了 UML2.x 规范实现产品、数据库建模产品以及企业级 MDA 产品。目前提供的版本有 Plato 专业版、Plato 免费版、Plato 高校 UML 教学专用版及 Trufun 云端建模平台。

Trufun Plato 系列产品可以做到：
- 使构架设计师和设计人员能够使用统一建模语言（UML）进行分析设计；
- 改进个体开发和团队开发的能力；
- 使每一个活动工作在适当的抽象级别上；
- 为团队开发提供统一的模型和文档；
- 使项目分析模型可以重复再用；
- 提供集成的版本控制、发布管理和变更跟踪；
- 可以进行团队合作、提高生产率、改善运营效率、降低成本。

Trufun Plato 高校 UML 教学专用版产品特点：
- 是全球唯一专为高校 UML 教学定制的 UML 建模产品，其设计目标为易用、易入门、稳定、遵守 OMG UML2.2 规范，因此完全符合高校教学专用特点，从而保证高校 UML 教学能够高质量地完成预定目标；
- 另外，高校 UML 教学专用版特别加入代码生成功能，帮助学生认识模型和代码之间的关系，从而深刻理解 UML 和代码之间的对应关系；
- 高校 UML 教学专用版还包括设计模式自动生成功能，帮助学生从模型的角度理解设计模式，为软件系统设计打好基础。

产品详细功能列表如下：
- 支持 UML2.2 九类框图建模；
- 支持创建并应用 UML Profile；
- 支持 OCL2.0；
- 支持团队建模；
- 支持无限次 undo/redo；
- 支持自动布局；
- 支持导入 Plato 2005、Plato 2006、Rose、RSA、ArgoUML、Poseidon、Emf、Xmi 模型；
- 支持导出模型为 Web（html）、Word 文档、EMF；
- 支持 18 种 Gof 设计模式；
- 提供通用 MDA 代码生成框架，可自定义生成代码（类 JSP 脚本）；
- 可预览、生成并合并 Java5 代码；
- 可预览、生成并合并 C++代码；
- 可预览、生成并合并 C# 2.0 代码；
- 可预览、生成 Php5、Perl、Python、Delphi、Objective C 代码。

楚凡科技开发的 Trufun 云端建模平台包括云端 UML 工具、云端 BPMN 工具和云端思维导图工具，其中云端 UML 工具是目前最先进的基于 HTML5 的 UML2.x 建模工具，所有代码基于 JAVA 开发，支持类图、用例图、活动图、序列图、状态图、活动图、组件图、部署图、组合结构图、通信图九类框图，是目前支持 UML 规范最多最全面的专业 UML 工具；云端 UML 建模工具目前支持 Java、C#、C++代码生成，随后将支持所有主流语言的代码生成。

📢【提示】
- 本书后续部分，如不特别指明，所用的建模工具即为 Rational Software Architect 8.5；
- 在第 7 章会介绍应用 PowerDesigner 进行数据库建模的方法；
- 可以联系西安楚凡（Trufun）科技有限公司获得 Trufun Plato 的相应版本。

4.2　Rational Software Architect 安装与配置

任务 2　确定 Rational Software Architect 8.5 的运行环境并安装 Rational Software Architect 8.5。

4.2.1　Rational Software Architect 的安装

【任务 2-1】　安装 Rational Software Architect 8.5。

【完成步骤】

（1）双击 Rational Software Architect 8.5 的安装程序，进入系统安装选择界面，如图 4-2 所示。

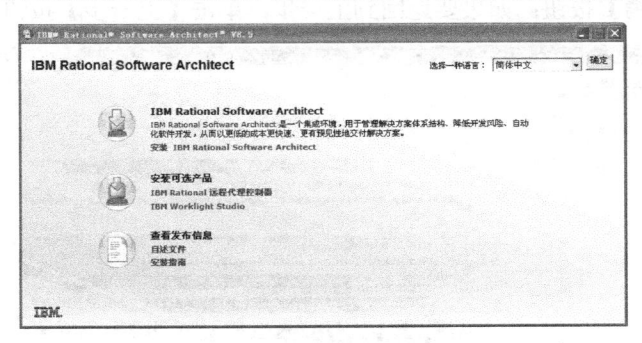

图 4-2　系统安装选择界面

（2）单击【IBM Rational Software Architect】，进入 IBM Installation Manager 界面，如图 4-3 所示。

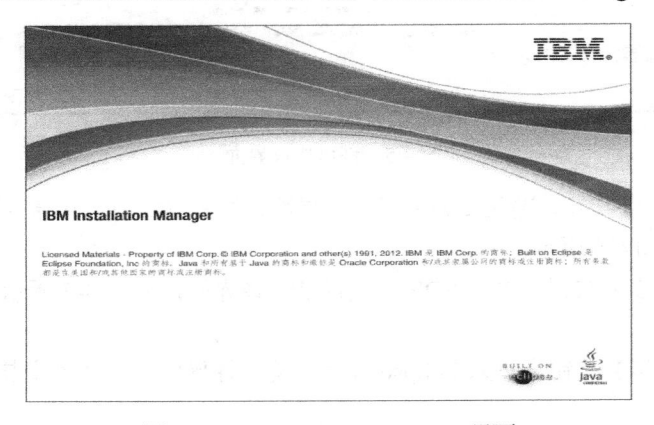

图 4-3　IBM Installation Manager 界面

（3）随后进入安装软件包选择界面，勾选"IBM Rational Software Architect 8.5"选项，如图 4-4 所示。

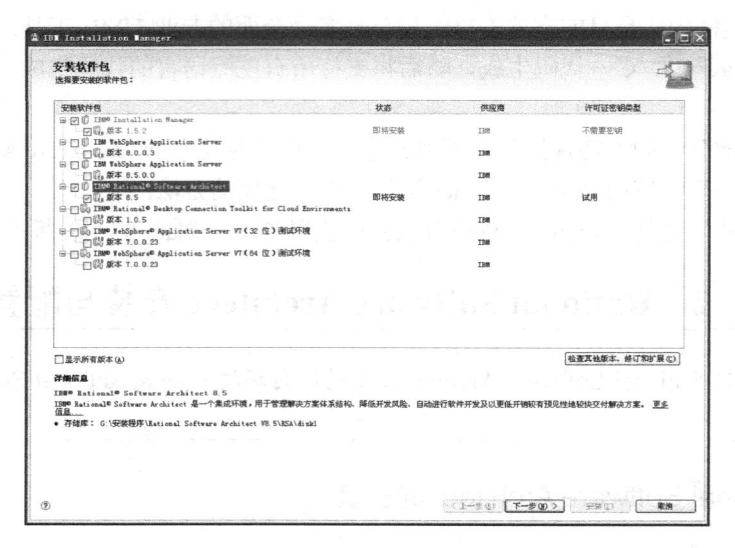

图 4-4　软件包选择界面

（4）单击【下一步】按钮，进入许可协议界面，如图 4-5 所示，选择接受协议条款。如果要取消安装，单击【取消】按钮；如果要返回到上一步，单击【上一步】按钮。

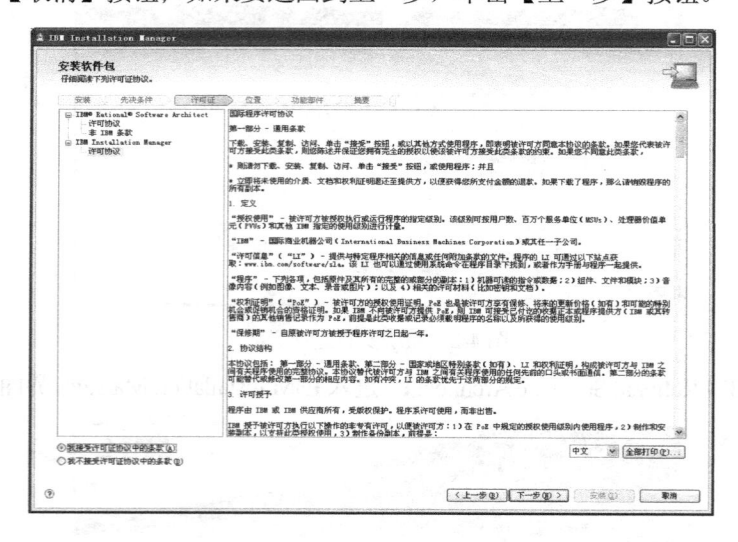

图 4-5　许可协议界面

（5）单击【下一步】按钮，进入安装位置选择界面，首先需要确定共享资源目录和 Installation Manager 的位置，如图 4-6 所示。

（6）单击【下一步】按钮，进入 SDP 安装目录选择界面，如图 4-7 所示。如果要取消安装，单击【取消】按钮。

（7）单击【下一步】按钮，进入 Eclipse 开发环境选择界面，默认为安装一个新的 Eclipse 开发环境，如图 4-8 所示。

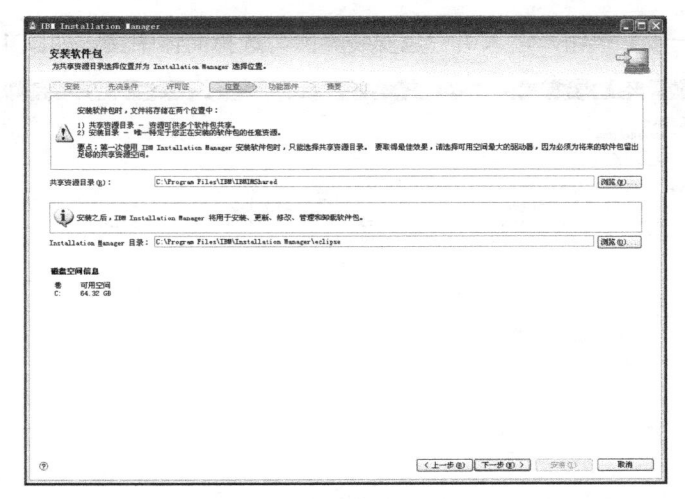

图 4-6　安装位置选择界面

图 4-7　SDP 安装目录选择界面

图 4-8　Eclipse 开发环境选择界面

（8）单击【下一步】按钮，进入语言包安装界面，选择简体中文，如图 4-9 所示。

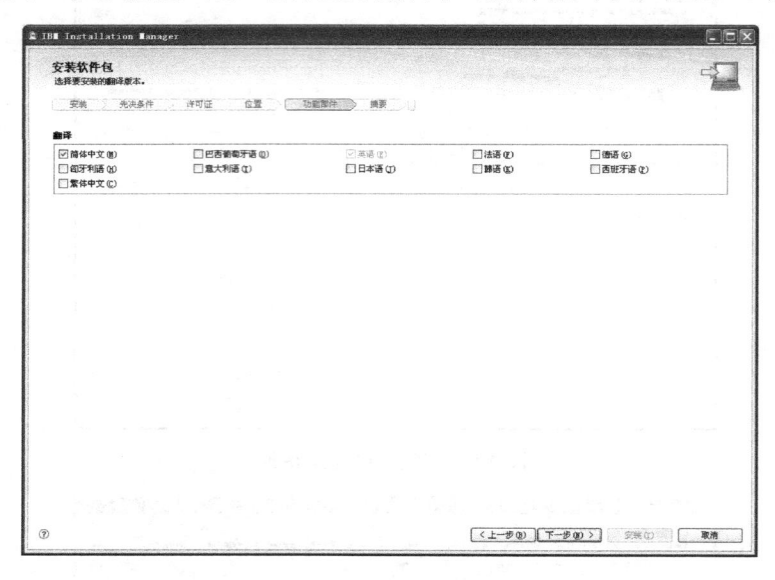

图 4-9　语言包安装界面

（9）单击【下一步】按钮，进入 RSA 功能部件定制界面，可以根据需要选择安装相应的功能部件，如图 4-10 所示。

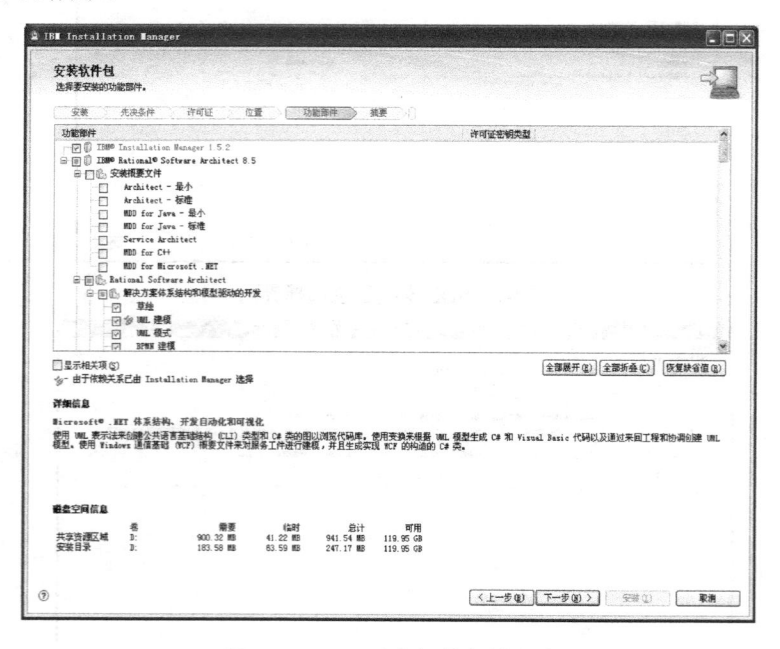

图 4-10　RSA 功能部件定制界面

（10）单击【下一步】按钮，进入摘要信息显示界面，单击【安装】按钮，开始安装，如图 4-11 所示。

（11）完成安装，如图 4-12 所示。

第 4 章　UML 建模工具简介

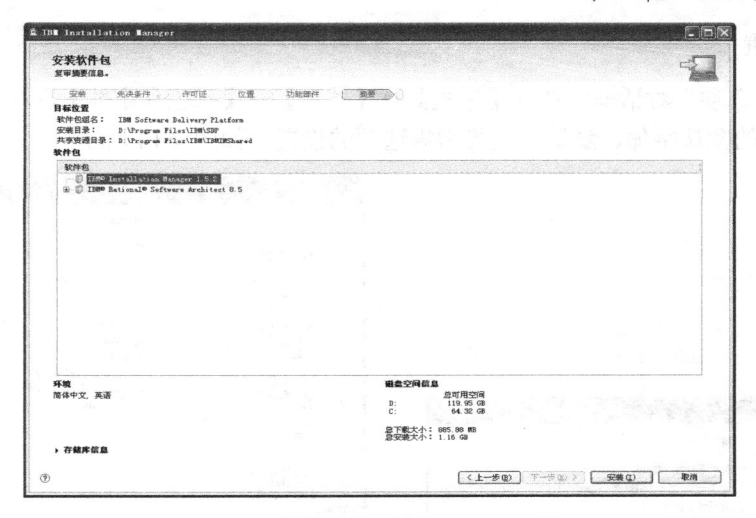

图 4-11　摘要信息显示界面

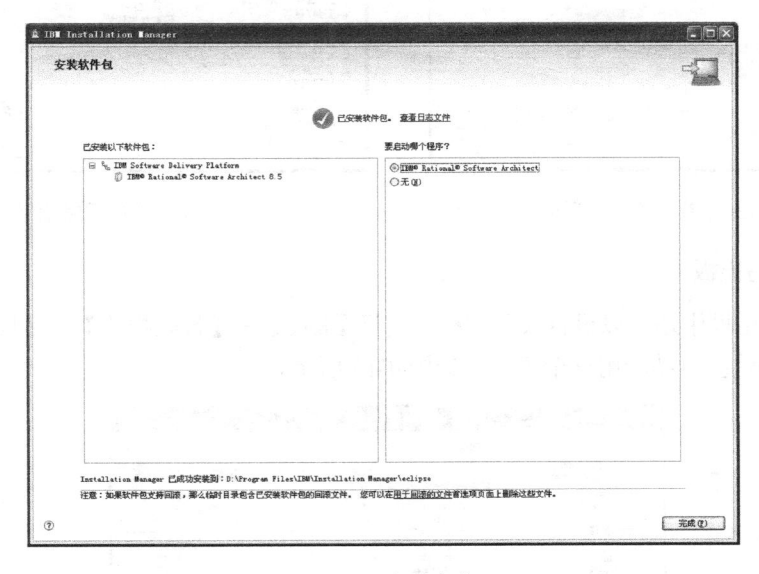

图 4-12　完成安装

◀》【提示】
- 安装完成后需要用户进行产品的注册，系统提供了多种注册方式供用户进行选择；
- 建议使用者购买正版产品；
- 也可以选择试用版本进行 UML 建模的学习。

4.2.2　Rational Software Architect 的配置

【任务 2-2】　配置 Rational Software Architect 8.5。
【完成步骤】
Rational Software Architect 8.5 安装完成后，如果要进行配置，可以通过依次选择主菜单中的【窗口】→【首选项】菜单，打开"首选项"对话框来完成，如图 4-13 所示。

1. 常规设置

在 RSA "首选项"对话框中选择【常规】→【外观】→【颜色和字体】选项卡，可以完成针对不同的编辑器的默认字体、默认颜色等常规选项的设置，如图 4-14 所示。

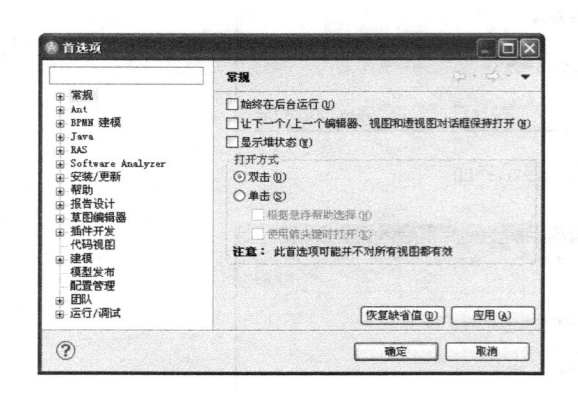

图 4-13 "首选项"对话框

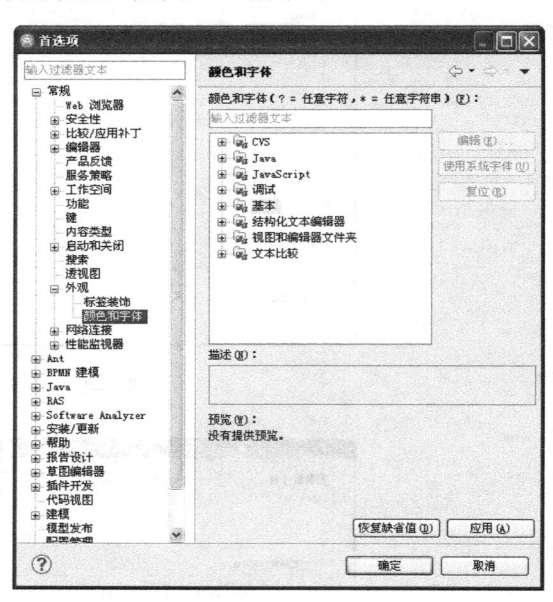

图 4-14 颜色和字体设置

2. 设置代码模板

在首选项对话框中还可以设置代码模板，选择【Java】→【代码样式】→【代码模板】，这样 RSA 生成的代码就会自动套用这个模板，如图 4-15 所示。

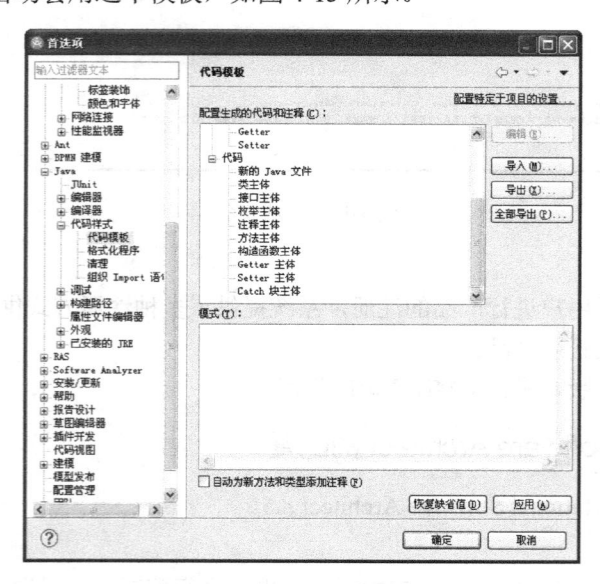

图 4-15 设置代码模板

第 4 章　UML 建模工具简介

【提示】
- 根据项目不同，设置选项也会有所不同；
- 在创建 UML 模型过程中，如果要进行全局项的设置，就使用该对话框完成。

课堂实践 1

1. 操作要求

（1）小组讨论 Rational Software Architect 与 UML 是什么样的关系。

（2）登录 IBM 公司网站，了解 Rational Software Architect 的最新版本信息，下载其最新版本的试用版。

（3）安装所选择的 Rational Software Architect 产品。

（4）设置 Rational Software Architect 8.5 的默认字体和颜色。

2. 操作提示

（1）通过学习小组讨论和上网查询资料形式完成。

（2）如果是正式使用，建议购买正版产品。

4.3　使用 Rational Software Architect 建模

> 任务 3　了解 RSA8.5 的界面组成，使用 RSA 创建简单的 UML 模型。

【任务 3-1】熟悉 Rational Software Architect 8.5 的主菜单和主要视图。

4.3.1　Rational Software Architect 主要菜单

Rational Software Architect 8.5 安装成功后，单击【开始】→【程序】→【IBM Rational Software Architect】启动该程序。启动 Rational Software Architect 8.5 后，首先进入启动界面，如图 4-16 所示。

图 4-16　Rational Software Architect 8.5 启动界面

启动界面消失后，进入到 Rational Software Architect 8.5 的主界面，如图 4-17 所示。由图 4-17 可以看到，RSA 的主界面由标题栏、菜单栏、工具栏和工作区组成。默认的工作区由三个部分组成，左侧是资源管理器和大纲视图区，右侧是编辑区，下方是属性和状态视图。

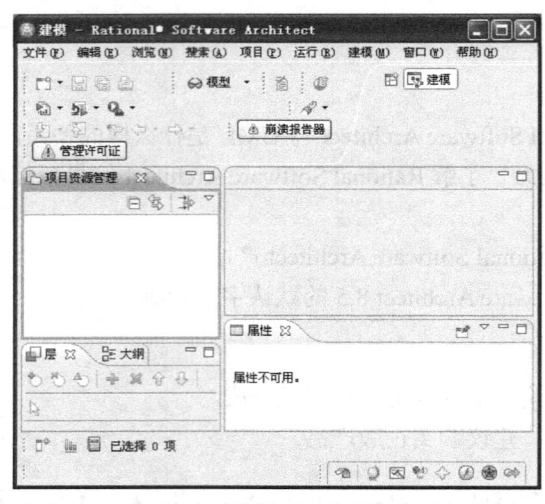

图 4-17 Rational Software Architect 8.5 主界面

📢【提示】
- 选择【文件】→【新建】命令，可以创建新的项目；
- 选择【文件】→【切换工作空间】命令，可以切换至其他工作空间；
- 当开发人员创建了一个模型项目之后，RSA 会自动打开对应的建模透视图，如图 4-18 所示，开发人员可以通过【窗口】菜单来切换不同的透视图。透视图的右方是模型元素选用板，它是建模过程中十分重要的工具，RSA 支持的所有模型元素都可以在这里找到。另外，选用板会根据当前打开的透视图，自动过滤掉无关的模型元素，方便开发人员选择。

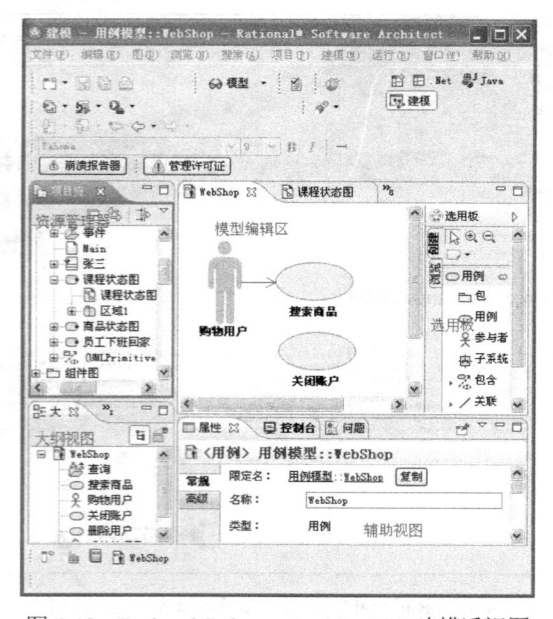

图 4-18 Rational Software Architect 8.5 建模透视图

第 4 章　UML 建模工具简介

Rational Software Architect 8.5 的主菜单和工具栏如图 4-19 所示，各级菜单详细的中文含义和功能请参阅附录 B。

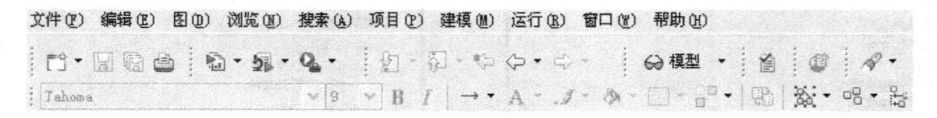

图 4-19　Rational Software Architect 8.5 主菜单和工具栏

Rational Software Architect 8.5 的主界面工具栏的名称和主要功能如表 4-2 所示。

表 4-2　Rational Software Architect 8.5 工具栏

按　　钮	按 钮 名 称	功　　能
	新建	创建新的项目
	保存	保存当前编辑的模型文件
	全部保存	保存所有文件
	打印	打印
	报告	报告
	分析	分析
	外部工具	打开外部工具
	下一个注释	定位到下一个注释的位置
	上一个注释	定位到上一个注释的位置
	上一个编辑位置	定位到上一个编辑的位置
	前进	前进
	返回	返回
	模型	选择模型类型
	验证	对选择进行验证
	发布	将选定元素发布至 HTML 页面
	搜索	搜索

【提示】
- 工具栏的位置可以被随意移动；
- 所有的工具栏都可以通过【窗口】→【定制透视图】定制，如图 4-20 所示。

在"工具栏可视性"选项卡中，可以改变对应的图形工具栏上显示的按钮。在图 4-20 所示的"工具栏可视性"中展开主功能项，通过勾选各个功能项即可实现是否在工具栏显示该命令按钮。

【提示】
- 在【定制透视图】对话框中还可以自定义菜单栏，其操作方法与工具栏的配置类似，如图 4-21 所示；
- 如果想要将透视图恢复至默认状态，可通过【窗口】→【复位透视图】命令，即可将透视图复位为默认值，如图 4-22 所示；

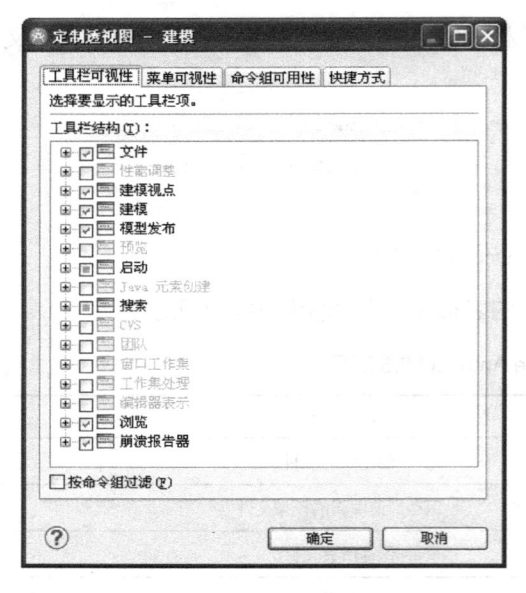

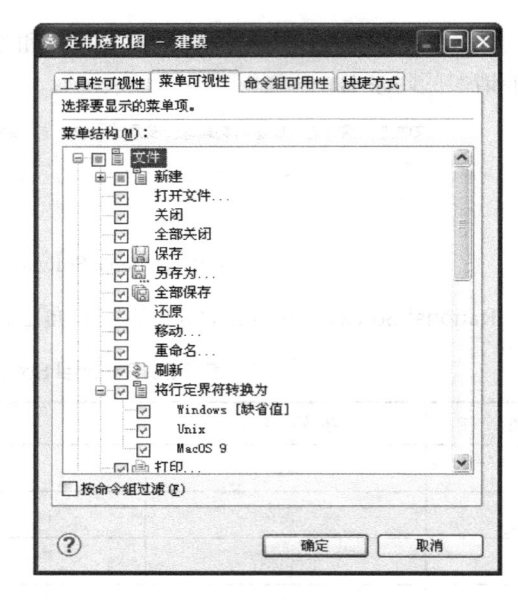

图 4-20　定制工具栏　　　　　　图 4-21　自定义菜单栏

图 4-22　复位透视图

- 借助于自定义工具栏可以方便地绘制出图形元素，而不需要进行复杂的操作。

4.3.2　Rational Software Architect 的模型

与 UML 类似，在 Rational Software Architect（RSA）中通常有四类模型：用例模型、分析模型、设计模型和实现模型，如图 4-23 所示。在 RSA 中 UML 模型是基于包（Package）来组织的，一个包可以包含多个相关的模型元素，也包含包本身。使用包组织模型元素，可以使模型更加易于理解，并且在查找的时候更加方便。通过使用包，可以把系统分成多个层次或者子系统。RSA 还提供了空白模型，空白模型是一个空白的建模文件，它不基于任何模型模板。空白模型不应用特殊的概要文件，而且除了单个主图（自由格式）外没有默认内容，可以将空白建模文件用作任何类型的模型的起点，例如 RSA 中没有针对设计模型的模板，读者可以通过在空白模型上加入一些 UML 元素来实现设计模型。通过选择对它的命名方式、定义其中的内容和对其应用的概要文件，就可以用空白建模文件来构建用例模型、分析模型、设

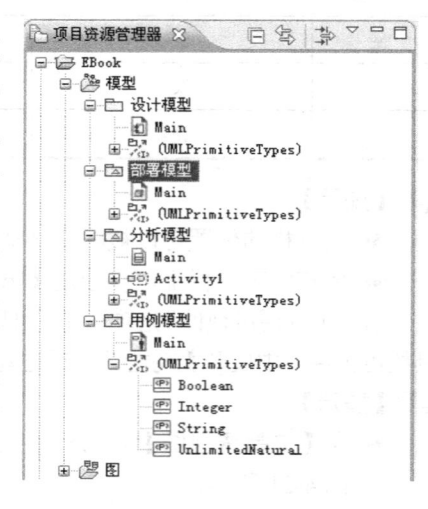

图 4-23　RSA 中的模型

计模型、实现模型或者任何其他类型的 RUP 模型。RSA 中常用的有十种图，如表 4-3 所示，这些图根据软件开发生命周期的不同，分别存储在不同的模型中。

表 4-3 Rational Software Architect 中常用的图

名 称	功 能
类图	类图是使用最为广泛的 UML 图之一。它使用类和接口来描述组成系统的实体以及它们之间的静态关系。利用类图可以生成源代码作为搭建系统的框架
组件图	组件图描述了系统实现的组成和相互依赖。它能够将小的事物（例如类）组装成更大的、可以部署的部件。组件图的详细程度取决于用户想展现什么
组合结构图	组合结构图是 UML2.0 中新出现的图。随着系统变得越来越复杂，事物之间的关系也变得复杂了。从概念上讲，组合结构图将类图和组件图连接了起来。它并不强调类的详细设计和系统如何实现，描述系统中的事物如何联合起来实现某一个复杂的模式
部署图	部署图描述了系统是如何运行的，同时还描述了系统是如何应用到硬件上的。一般情况下，使用部署图说明组件是如何在运行时进行配置的
对象图	对象图使用了和类图一样的语法，同时还展示了一个特定的时间类的实例
活动图	活动图记录了从一个行为或活动到另一个行为或活动的转化
通信图	通信图是一种交互图，它关注的是一个行为中涉及的事物以及它们之间反复传递的消息
时序图	时序图是一种交互图。它关注的是在执行的时候，事物之间传递的消息的类型和顺序
状态机图	状态机图描述的是事物内部状态的转化。这个事物可以是一个单独的类，也可以是整个系统
用例图	用例图描述了系统的功能性需求

【提示】
- RSA 中的模型与 UML 的模型类似，但不是一一对应关系；
- 可以把完成类似功能的图形放置在同一个模型中；
- 不同模型中可能会使用相同的图形符号。

4.3.3 Rational Software Architect 建模的基本过程

使用 Rational Software Architect 进行 UML 建模一般需要完成如下工作：
（1）描述需求；
（2）根据需求建立系统的静态模型；
（3）描述系统的行为。

（1）和（2）中所建立的模型是静态的（采用用例图、类图、对象图、组件图和部署图等），是标准建模语言 UML 中的静态建模机制；（3）中所建立的模型表示执行时的序列、状态或交互关系（采用状态图、活动图、时序图和通信图描述），是标准建模语言 UML 中的动态建模机制。

此外，需要说明的是，UML 只是一种建模语言，它独立于具体的建模过程。因此，利用它建模时，可遵循任何类型的软件过程模型。尽管如此，UML 的作者们为用户推荐了 RUP，因此前面提到 UML 和 RUP 的结合是大型软件系统开发的最佳选择。RUP 的详细内容请参阅第 11 章。

【提示】
- 对于小规模应用，可以使用微软公司 Office 套件中的 Visio 来进行建模；

- 软件开发人员也可以根据自己的爱好选择合适的建模工具。

【任务 3-2】 掌握 Rational Software Architect 8.5 建模的一般过程。

【完成步骤】

Rational Software Architect 建模的基本过程包括创建模型、保存模型、发布模型和导入/导出模型等步骤。

1. 创建模型

（1）进入 Rational Software Architect 8.5 主界面，从菜单栏中依次选择【文件】→【新建】→【模型项目】菜单项，打开如图 4-24 所示的"创建模型项目"对话框，输入项目名称。

（2）根据系统的情况，分别建立用例模型、分析模型、设计模型和实现模型，"创建模型"对话框如图 4-25 所示。

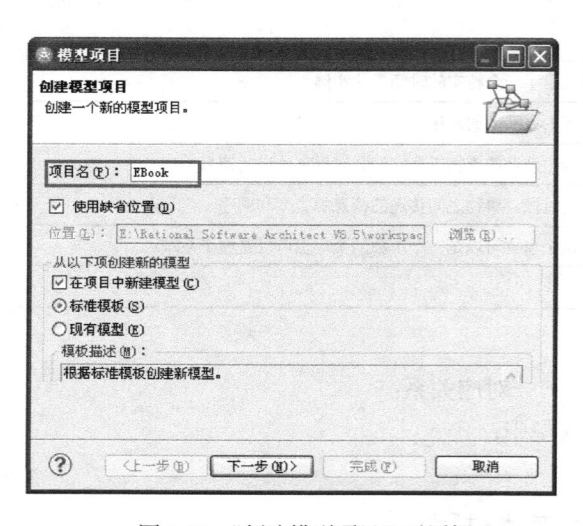

图 4-24 "创建模型项目"对话框

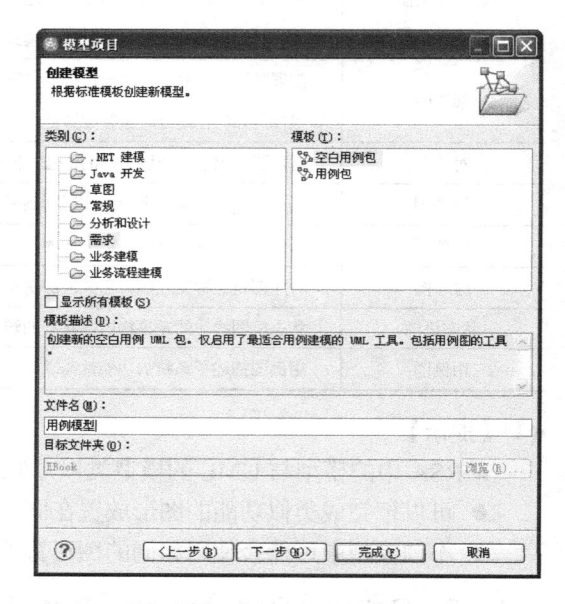

图 4-25 "创建模型"对话框

2. 保存模型

（1）进入 Rational Software Architect 8.5 主界面，从菜单栏中依次选择【文件】→【保存】菜单项，可以保存所建立的模型。

（2）也可以单击标准工具栏上的【保存】按钮，来保存所建立的模型。

3. 发布模型

（1）进入 Rational Software Architect 8.5 主界面，在"项目资源管理"中选定要发布的包，从菜单栏中依次选择【建模】→【发布】→【Web...】菜单项，打开如图 4-26 所示的"发布模型"对话框，进行相关设置。

（2）选择要发布到的文件夹，单击【确定】按钮，开始模型的发布。"进度信息"对话框如图 4-27 所示。

（3）发布后的文件夹如图 4-28 所示，打开其中的 index.html 文件，可以通过浏览器查看模型的内容，如图 4-29 所示，而不需要通过 Rational Software Architect 进行查看。

图 4-26 "发布模型"对话框

图 4-27 "进度信息"对话框

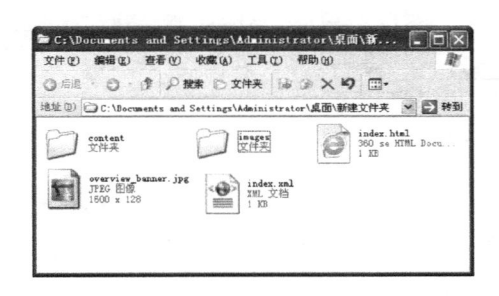

图 4-28 模型发布后的文件夹

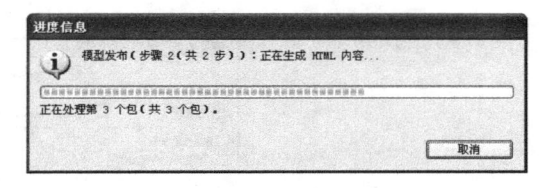

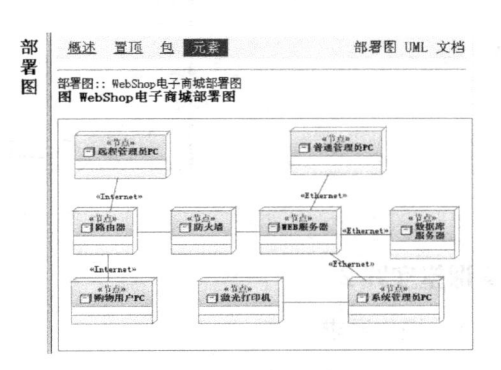

图 4-29 预览发布的模型

4. 导入/导出模型

（1）进入 Rational Software Architect 8.5 主界面，从菜单栏中依次选择【文件】→【导入】菜单项，打开如图 4-30 所示的"导入"对话框，选择 UML2.2 模型。

（2）单击"下一步"按钮，选择源文件和目标文件夹，单击"完成"按钮，如图 4-31 所示。

图 4-30 "导入"对话框

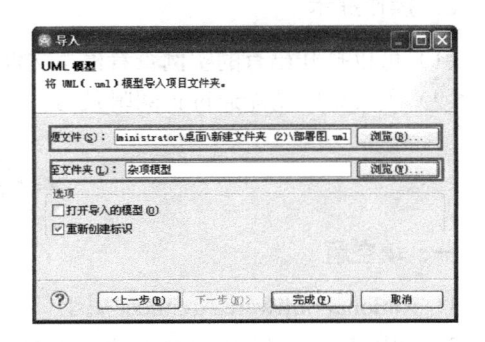

图 4-31 选择源文件和目标文件夹

（3）进入 Rational Software Architect 8.5 主界面，从菜单栏中依次选择【文件】→【导出】菜单项，打开"导出"对话框，选择 UML2.2 模型。单击【下一步】按钮，选择要导出的模型和目录，如图 4-32 所示，完成模型的导出操作。

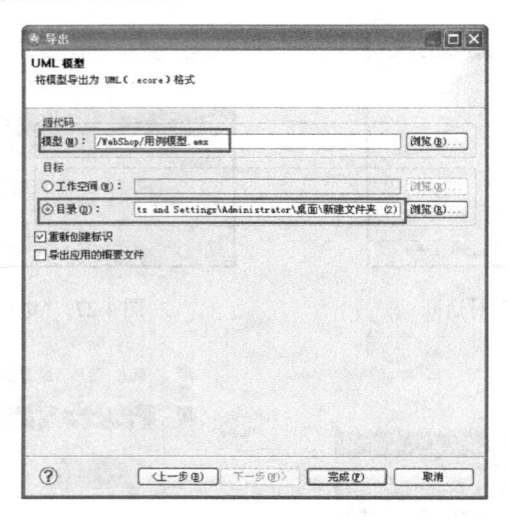

图 4-32 "导出"对话框

课堂实践 2

1. 操作要求

（1）启动所安装的 Rational Software Architect。
（2）在 Rational Software Architect 中创建一个名为 Library 的空白模型项目。
（3）了解 Rational Software Architect 主界面中主菜单的作用。
（4）使用【窗口】→【定制透视图】对标准工具栏和菜单栏进行配置。
（5）了解 Rational Software Architect 主界面各个组成部分的功能。
（6）查看 Rational Software Architect 中的视图。
（7）在 Library 工作空间中新建一个用例模型并添加一个简单的用例图。
（8）保存 Library 后，将其发布到 c:\temp\Library 文件夹中。
（9）查看成功发布后的模型。

2. 操作提示

（1）可以打开已有的实例查看模型文件的组成情况。
（2）主菜单的功能通过查阅附录 B 进行了解。

习　　题

一、填空题

1. Rational Software Architect 属于_____公司的产品，它是一款_____工具。
2. 使用 Rational Software Architect 建立的模型文件名的扩展名是_____。

3. _____是 Sparx 公司开发的以目标为导向的软件建模系统。

二、选择题

1. 如果要设置指定模型元素的字体，可以选择的操作菜单是_____。
　A．文件菜单　　　　　　　　B．编辑菜单
　C．窗口菜单　　　　　　　　D．建模菜单

2. 通过 Rational Software Architect 8.5 的【建模】→【发布】菜单项可以完成模型的_____操作。
　A．新建模型　　　　　　　　B．保存模型
　C．导出模型　　　　　　　　D．发布模型

3. 以下关于 Rational Software Architect 视图的描述中，错误的是_____。
　A．用例视图只包含系统的所有参与者、用例和用例图
　B．逻辑视图主要关注如何实现用例中提出的功能，提供系统的详细图形，并描述组件之间如何关联
　C．组件视图包含代码库、可执行文件、运行库和其他组件的信息
　D．部署视图关注系统的实际配置以及容错、网络带宽等问题

4. _____是由我国西安楚凡科技公司开发的一款中文 UML 建模软件。
　A．PowerDesigner　　　　　　B．Rational Rose
　C．Trufun Plato　　　　　　　D．Together

课外拓展

1. 操作要求

（1）了解目前有哪些比较流行的 UML 建模工具，并对这些建模工具进行比较。

（2）下载并安装一款其他的 UML 建模工具（如 EA），与 Rational Software Architect 的操作进行比较。

（3）在自己的机器上安装 Rational Software Architect 的合适版本。

（4）根据需要对 Rational Software Architect 进行简单的配置。

2. 操作提示

（1）到 IBM 公司网站下载 Rational Software Architect 的试用版。

（2）安装完成后，可以通过建立一个简单的模型进行验证。

第 5 章 需求建模

学习目标

本章将向读者详细介绍应用用例模型进行软件系统需求建模的基本内容。需求建模主要包括：用例模型概述、用例图的组成、识别和描述用例、识别用例之间的关系、绘制用例图等。本章的学习要点包括：

- 用例图的组成（参与者和用例）；
- 识别和描述用例；
- 用例间的关系（泛化、使用、包含和扩展）；
- 绘制用例图。

学习导航

本章主要介绍应用 Rational Software Architect 8.5 进行软件系统需求建模的基本知识和建模方法。用例模型是软件系统模型的核心，用例图从功能的角度来描述系统，即主要描述系统将要实现的功能。通常情况下，在系统描述的早期阶段（如需求分析阶段）通过用例来描述角色是如何使用系统的，因此用例建模通常也称为需求建模。本章学习导航如图 5-1 所示。

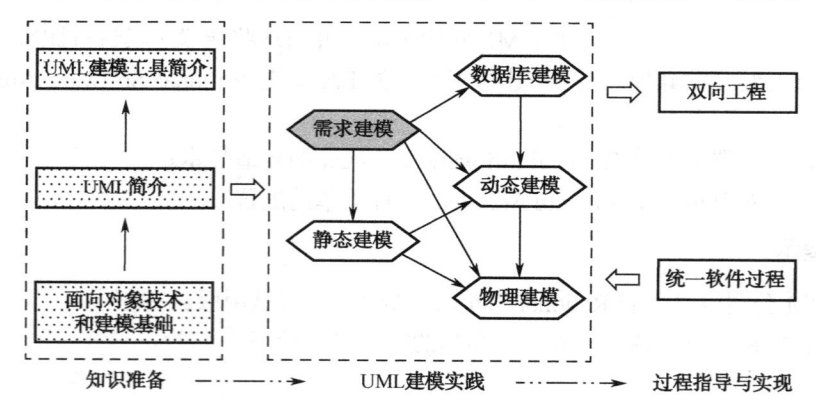

图 5-1 本章学习导航

任务 1 了解用例模型的基本功能和基本组成。

5.1 用例模型概述

1. 用例模型的功能

用例模型是把应满足用户需求的基本功能（集）聚合起来表示的强大工具。对于正在构造的新系统，用例描述该系统应该做什么；对于已构造完毕的系统，用例则反映了系统能够完成什么样的功能。构建用例模型是通过系统开发者与系统的客户（或最终使用者）共同协商完成的，他们要反复讨论需求的规格说明，达成共识，明确系统的基本功能，为后阶段的工作打下基础。

2. 用例模型的基本组成

用例模型的基本组成部件是用例、参与者和系统。用例用于描述系统的功能，也就是从外部用户的角度观察系统应具备哪些功能，帮助分析人员理解系统的行为，它是对系统功能的宏观描述。一个完整的系统中通常包含若干个用例，每个用例具体说明应完成的功能，代表系统的所有基本功能（集）。参与者是与系统进行交互的外部实体，它可以是系统用户，也可以是其他系统或硬件设备，总之，凡是需要与系统交互的任何东西都可以称做参与者。系统的边界线以内的区域（用例的活动区域）则抽象表示系统能够实现的所有基本功能。在一个基本功能（集）已经实现的系统中，系统运行的大致过程是：外部参与者先初始化用例，然后用例执行其所代表的功能，执行完后用例便给参与者返回一些值，这个值可以是参与者需要的来自系统中的任何东西。

在用例模型中，系统仿佛是实现各种用例的"黑盒子"，我们只关心该系统实现了哪些功能，并不关心内部的具体实现细节（如系统是如何做的，用例是如何实现的）。用例模型主要应用在软件系统开发的初期，进行系统需求分析时使用。通过分析描述使开发者在头脑中明确需要开发的系统功能有哪些。

3. 引入用例的目的

引入用例的主要目的包括以下几点。

（1）确定系统应具备哪些功能，这些功能是否满足系统的需求（开发者与用户协商达成共识的东西）。

（2）为系统的功能提供清晰一致的描述，以便为后续的开发工作打下良好的交流基础，方便开发人员传递需求的功能。

（3）为系统验证工作打下基础。通过验证最终实现的系统能够执行的功能是否与最初需求的功能相一致，保证系统的实用性。

从需求的功能（用例）出发，提供跟踪进入系统中具体实现的类和方法，检查其是否正确的能力。特别是为复杂系统建模时，经常用用例模型构造系统的简化版本（也就是精化系统的变化和扩展能力，使系统不要过于复杂）。然后，利用该用例模型跟踪对系统的设计和实现有影响的用例。简化版本构造正确之后，通过扩展完成复杂系统的建模。

用例模型由用例图构成。用例图中显示参与者、用例和用例之间的关系。用例图在宏观上给出模型的总体轮廓，而用例的真正实现细节描述则以文本的方式书写。用例图所表示的图形化的用例模型（可视化模型）本身并不能提供用例模型必需的所有信息。也就是说，从可视化的模型只能看出系统应具有哪些功能，每个功能的含义和具体实现步骤必须使用用例图和文本描述（它记录着实现步骤）。

在定义系统时，在发现参与者和用例、描述用例、定义用例之间的关系时，在验证最终模型的有效性等工作时，需要建立用例模型。从另一个角度来说，系统中各种不同的人员需要使用用例模型：客户（或最终用户）使用它，因为它详细说明了系统应有的功能（集），并且描述了系统的使用方法，这样当客户选择执行某个操作之前，就能知道模型工作起来是否与他的愿望相符合；开发者使用它，因为它帮助开发者理解系统应该做些什么工作，为其将来的开发工作（如建造其他的模型、架构的设计和实现）奠定基础；系统集成和测试的人员使用它，因为它可用于验证被测试的实际系统与其用例图中说明的功能（集）是否一致；市场、销售、技术支持和文档管理的相关人员也同样关心用例模型。

用例模型也就是系统的用例视图。用例视图在建模过程中处于非常重要的位置，影响着系统中其他视图（如逻辑视图和物理架构）的构建和解决方案的实现，因为它是客户和开发者共同协商反复讨论确定的系统基本功能（集）。

开发者既可以把用例视图用于构建一个新系统的功能视图，还可以把已有的用例视图修改或扩充后产生新的版本，在现有的视图上加入新功能（在视图中加入新的参与者和用例）。

综上所述，用例模型的目的是：

（1）促成开发者与客户（或最终使用者）共同协商系统需求；

（2）通过反复讨论需求的规格说明，达成共识，明确系统的基本功能，为后阶段的工作打下基础；

（3）确定系统应具备哪些功能、为系统的功能提供清晰一致的描述、为系统验证工作打下基础，提供跟踪进入系统中具体实现的类和方法，检查其是否正确的能力。

5.2 用例图组成

任务 2 确定 WebShop 电子商城系统中的参与者、系统边界。

UML 用例图是非常有用的一种图，在软件开发中的需求分析阶段，可以让人们从繁重的文档中解脱出来，并且促使人们在做需求时能够更加准确、直观地表现自己的意愿。单纯的语言文字往往是不能将一种事物表达得非常清晰，这时候就需要借助于图形等方式来进行表达。用例图就是其中一种很好的方法，当然用例图不仅专用于需求分析，它强大的应用性使其还可以用于其他很多地方。

在 UML 中，用例模型（也就是用例视图）是用例图描述的。用例模型可以由若干个用例图组成。用例图中包含系统、参与者和用例等三种模型元素。绘制用例图时，既要画出这三种模型元素，同时还要画出元素之间的各种关系（泛化、关联、依赖），如图 5-2 所示。

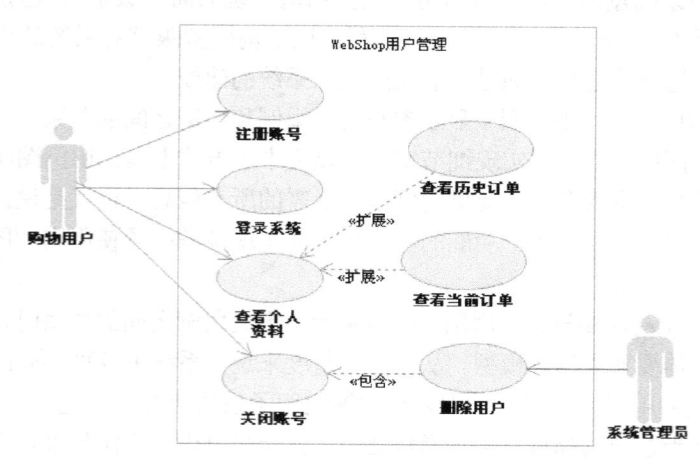

图 5-2 WebShop 用户管理用例图

图 5-2 描述了 WebShop 电子商务系统中用户管理功能中购物用户和系统管理员之间的关系，以及用户管理子系统的功能，这些功能主要包括：
- 购物用户注册账号；
- 购物用户登录系统；
- 购物用户查看个人资料；
- 购物用户查看历史订单；
- 购物用户查看当前订单；
- 购物用户关闭账号；
- 系统管理员删除用户。

用例内容（该用例所代表功能的具体实现过程）通常用普通的文字进行描述。在 UML 中，用例内容被看作用例元素的文档性质。另一描述用例内容的工具是活动图（关于活动图，详见第 8 章内容）。用例图对系统的描述更易于被用户理解，也易于同其他用户交流信息。

用例图中包含系统、参与者和用例三种模型元素，也包括用例之间和参与者之间的关系。下面详细介绍用例图中的这几个图形符号。

5.2.1 参与者

参与者（Actor）是与系统交互的人或事。所谓"与系统交互"指的是参与者向系统发送消息，从系统中接收消息，或是在系统中交换信息。UML 中用一个小人形图形表示角色类，小人的下方书写角色名字。WebShop 电子商城系统中的"购物用户"参与者的图示如图 5-3 所示。

图 5-3 "购物用户"参与者

1. 参与者的类型

从参与者的具体表现形式来看，参与者有三种类型。

（1）系统用户，即系统的用户（真实的人），是最常见的参与者。

这里的系统用户是一个群体概念，代表的是一类能使用某个功能的人或事，参与者不是指某个个体。例如，在自动售货系统中，系统有售货、供货、提取销售款等功能，启动售货功能的是人，那么人就是参与者。如果再把人具体化，则该人可以是张三（张三买矿泉水），也可以是李四（李四买可乐），但是张三和李四这些具体的个体对象不能称做参与者。事实上，一个具体的人（如张三）在系统中可以具有多种不同的参与者功能。例如，上述的自动售货系统中，张三既可以为售货机添加新物品（执行供货），也可以将售货机中的钱取走（执行提取销售款）。通常系统会对参与者的行为有所约束，使其不能随便执行某些功能。例如，可以约束供货的人不能同时是提取销售款的人，以免有舞弊行为。参与者都有名字，它的名字反映了该参与者的身份和行为（如顾客）。注意，不能将参与者的名字表示成参与者的某个实例（如张三），也不能表示成参与者所需完成的功能（如售货）。

（2）其他系统。WebShop 电子商城可能需要和其他的应用程序发生联系。例如，可能要通过网上银行支付系统验证购物用户是否为指定网银的合法用户。这里的网上银行支付系统也是一个参与者，但在这里不是具体的一个人，而是另外一个系统。

（3）一些可以运行的进程。当经过一定的时间后系统中的某个事件就会发生。这时，时间也就成为参与者。例如，WebShop 电子商城中如果订单到期没有确认，在指定的时间间隔后系统会把这些订单处理为"无效订单"。

每个参与者都可以参与一个或多个用例。它通过消息与用例发生交互。另外，从参与者在系统中的地位角度来看，可以分成主要参与者和次要参与者。主要参与者（Primary Actor）指的是执行系统主要功能的参与者。例如，在 WebShop 电子商城中主要参与者是进行购物操作的主体的购物用户。次要参与者（Secondary Actor）指的是使用系统次要功能的参与者，次要功能一般是指完成维护系统的功能（如管理数据库、通信、备份等）。例如，在 WebShop 电子商城中，能够通过后台管理功能查询 WebShop 电子商城中商品基本统计数据的管理者属于次要参与者。将参与者分级的主要目的是保证把系统的所有功能都表示出来。而主要功能是使用系统的参与者最关心的部分。

从参与者对用例的作用来看，可以分成主动参与者和被动参与者。主动参与者可以初始化用例，而被动参与者则不行，仅仅参与一个或多个用例，在某个时刻与用例通信。

2. 参与者的确定

怎样确定系统的参与者呢？开发人员可以通过回答以下的问题来确定系统的参与者。

（1）使用系统主要功能的人是谁（主要角色）？
（2）需要借助于系统完成日常工作的人是谁？
（3）谁来维护和管理系统（次要角色），保证系统正常工作？
（4）系统控制的硬件设备有哪些？
（5）系统需要与哪些其他系统交互？其他系统包括计算机系统，也包括该系统将要使用的计算机中的其他应用软件。其他系统也分成两类，一类是启动该系统的系统，另一类是该系统要使用的系统。
（6）对系统产生的结果感兴趣的人或事是哪些？

在寻找系统的参与者时，不要把目光只停留在使用计算机的人员身上，直接或间接地与系统交互或从系统中获取信息的任何人和任何事都是用户。

【任务 2-1】 确定 WebShop 电子商城中的参与者。

根据以上分析，在 WebShop 电子商城要处理的业务中，一般包括如下业务。

（1）购物用户是 WebShop 电子商城中的主体。购物用户可以通过 WebShop 电子商城注册成为网站会员，并通过商城提供的商品搜索功能查询所要购买的商品，可以选择指定的商品放入购物车，并对购物车中的商品进行查看、修改数量和删除操作。购物用户也可以通过 WebShop 电子商城进行确认购买和生成订单的操作。

（2）购物用户在购物时生成的订单及选择的支付方式，需要通过电子商城的工作人员（WebShop 电子商城的普通管理员）来进行处理，这些电子商城的普通管理员还可以处理购物用户所产生的订单，管理电子商城的商品信息、商品类别信息、支付方式信息和库存等。

（3）在 WebShop 电子商城中，后台管理系统中的系统管理员可以完成购物用户信息的处理、普通管理员的处理、订单处理、电子商城系统数据的备份和恢复等操作。

因此，可以确定 WebShop 电子商城中的参与者主要是用户，而用户又包括前台购物用户和后台管理员两大类；后台管理员又包括普通管理员和系统管理员两大类。WebShop 电子商城中的参与者如图 5-4 所示。

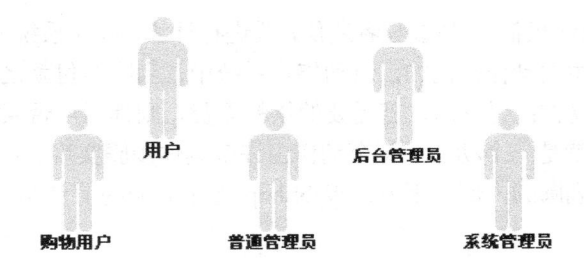

图 5-4　WebShop 电子商城参与者

🔊【提示】
- 参与者对于系统而言总是外部的，它们可以处于人的控制之外；
- 参与者可以直接或间接地同系统交互，或使用系统提供的服务以完成某件事务；
- 参与者表示人或事物与系统发生交互时所扮演的角色，而不是特定的人或者特定的事物；
- 一个人或事物在与系统发生交互时，可以扮演多个角色；
- 每一个参与者需要一个具有业务一样的名字，并且必须有简短的描述（从业务角度描述参与者是什么）；
- 参与者可以具有属性和事件，但使用不能太频繁。

5.2.2　系统

系统是用例模型的一个组成部分，代表的是一部机器或一个商务活动等，而并不是真正实现的软件系统。系统的边界用来说明构建的用例模型的应用范围。例如，一台自助式售货机（被看做系统）应提供售货、供货、提取销售款等功能，这些功能在自动售货机之内的区域起作用，自动售货机之外的情况不考虑。准确定义系统的边界（功能）并不总是容易的事，因为严格地划分哪种任务最好由系统自动实现，哪种任务由其他系统或人工实现是很困难的。另外，系统最初的规模应有多大也应该考虑。一般的做法是，先识别出系统的基本功能（集），然后以此为基础定义一个稳定的、精确定义的系统架构，以后再不断地扩充系统功能，逐步完善。这样做的好处在于避免了一开始系统太大，需求分析不易明确，从而导致浪费大量的开发时间。

在建模初期，定义一些术语和定义是很有必要的。因为在描述系统、用例，或进行作用域分析时，采用统一的术语和定义能够规范表述系统的含义，不致出现误解。当然，必要时可以随意扩充这些术语和定义。

用例图中的系统用一个长方框表示，系统的名字写在方框上方或方框里面，方框内部还可以包含该系统中的用符号表示的用例，如图 5-2 所示。

5.2.3　用例

1. 什么是用例（Use Case）

用例是 Jacobson 在面象对象的软件工程中提出的，但它实际上是独立于面象对象的。用例是获取业务过程和系统需求的有效方式，使得需求可浏览，而且技术本身是非常简单易学的。

定义：用例代表一个系统或系统的一部分行为，是对一组动作序列的描述，系统执行该动作序列来为参与者产生一个可观察的结果值。

用例代表的是一个完整的功能。UML 中的用例是动作步骤的集合。动作是系统的一次执行

（能够给某个参与者输出结果值）。与参与者通信，或进行计算，或在系统内工作都可以称为动作。用例应支持多种可能发生的动作。例如，自动售货系统中，当顾客付款之后，系统自动送出顾客想要的饮料，这是一个动作；付款后，若需要的饮料无货，则提示可否买其他货物或退款等。系统中的每种可执行情况就是一个动作，每个动作由许多具体步骤实现。UML 中的用例用椭圆形表示，用例的名字写在椭圆的内部或下方。WebShop 电子商城的前台购物中的部分用例如图 5-5 所示。

图 5-5　用例图示例

2. 用例的特征

用例具有以下的特征。

（1）用例总是由参与者初始化。

用例所代表的功能必须由参与者激活，而后才能执行。一般情况下，参与者可能并没有意识到初始化了一个用例。换句话说，参与者需要系统完成的功能，其实都是通过用例具体完成的，参与者一定会直接或间接地命令系统执行用例。

（2）用例为参与者提供值。

用例必须为参与者提供实在的值，虽然这个值并不总是重要的，但是应能被参与者识别。

（3）用例具有完全性。

用例是一个完整的描述。虽然编程实现时，一个用例可以被分解为多个小用例（函数），每个小用例之间互相调用执行，一个小用例可以先执行完毕，但是该小用例执行结束并不能说明这个用例执行结束。也就是说，不管用例内部的小用例是如何通信工作的，只有最终产生了返回给参与者的结果值，才能说明用例执行完毕。

用例的命名方式与参与者相似，通常用用例实际执行功能的名字命名，例如，签订保险单、修改注册人等。用例的名称一般由多个词组成，通过词组反映出用例的含义，这也符合我们通常习惯的"见名知义"的约定。

【提示】
- 用例表示的也是一个类（如搜索图书），而不是某个具体的实例（搜索名称为"Java 程序设计"的图书）。
- 用例描述了它代表的功能的各个方面，也就是包含了用例执行期间可能发生的种种情况。

课堂实践 1

1. 操作要求

（1）小组讨论用例模型的主要功能有哪些。

（2）根据已往的软件开发经验，讨论使用用例模型来描述需求与使用纯文字的方式来描述需求有什么不同。

（3）结合实例说明用例模型由哪几部分组成。

（4）根据典型图书管理系统的需求，确定该系统中的参与者，并说明确定参与者的根据。

（5）确定图书管理系统的系统边界。

2. 操作提示

（1）通过学习小组讨论和上网查询资料形式完成。

（2）使用手绘形式绘制出图书管理系统的参与者和系统边界。

5.3 识别和描述用例

5.3.1 识别用例

> 任务 3 确定 WebShop 电子商城中的用例，绘制 WebShop 电子商城的用例图，并对用例进行描述。

要识别和描述软件系统中的用例，首先要弄清楚系统的问题域、业务流程，整理出系统的功能需求，在此基础上结合已经识别出来的参与者，识别、抽象出系统中的用例，然后定义并描述它。在识别用例之前，需要针对参与者和系统了解下面的一些问题。

1. 针对参与者

（1）某个参与者要求系统为其提供什么功能？该参与者需要做哪些工作？

（2）参与者需要阅读、创建、销毁、更新或存储系统中的某些信息吗？

（3）系统中的事件一定要告知参与者吗？参与者需要告诉系统一些什么吗？

（4）系统新功能的识别，参与者的日常工作被简化或效率提高了吗？

2. 针对系统

（1）系统需要什么样的输入和输出？输入来自哪里？输出到哪里去？

（2）该系统的当前状况还存在哪些问题？

（3）系统的改进方向？

实际上，从识别参与者起，发现用例的过程就已经已开始了。对于已识别的参与者，通过询问下列问题就可发现用例。

- 参与者需要从系统中获得哪种功能？参与者需要做什么？
- 参与者需要读取、产生、删除、修改或存储系统中的某种信息吗？
- 系统中发生的事件需要通知参与者吗？或者参与者需要通知系统某件事吗？这些事件（功能）能干些什么？
- 如果用系统的新功能处理参与者的日常工作，是简单化了，还是提高了工作效率？

还有一些与当前参与者可能无关的问题，也能帮助建模者发现用例，例如：

- 系统需要输入/输出什么信息？这些输入/输出信息从哪儿来，到哪儿去？
- 系统当前的这种实现方法要解决的问题是什么（也许是用自动系统代替手工操作）？

【任务 3-1】 确定 WebShop 电子商城中的用例。

【完成步骤】

（1）根据对 WebShop 电子商城中的购物用户的主要活动以及 WebShop 电子商城前台购物流程本身的分析，得到与前台购物用户相关的用例，如表 5-1 所示。

表 5-1　WebShop 电子商城中与购物用户相关的用例

编号	参与者	用例名称	用例说明
1	购物用户	注册账号	进入 WebShop 电子商城的用户，可以通过注册的方式成为本商场的购物用户，注册时需要填写个人信息
2		登录系统	已注册成为 WebShop 电子商城的购物用户，在购买商品之前需要登录该系统
3		查看个人资料	登录 WebShop 电子商城的购物用户，可以查看自己的账号和密码等个人信息
4		查看历史订单	购物用户在查看个人资料时，也可以查看自己在电子商城所产生的历史订单信息
5		查看当前订单	购物用户在查看个人资料时，也可以查看自己在电子商城所产生的当前订单信息
6		修改个人资料	登录 WebShop 电子商城的购物用户，可以修改自己的密码等其他个人信息
7		关闭账号	如果购物用户不想再到该商城购物，可以通过关闭账号的功能完成销户操作
8		搜索商品	购物用户可以通过电子商城系统搜索自己需要购买的商品的信息
9		添加商品到购物车	购物用户选择自己感兴趣购买的商品，放置在购物车中
10		删除购物车内商品	购物用户可以从购物车中将自己不需要的商品移出
11		修改购物车商品数量	购物用户可以根据自己的需要增加或减少购物车中指定商品的数量
12		查看购物车	购物用户可以在购物过程中随时查看购物车中自己所选购的商品信息
13		进入结算中心	购物用户在查看购物车时，如果确认完成商品的选购，则进入结算中心，准备选择支付方式确认购买购物车中的商品
14		生成订单	购物用户在结算时，完成相关信息的填写后，即会生成一笔购物订单，在购物用户按指定方式付款后，该订单由后台管理系统处理后进行商品派送操作

（2）根据对 WebShop 电子商城中的后台管理系统中普通管理员的主要活动以及 WebShop 电子商城后台管理流程本身的分析，得到与普通管理员相关的用例，如表 5-2 所示。

表 5-2　WebShop 电子商城中与普通管理员相关的用例

编号	参与者	用例名称	用例说明
1	普通管理员	管理商品	对 WebShop 电子商城中的商品进行添加、删除和修改的处理
2		管理供应商	对 WebShop 电子商城中商品的供应商进行添加、删除和修改的处理
3		管理库存	设置 WebShop 电子商城中的库存上限和库存下限，并且可以查询商品的当前库存情况
4		管理商品类别	对 WebShop 电子商城中商品的分类进行添加、删除和修改的处理

续表

编号	参与者	用例名称	用例说明
5		管理支付方式	对 WebShop 电子商城中支持的付款方式进行添加、删除和修改的处理
6		管理订单	对前台购物用户在 WebShop 电子商城中产生的订单进行查询、派送等处理

（3）根据对 WebShop 电子商城中的后台管理系统中系统管理员的主要活动以及 WebShop 电子商城后台管理流程本身的分析，得到与系统管理员相关的用例，如表 5-3 所示。

表 5-3 WebShop 电子商城中与系统管理员相关的用例

编号	参与者	用例名称	用例说明
1	系统管理员	管理普通管理员	添加、删除或修改 WebShop 电子商城中的各类管理员信息
2		管理购物用户	查询前台购物用户信息，并可以修改购物用户密码
3		统计数据	了解商品销售数量、商品库存现状、商品销售排行等信息
4		发布公告	发布电子商城系统的相关公告
5		配置系统	完成系统数据备份、数据恢复、系统数据初始化、密码设置和权限管理等操作
6		初始化系统	在电子商城系统启用时，进行相关的初始化工作
7		密码设置	设置后台管理系统的各类管理员的登录密码
8		管理权限	对后台管理系统中的各类管理员的权限进行控制
9		数据备份	完成 WebShop 电子商城数据的备份操作
10		数据恢复	在系统出现异常时，根据备份的数据完成 WebShop 电子商城数据的恢复操作
11		导入/导出数据	完成系统内、外数据的转换操作

【提示】
- WebShop 电子商城中的购物车，不同于日常生活中的购物篮，请读者自行体会；
- 以上列出的是 WebShop 电子商城中的所有用例，这些用例之间可能存在着各种不同的关系，在 5.4 节会进行详细讨论；

5.3.2 绘制 WebShop 电子商城用例图

【任务 3-2】 绘制 WebShop 电子商城中的用例图。

【完成步骤】

1. 新建工程

Rational Software Architect 8.5 启动成功后，依次选择【文件】→【新建】菜单，新建一个模型项目，如图 5-6 所示。将新建的模型命名为"WebShop"。

2. 新建用例图

在视图区域中用鼠标右键单击用例模型节点，依次选择【添加图】→【用例图】，新建一个用例图，如图 5-7 所示。将用例图的名称修改为"WebShop"，如图 5-8 所示。

图 5-6　新建模型项目

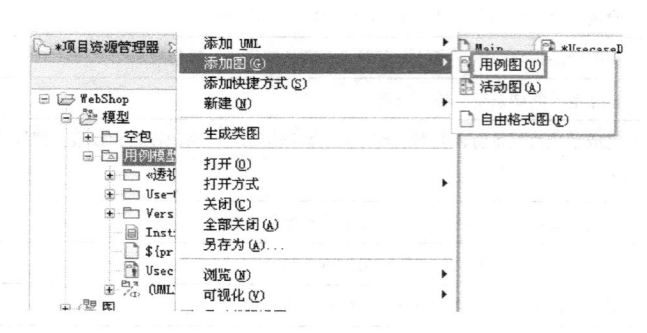

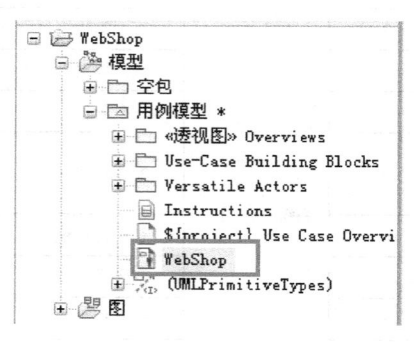

图 5-7　选择新建用例图　　　　　　图 5-8　新建用例图"WebShop"

◀))【提示】
● 用例视图中可以包含 UML 的其他图形。

3．添加参与者和用例

（1）绘制参与者。

在用例图绘图工具栏上选择图形符号 ，在绘图区域中单击，即可绘制参与者，如图 5-9 所示。通过这种方法，依次绘制 WebShop 电子商城中的参与者。

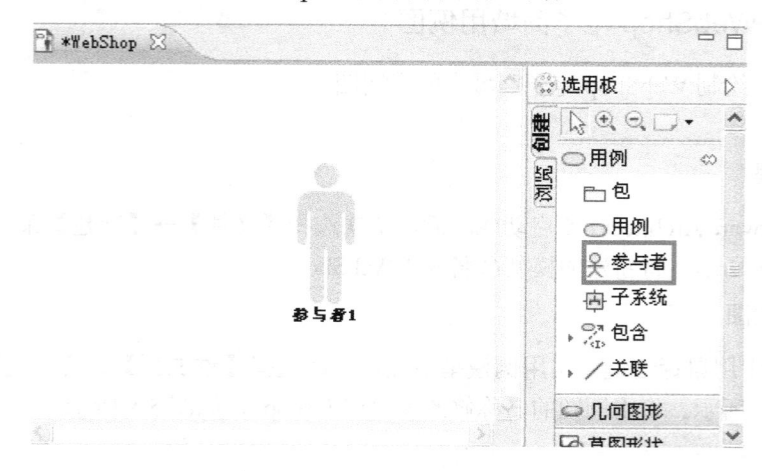

图 5-9　绘制参与者"参与者 1"

【提示】
- 可以通过单击参与者修改其名称；
- 通过单击工具栏上的 ↖ 按钮，可以选择绘图区域中的指定图形。

（2）绘制用例。

在用例图绘图工具栏上选择图形符号 ◯，在绘图区域中单击，即可绘制相应的用例图形（如用例1），如图5-10所示。

通过这种方法，依次绘制WebShop电子商城中的部分参与者和用例，如图5-11所示。

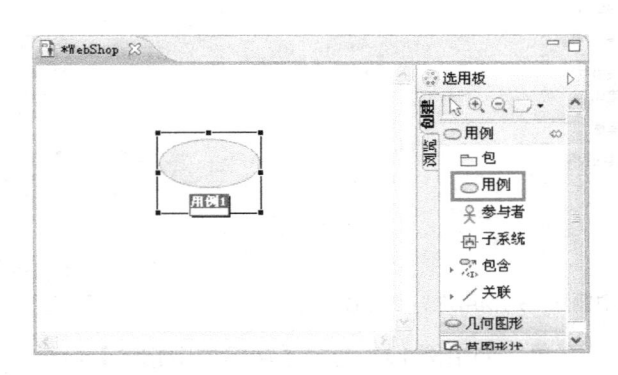

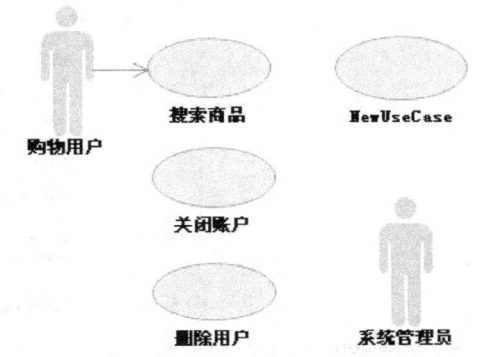

图5-10　绘制用例图形"用例1"　　　　图5-11　WebShop电子商城中的部分参与者和用例

【提示】
- 如果没有出现用例图的绘图工具栏，在视图区域中双击"WebShop"对象；
- 在选择工具栏上的图形符号时，先选中所需要的图形符号，然后在绘图区域中单击；
- 新图形符号使用的是默认的名称，可以在添加图形符号时直接修改名称，也可以在添加完成后通过属性菜单进行修改；
- 所有图形符号绘制完毕后，再进行相对位置的调整。

用例图绘图工具栏上各按钮的名称和功能如表5-4所示。

表5-4　用例图绘图工具栏按钮

按　钮	按 钮 名 称	功　　能
↖	Selection Tool	选择工具
▤	Text Box	添加文本框
▭	Note	添加注释
⎕	SubSystem	子系统
▱	Package	包
☺	Actor	参与者
◯	Use Case	用例
↗	Unidirectional Association	关联关系
⤳	Dependency or Instantiates	依赖关系或实例化（扩展关系、使用关系）
↗	Generalization	泛化关系

4. 删除参与者和用例

在 Rational Software Architect 8.5 中绘制用例图时，有时需要删除绘制错误的参与者或用例。操作方法如下。

（1）在视图区域中用鼠标右键单击要删除的对象（如购物用户），选择【从模型中删除】命令，如图 5-12 所示。

图 5-12　在视图区域中删除"购物用户"参与者

（2）在绘图区域中用鼠标右键单击要删除的对象（如用例1），选择【从模型中删除】命令，如图 5-13 所示。

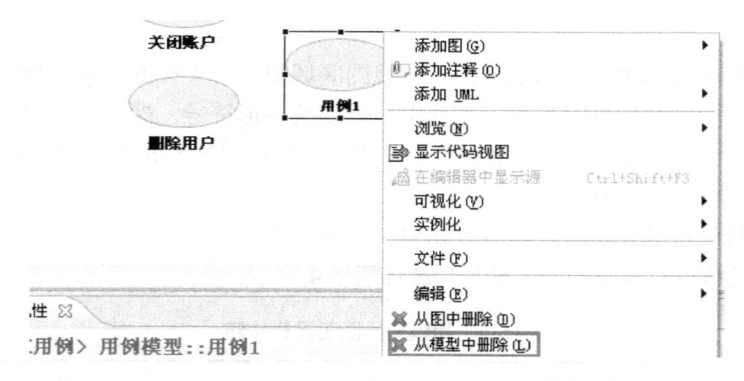

图 5-13　在绘图区域中删除"用例1"用例

【提示】
- 如图 5-13 所示的【从图中删除】只是从绘图区域中删除指定的图形符号，而【从模型中删除】才是真正从模型中删除图形符号；
- 在绘图区域按键盘上的 Delete 键也不能真正从模型中删除对象；
- 无论在绘图区域中还是在视图区域中删除，都可以撤销删除操作。

5. 设置参与者的属性

在图形绘制区域添加了相关的参与者之后，可以对指定的参与者的属性进行修改。操作方法是：用鼠标右键单击指定的参与者（如购物用户），选择【属性】命令，打开属性设置窗口，如图 5-14 和图 5-15 所示。

图 5-14　参与者属性设置窗口 1

图 5-15　参与者属性设置窗口 2

◁))【提示】
- 可以在指定的"参与者"上单击鼠标左键,在编辑区的下方也会显示属性窗口;
- 绘制模型图时根据需要进行参与者属性的设置。

6. 设置用例的属性

在图形绘制区域添加了相关的用例之后,可以对指定的用例的属性进行修改。操作方法是:用鼠标右键单击指定的用例(如搜索商品),选择【属性】命令,进入属性设置窗口进行用例属性的设置,如图 5-16 和图 5-17 所示。

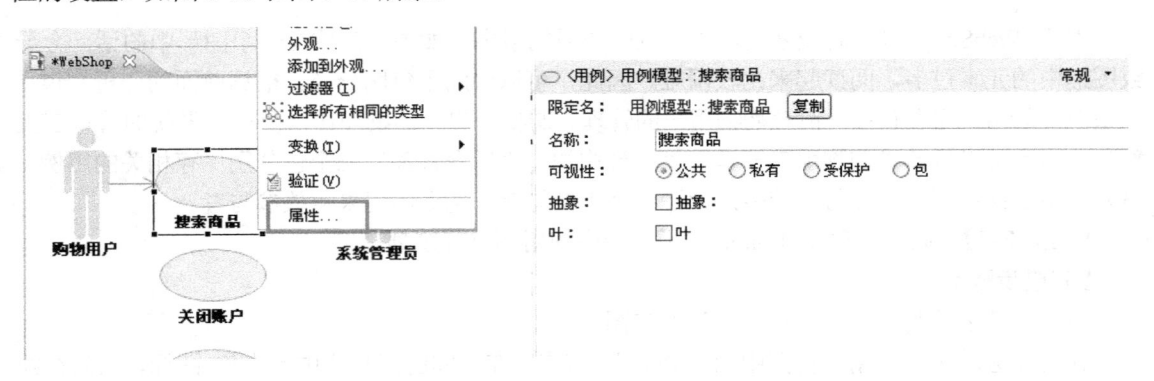

图 5-16　选择"属性"命令　　　　　　　　图 5-17　用例属性设置窗口

【提示】
- 可以在指定的"用例"上单击鼠标左键，在编辑区的下方也会显示属性窗口；
- 根据需要进行用例属性的设置。

7. 设置字体、调整位置和大小

参与者和用例都可以进行字体大小和字体类型的设置，如图 5-18 所示。

图 5-18　字体、颜色设置

5.3.3 通过包对用例进行合理规划

1. 包图概述

包是一种组合机制，把各种各样的模型元素通过内在的语义连在一起成为一个整体就叫做包。包通常用于对模型进行组织管理，因此有时又将包称为子系统。包拥有自己的模型元素，包的实例没有任何语义（含义），只有在模型执行期间，包才有意义。

包能够引用来自其他包的模型元素，当一个包从另一个包中引用模型元素时，这两个包之间就建立了关系。包与包之间允许建立的关系有依赖、精化和泛化。

表示包的图形元素为书签卡片的形状，由两个长方形组成，小长方形（标签）位于大长方形的左上角。如果包的内容（如类）没有被图示出来，则包的名字可以写在大长方形内，否则包的名字写在小长方形内。

2. WebShop 电子商城用例视图包图

对于 WebShop 电子商城来说，该系统中的用例很多，如果全部放在一个图形中的话，会导致图形中的元素过多，阅读起来比较困难。因此，可以借助于包图分类。根据前面的分析知道，该系统中的用例主要包括：前台购物用户的管理、购物用户的购物操作以及后台系统的管理三大部分，因此可以设计"购物用户管理"、"前台购物"、"后台管理"三个包分别保存相关的用例。另外，由于该系统中的参与者较多，设计一个"参与者"包专门用来存放参与者。

【任务 3-3】 通过包对 WebShop 电子商城中的用例进行规划。
【完成步骤】
（1）新建名称为"购物用户管理"的包图。

在视图区域中双击用例视图中的"Main"节点，在中间的工具栏中单击 图标，然后在绘图区域中单击，将绘制一个默认名称为"包 1"的包图，将其名称修改为"购物用户管理"，在视

图区域中也会出现一个名称为"购物用户管理"的节点,如图 5-19 所示。

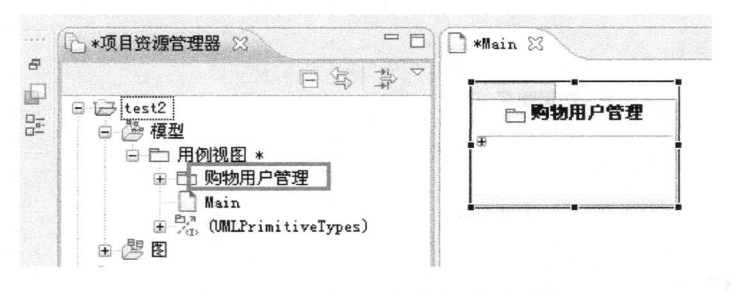

图 5-19　新建"购物用户管理"包图

(2)按以上步骤依次绘制名称为"前台购物"、"后台管理"和"参与者"的三个包。最终得到用例视图中的四个包图,如图 5-20 所示。

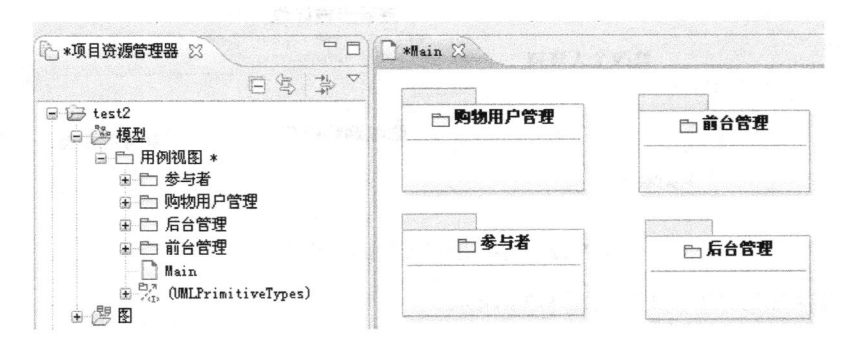

图 5-20　用例视图中完整包图

【提示】
- 使用包图的主要目的是对图形元素进行逻辑分类;
- 创建包图后,可以通过双击指定包图的方式进入该包所包含的图形。

5.3.4　WebShop 电子商城用例图(不含关系)

根据 WebShop 电子商城的需求,应用 Rational Software Architect 8.5 进行需求建模,得到的该系统的参与者和用例模型如下。

(1)系统的参与者如图 5-21 所示。

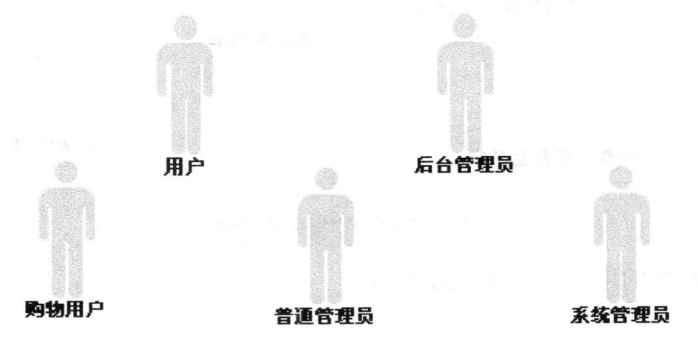

图 5-21　系统的参与者

（2）购物用户管理相关的用例图如图 5-22 所示。

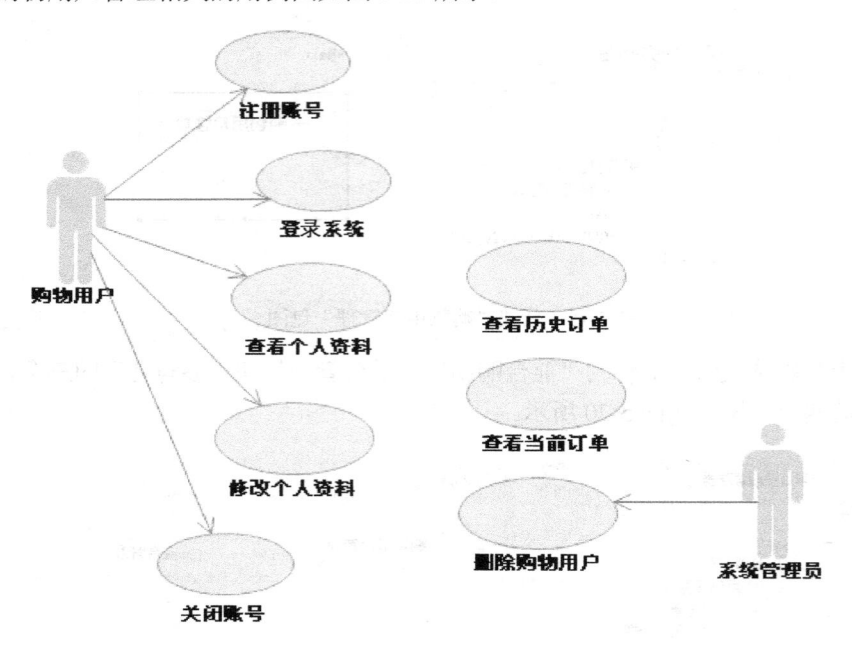

图 5-22　购物用户管理相关的用例图

（3）前台购物相关的用例图如图 5-23 所示。

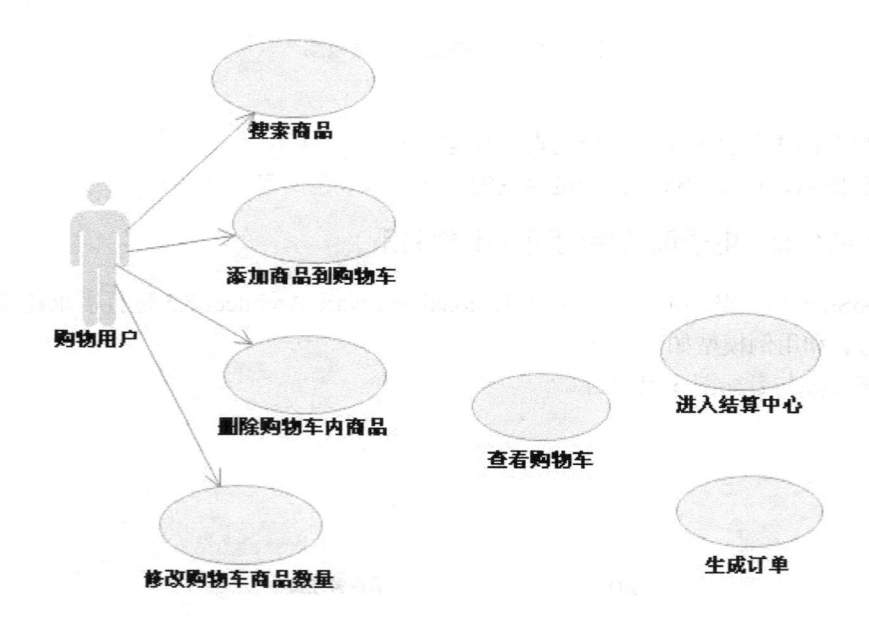

图 5-23　前台购物相关的用例图

（4）后台管理相关的用例图如图 5-24 所示。

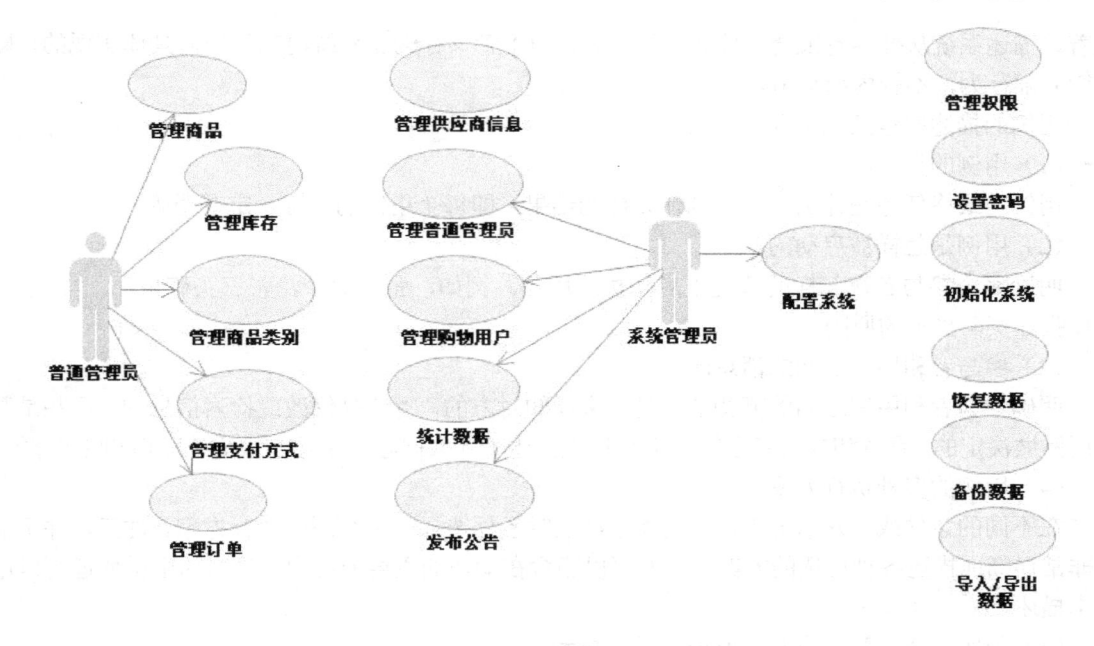

图 5-24 后台管理相关的用例图

（5）后台管理中管理购物用户相关的用例图如图 5-25 所示。

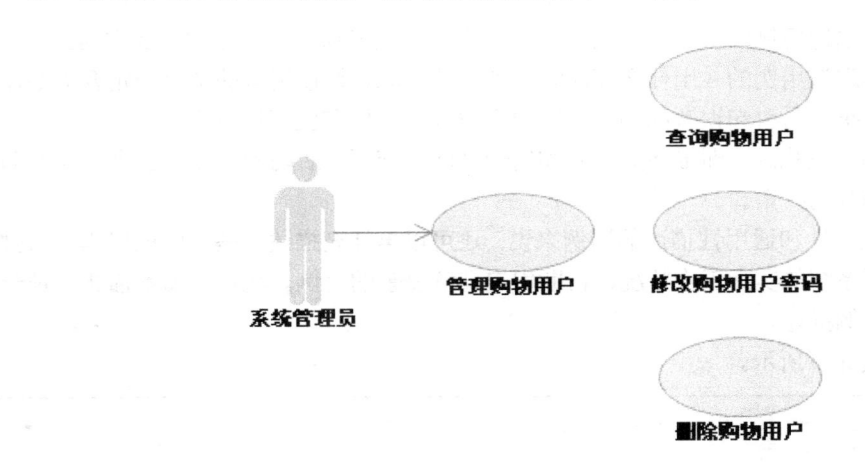

图 5-25 管理购物用户相关的用例图

从图 5-21～图 5-25 所示的用例图可以看出，用例模型主要是对系统要实现的功能的描述，帮助系统分析员、程序员和用户达成对目标系统的共识。用例图中用例的详细说明如表 5-1～表 5-3 所示，读者可以结合第 1 章的 WebShop 电子商城的系统分析和设计进一步理解。

5.3.5 用例描述

正如前面曾提到过的，图形化表示的用例本身不能提供该用例所具有的全部信息，因此还必须描述不可能反映在用例图形上的信息。通常用文字来描述用例补充信息。用例的描述其实是一个关于参与者与系统如何交互的规格说明，该规格说明要清晰明了，没有二义性。描述用例时，应着重描述系统从外界看来会有什么样的行为,而不管该行为在系统内部是如何具体实现的,即只管外部行为,不管内部细节。

用例的描述应包括以下几个方面。

(1) 用例的目标。

用例的最终任务是什么,想得到什么样的结果,即每个用例的目标一定要明确。

(2) 用例是怎样被启动的。

明确哪个参与者在怎样的情况下启动执行用例。例如,张三渴了,张三买矿泉水,"渴了"是使张三买矿泉水的原因。

(3) 参与者和用例之间的消息流。

明确参与者和用例之间的哪些消息是用来通知对方的,哪些是修改或检索信息的,哪些是帮助用例做决定的,系统和参与者之间的主消息流描述了什么问题,系统使用或修改了哪些实体等。

(4) 用例的多种执行方案。

在不同的条件或特殊情况下,用例能根据当时条件选择一种合适的执行方案。注意,并不需要非常详细地描述各种可选的方案,它们可以隐含在动作的主要流程中。具体的出错处理可以用脚本描述。

(5) 用例怎样才算完成并把值传给了参与者。

描述中应明确指出在什么情况下用例才能被看做完成,当用例被看作完成时要把结果值传给参与者。

需要强调的是,描述用例仅仅是为了站在外部用户的角度识别系统能完成什么样的工作,至于系统内部是如何实现该用例的(用什么算法等)则不用考虑。描述用例的文字一定要清楚,前后一致,避免使用复杂的易引起误解的句子,方便用户理解用例和验证用例。

用例也可以用活动图描述,即描述参与者和用例之间的交互。活动图中显示各个活动的顺序和导致下一个活动执行的决策。

对于已经包含完全性和通用性描述的用例来说,还可以再补充描述一些实际的脚本,用脚本说明用例被实例化后系统的实际工作状况,帮助用户理解复杂的用例。注意,脚本描述只是一个补充物,不能替代用例描述。

用例描述的模板如下所示。

```
用例编号
用例名称
用例描述
参与者
前置条件
后置条件
基本路径
    1. ....XXXX
    2. ....XXXX
扩展点
   2a. ....XXXX
   2a1. ....XXXX
```

变异点
补充说明

【任务 3-4】 对 WebShop 电子商城中的"购物用户登录"用例进行描述。

下面对 WebShop 电子商城中的"购物用户登录"用例进行描述。

用例编号：001

用例名：购物用户登录

用例描述：购物用户根据所注册的用户名和密码，登录到 WebShop 电子商城系统。

参与者：购物用户

前置条件：电子商城正常运行时间。

后置条件：如果购物用户登录成功，则该购物用户可搜索商品并购买商品；如果购物用户登录未成功，则该用户不能进行商品的购买。

基本路径

1. 购物用户进入 WebShop 电子商城系统；
2. 购物用户输入用户名和密码；
3. 购物用户提交输入的信息；
4. 系统对购物用户的账号和密码进行有效性检查；
5. 系统记录并显示当前登录用户；
6. 购物用户搜索商品并购买商品；
7. 系统允许购物用户的购买操作。

扩展点

4a. 购物用户的账号错误

    4a1. 系统弹出账号错误或账号已关闭警告信息；

    4a2. 购物用户离开或重新输入账号。

4b. 购物用户的密码错误

    4b1. 系统弹出密码错误警告信息；

    4b2. 购物用户离开或重新输入密码。

变异点

    无

补充说明

【提示】

- 在用例描述中不要包含 GUI 设计，因为用例是针对需求的，而界面设计是"设计"，不要把设计的东西放进需求中；
- 用例描述的目的是对用例的具体完成情况进行详细说明；
- 用例通常描述参与者与系统的交互，如购物用户怎样，系统怎样等。

> **课堂实践 2**

1. 操作要求

（1）确定图书管理系统的用例。
（2）绘制图书管理系统的用例图。
（3）对图书管理系统的用例进行描述。

2. 操作提示

（1）通过学习小组讨论和上网查询资料形式完成。
（2）使用 Rational Software Architect 8.5 进行图形的绘制。
（3）建议通过包图对图书管理系统中的用例进行逻辑分类。

5.4 用例间的关系

任务 4 识别 WebShop 电子商城中用例间的关系，并绘制其关系图。

用例图主要用来图示化系统的主事件流程，它主要用来描述客户的需求，即客户希望系统具备的完成一定功能的动作。通俗地理解，用例就是软件的功能模块，所以用例图是系统分析阶段的起点，设计人员根据客户的需求来创建和解释用例图，用来描述软件应具备哪些功能模块以及这些模块之间的调用关系。用例图中的用例之间和参与者之间也是具有一定的联系的。

用例是从系统外部可见的行为，是系统为某一个或几个参与者提供的一段完整的服务。从原则上来讲，用例之间都是独立、并列的，它们之间并不存在着包含从属关系。但是为了体现一些用例之间的业务关系，提高可维护性和一致性，用例之间可以抽象出包含（include）、扩展（extend）和泛化（generalization）几种关系。

用例间关系的共性就是从现有的用例中抽取出公共的那部分信息，作为一个单独的用例，然后通过不同的方法来重用这个公共的用例，以减少模型维护的工作量。

5.4.1 泛化关系

1. 用例泛化关系

用例泛化关系是指一种从子用例到父用例的关系，它指定了子用例如何特化父用例的所有行为和特征。

在泛化关系中子用例和父用例相似，但表现出更特别的行为：子用例将继承父用例的所有结构、行为和关系。子用例可以使用父用例的一段行为，也可以重载它。父用例通常是抽象的，在用例的实际应用中很少使用泛化关系，子用例中的特殊行为都可以作为父用例中的备选流存在。父用例可以特化形成一个或多个子用例，这些子用例代表了父用例比较特殊的形式。尽管在大多数情况下父用例是抽象的，但无论是父用例还是子用例都不要求一定是抽象的。子用例继承父用例的所有结构、行为和关系，同一父用例的子用例都是该父用例的特例，这就是可适用于用例的泛化关系。如果两个或更多用例在行为、结构和目的方面存在共性，就可以使用泛化关系。这种情况发生时，可以用一个新的、通常也是抽象的用例来描述这些共有部分，该用例随后被子用例特化。

在 WebShop 电子商城后台系统中购物用户支付货款包括下面几种方式：网银支付、邮局汇款支付和支付宝支付。因此，用例"网银支付"、"邮局汇款支付"和"支付宝支付"与"支付货款"之间形成了泛化关系，如图 5-26 所示。

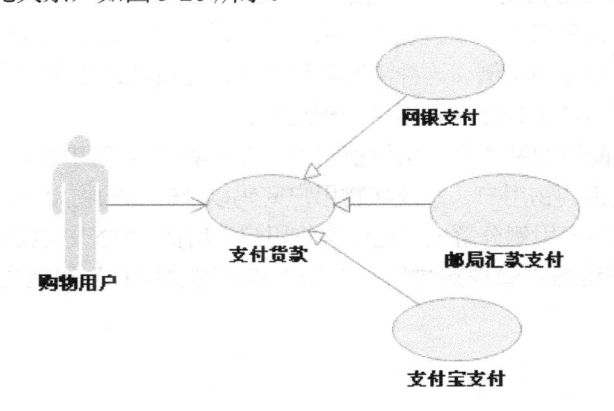

图 5-26　用例间的泛化关系

如图 5-26 所示，"支付货款"用例为父用例，被"网银支付"、"邮局汇款支付"和"支付宝支付"子用例所特化。

如果两个子用例都对同一父用例（或基本用例）进行特化，则二者之间的特化是相互独立的，这意味着它们可以在各自独立的用例实例中执行，这就是泛化关系与包含关系和扩展关系不同的地方。在包含关系和扩展关系中，一些附加用例隐式或显式地修改了执行相同基本用例的一个用例实例。

2. 参与者泛化关系

跟用例一样，参与者和参与者之间也存在着泛化关系，在如图 5-21 所示的参与者的包中包含了五个参与者。其中用户被购物用户和后台管理员所特化，后台管理员进一步由普通管理员和系统管理员所特化。最终，WebShop 电子商城的参与者之间的泛化关系如图 5-27 所示。

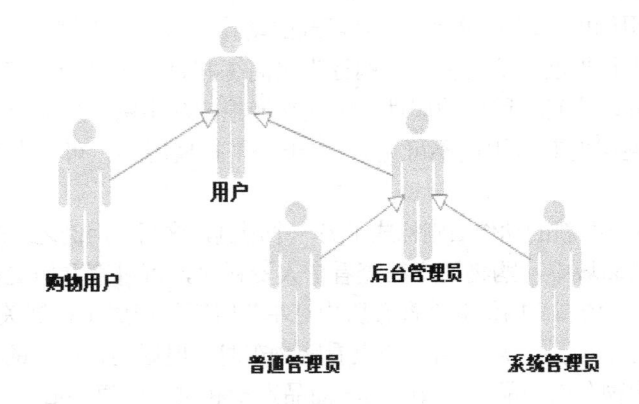

图 5-27　参与者间的泛化关系

5.4.2　包含关系

包含关系是指使用一个用例来封装一组跨越多个用例的相似动作（行为片断），以便多个基用例复用的关系。基用例控制与包含用例的关系，以及被包含用例的事件流是否会插入到基用例的事件流中。基用例可以依赖包含用例执行的结果，但是双方都不能访问对方的属性。

包含关系最典型的应用就是复用，但当某用例的事件流过于复杂时，为了简化用例的描述，也可以把某一段事件流抽象成为一个被包含的用例；相反，用例划分太细时，也可以抽象出一个基用例，来包含这些细颗粒的用例。这种情况类似于在过程设计语言中，将程序的某一段算法封装成一个子过程，然后再从主程序中调用这一子过程。

在 WebShop 电子商城的系统维护用例视图中，存在着"管理购物用户"功能，而在管理购物用户功能中又包括查询购物用户、修改购物用户密码以及删除购物用户。这时，考虑到描述的需要，可以将管理购物用户用例分解成"查询购物用户"用例、"修改购物用户密码"用例和"删除购物用户"用例。在这里"管理购物用户"和"删除购物用户"用例之间就是包含关系，如图 5-28 所示。

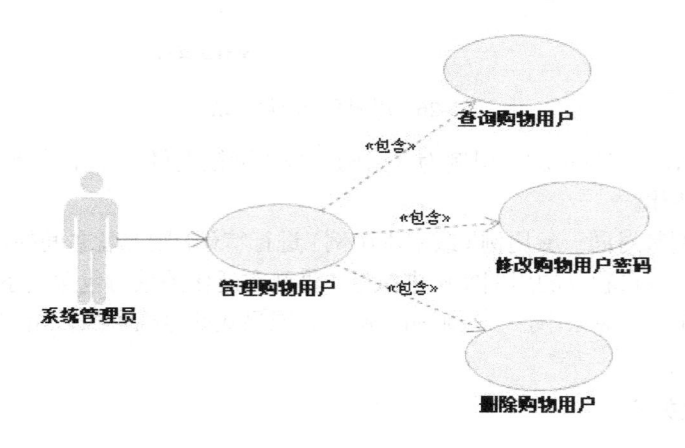

图 5-28　包含关系

5.4.3　扩展关系

扩展关系是将基用例中一段相对独立并且可选的动作，用扩展用例加以封装，再让它从基用例中声明的扩展点上进行扩展，从而使基用例行为更简练和目标更集中。扩展用例为基用例添加新的行为，扩展用例可以访问基用例的属性，因此它能根据基用例中扩展点的当前状态来判断是否执行自己。但是扩展用例对基用例不可见。对于一个扩展用例，可以在基用例上有几个扩展点。

在一个用例中加入一些新的动作后则构成了另一个用例，这两个用例之间的关系就是扩展关系。

在 WebShop 电子商城中，购物用户在查看个人资料时，可以查看历史订单，也可以查看当前订单。这里"查看个人资料"用例和"查看历史订单"用例就形成了扩展关系，如图 5-29 所示。同样，在 WebShop 电子商城中，购物用户在查看购物车时，根据购物用户的不同选择，可以添加商品到购物车、删除购物车内商品、修改购物车商品数量和进入结算中心。这里的"查看购物车"用例和其他用例也形成了扩展关系，如图 5-30 所示。

在扩展关系中，如果后者通过继承前者的一些行为得来，前者通常称为基本用例，后者常称为扩展用例。扩展用例只有在基本用例中的某种条件满足时才能执行，如果没有基本用例的运行，扩展用例就不能运行。基本用例执行时，扩展用例不一定执行。

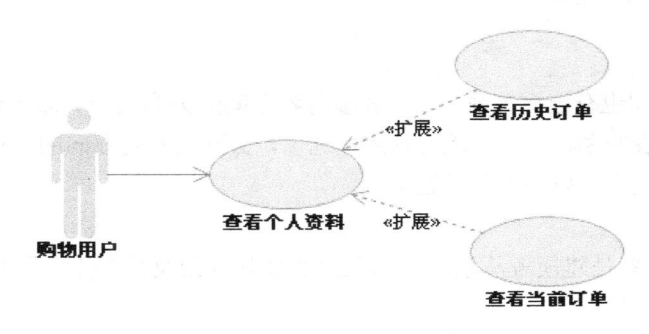

图 5-29　扩展关系（1）

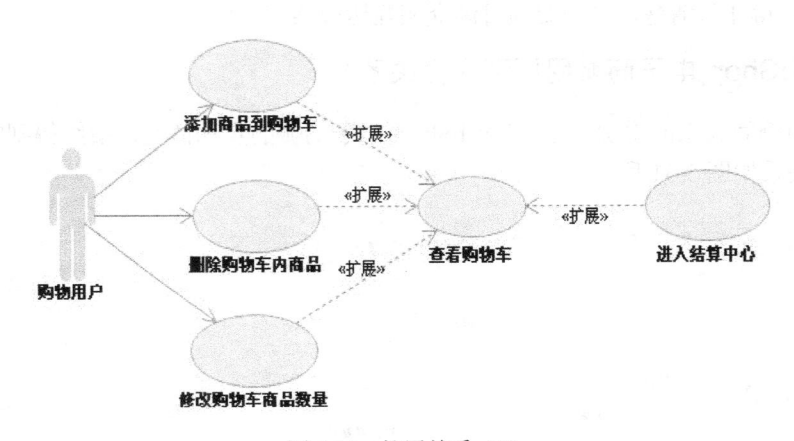

图 5-30　扩展关系（2）

由于用例的具体功能通常采用普通的文字描述（书写），因此，从文字中划分哪些行为是从基本用例中继承而来的，哪些行为是在用例中重新定义的（作为用例本身的具体行为），哪些行为是添加到通用化用例中（扩展通用化用例）的，都比较困难。

引入扩展用例的好处在于：便于处理基本用例中不易描述的某些具体情况，便于扩展系统，提高系统性能，减少不必要的重复工作。

5.4.4　关系小结

1. 泛化关系和包含关系

用例泛化关系和包含关系都可以用来复用该模型用例间的行为。二者的区别是：在用例泛化关系中，执行子用例不受父用例的结构和行为（复用部分）的影响；而在包含关系内，执行基本用例只依赖包含用例（复用部分）执行有关功能的结果。另一个区别是，在泛化关系中，子用例有相似的目的和结构；而在包含关系中，复用相同包含用例的基本用例在目的上可以完全不同，但是它们需要执行相同的功能。

2. 包含关系和扩展关系

包含关系：当可以从两个或两个以上的原始用例中提取公共行为，或者发现能够使用一个构件来实现某一个用例的部分功能时，应该使用包含关系来表示它们。

扩展关系：如果一个用例明显地混合了两种或两种以上的不同场景，即根据情况可能发生多种事情，可以断定，将这个用例分为一个主用例和一个或多个辅用例描述时可能更加清晰。

3. 关联关系

用例和参与者之间也有连接关系，用例和参与者之间的关系属于关联（association），又称为通信关联。这种关联表明哪种参与者能与该用例通信。关联关系是双向的一对一关系，即参与者可以与用例通信，用例也可以与参与者通信。

【提示】
- 用例之间的关系是建模者从系统中抽取出的公共行为及其变化，目的是进一步地理解系统；
- 用例之间的关系没有一个统一的标准，取决于项目涉众的理解，在实际建模过程中，没有必要界定得非常清楚，只需要项目涉众相互达成共识即可。

5.4.5 WebShop 电子商城用例图（含关系）

根据以上用例间关系的说明，结合 WebShop 电子商城的实际情况，最终得到的带关系的用例图。参考者关系如图 5-31 所示。

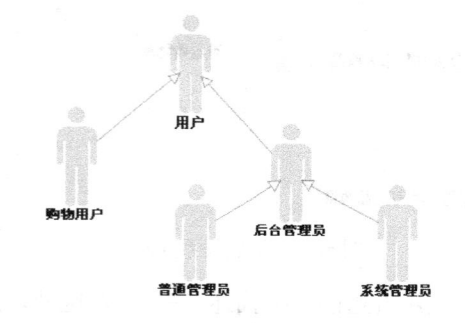

图 5-31 参与者关系

购物用户管理用例之间的关系如图 5-32 所示。

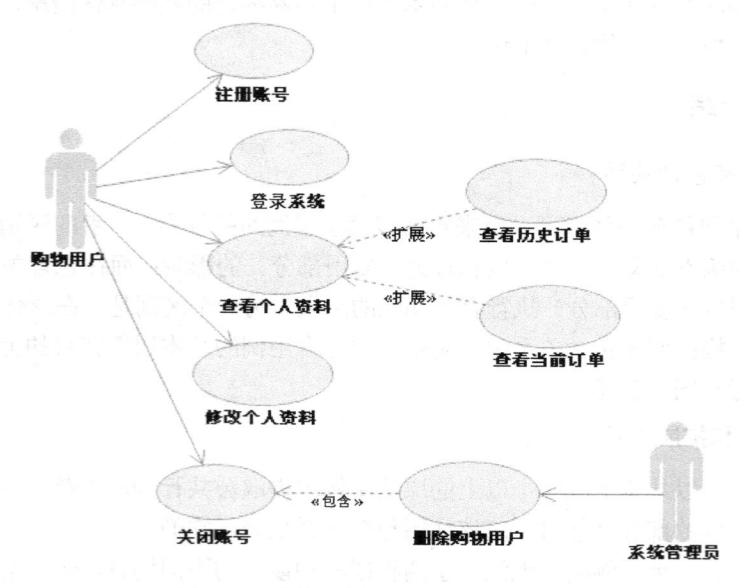

图 5-32 购物用户管理用例之间的关系

前台购物用例之间的关系如图 5-33 所示。

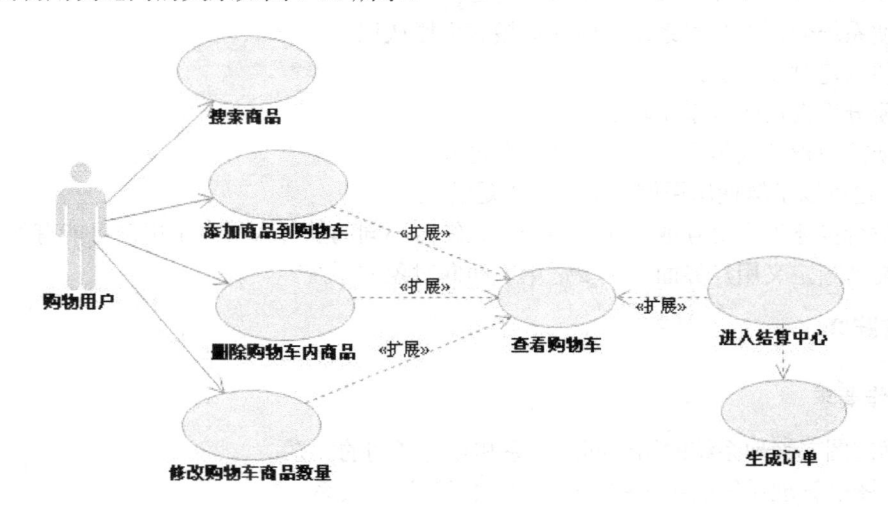

图 5-33　前台购物用例之间的关系

后台管理用例之间的关系如图 5-34 所示。

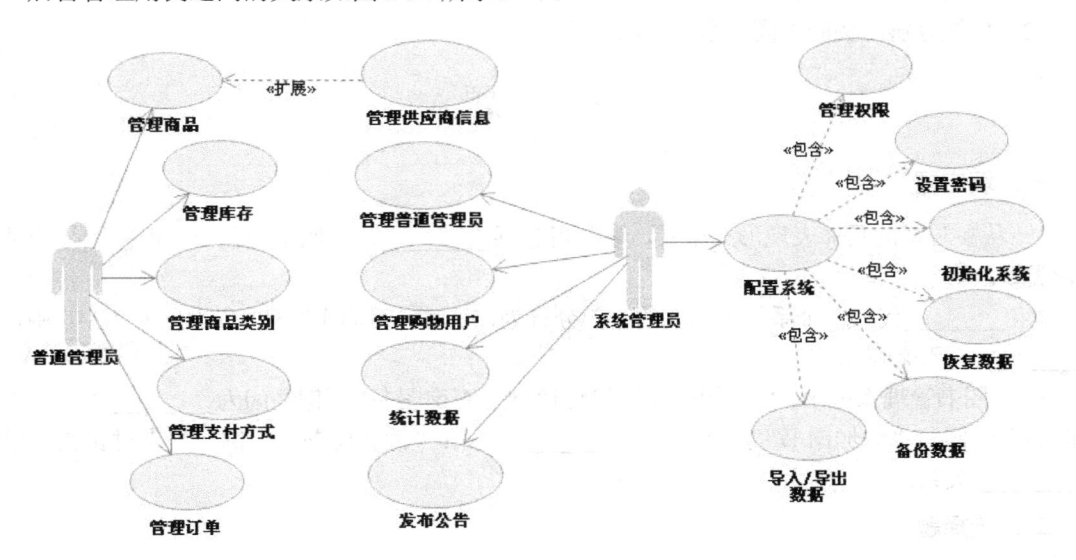

图 5-34　后台管理用例之间的关系

【提示】
- 将系统视为黑盒，从使用者的角度看系统，确定系统必须实现的功能；
- 角色描述的是系统中涉及的用户，现实生活中不同人可能拥有多个角色；
- 所有的交互都发生在角色和用例之间，再没有其他可能发生的交互；
- 一般情况下一个用例只有一个参与者，如果有多个参与者共用一个用例时，就要考虑是否要增加新的角色，或者分拆用例。

通过以上 WebShop 电子商城的需求建模过程，可以发现，在软件系统建模时使用用例图的优点有：

- 方便系统分析设计人员和业务人员沟通；
- 方便系统分析人员对系统范围和规模有大概认识；
- 方便构建测试用例；
- 方便分析人员明确系统功能；
- 方便接口设计人员尽早介入设计开发过程。

同时，也可以了解使用用例图的一些不足的地方：
- 不适合描述没有交互或者交互很少的系统，不同的业务人员对于用例可能有不同的解读；
- 不能清晰定义用户界面，主要适用于面向对象的系统。

课堂实践 3

1. 操作要求

（1）确定图书管理系统的用例间的关系和参与者间的关系。

（2）在图书管理系统的用例图基础上添加用例间的关系。

2. 操作提示

（1）通过学习小组讨论和上网查询资料形式完成。

（2）仔细分辨用例间不同关系的表示方法。

习 题

一、填空题

1. 从参与者的具体表现形式来看，参与者包括_____、其他系统和一些可以运行的进程三种类型。

2. _____代表一个系统或系统的一部分行为，是对一组动作序列的描述。在 UML 中，使用_____图形来表示。

3. 在图书管理系统中，"查询图书"用例和"网上查询图书"用例之间为_____关系；"维护图书"用例和"添加图书"用例之间为_____关系；"读者还书"用例和"支付罚款"用例之间为_____关系。

二、选择题

1. 下列关于用例模型目的的描述错误的是_____。
   A. 促成开发者与客户共同协商系统需求
   B. 明确系统的基本功能，为后阶段的工作打下基础
   C. 确定系统应具备哪些功能、为系统的功能提供清晰一致的描述
   D. 构建软件系统的物理架构

2. 在用例之间会有不同的关系，下列_____不是它们之间可能的关系。
   A. 包含（include）　　　　　B. 扩展（extend）
   C. 泛化（generalization）　　D. 关联（association）

3. UML 中，用例图展示了外部 Actor 与系统所提供的用例之间的连接，UML 中的外部 Actor 是指_____。

A. 人员　　　　　　　　　　B. 单位
C. 人员和单位　　　　　　　D. 人员或外部系统

4. 用例（Use Case）用来描述系统在对事件做出响应时所采取的行动。用例之间是具有相关性的。在一个"订单输入子系统"中，创建新订单和更新订单都需要核查用户账号是否正确。那么，用例"创建新订单"、"更新订单"与用例"核查客户账号"之间是＿＿＿＿关系。

A. 包含（include）　　　　B. 扩展（extend）
C. 分类（classification）　　D. 聚集（aggregation）

5. 用例从用户角度描述系统的行为。用例之间可以存在一定的关系。在"图书馆管理系统"用例模型中，所有用户使用系统之前必须通过"身份验证"，"身份验证"可以有"密码验证"和"智能卡验证"两种方式，则"身份验证"与"密码验证"和"智能卡验证"之间是＿＿＿＿关系。

A. 关联　　　　　　　　　　B. 包含
C. 扩展　　　　　　　　　　D. 泛化

三、简答题

1. 什么是参与者？如何确定系统的参与者？
2. 什么是用例？如何确定系统的用例？
3. 举例说明用例之间有哪些关系，并绘制出相应的用例图。

课外拓展

1. 操作要求

（1）简述 ATM 自动取款系统中 ATM 取款的过程。
（2）通过回答下列提示问题，获取 ATM 自动取款系统参与者和用例。
（a）谁使用 ATM 系统的取款功能？
（b）谁使用 ATM 系统的支持以完成日常工作任务？
（c）谁来维护、管理并保持 ATM 系统的正常运行？
（d）ATM 系统需要和哪些系统进行交互？
（e）ATM 系统需要处理哪些设备？
（f）谁对 ATM 系统运行的结果感兴趣？
（3）绘制 ATM 系统的用例图。

2. 操作提示

（1）以小组方式对一次完整的 ATM 取款过程进行讨论分析。
（2）尽可能地描述参与者之间和用例之间的关系。
（3）以 chap05 为项目名称保存 ATM 系统的 UML 模型。

第 6 章 静态建模

学习目标

本章将向读者详细介绍基于 UML 的软件系统建模中应用类图和对象图进行静态建模的基本内容。主要包括：静态建模概述、类图概述、识别系统中的类、确认系统中的类、类图的基本组成，识别和确认类之间的关系，绘制类图和绘制对象图等内容。本章的学习要点包括：

- 识别软件系统中的类；
- 识别软件系统类之间的关系；
- 在 Rational Software Architect 8.5 中绘制类图；
- 在 Rational Software Architect 8.5 中绘制对象图。

学习导航

本章主要介绍应用 Rational Software Architect 8.5 进行软件系统静态建模的基本知识和建模方法，静态建模是指通过类图、对象图等 UML 图形对软件系统的静态结构进行描述。同时，用例模型中的用例实现所使用的类也会在类图中得到描述。本章学习导航如图 6-1 所示。

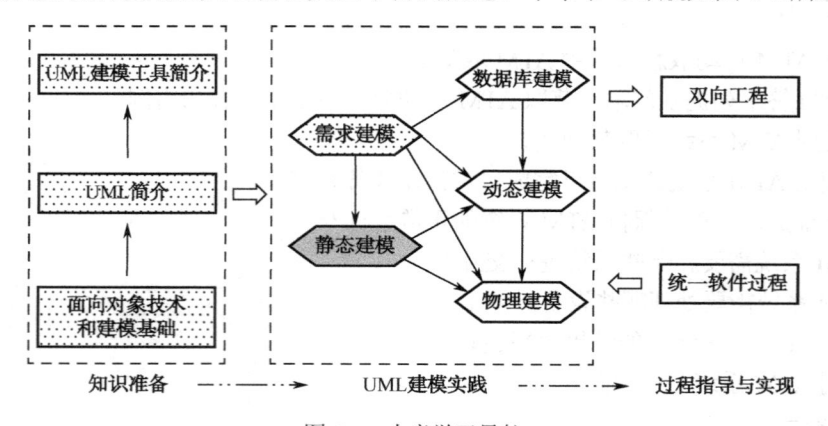

图 6-1 本章学习导航

6.1 静态建模概述

任务 1 了解静态模型的基本功能和基本图形组成。

由于自然界中存在的事物大都具有类与对象的关系，因此，可以借用自然界中的类与对象的表示方法，在计算机的软件系统中描述与实现类和对象，从而达到利用面向对象方法在计算机系统中表示事物、处理事物的目的。

所谓对象就是可以控制和操作的实体，它可以是一个设备、一个组织或一个商务，如我的本田轿车。类是对象的抽象描述（如车、轿车），它包括属性的描述和行为的描述两方面。属性描述类的基本特征（如车身的长度、颜色等）；行为描述类具有的功能（如汽车的启动、行驶和制动等功能），也就是对指定类的对象可以进行哪些操作。就像程序设计语言中整型变量是整数类型的具体化，用户可以对整型变量进行操作（并不是对整数类型操作）一样。因此，对象是类的实例，所有的操作都是针对对象进行的。

软件开发者应用 UML 对一个商务系统、信息系统或其他系统进行建模的时候，如果用于描述模型的一些概念与问题域中的概念一致，那么这个模型就易于理解，易于交流。例如，为保险公司的业务系统建模，那么一定要使用保险业务中的概念。否则，很难将对象之间的业务关系描述清楚。由此也可以看出，以面向对象方式建造的模型，由于建造在真实世界的基本概念上，与真实世界非常接近，使得该模型易于交流，易于验证，易于维护。

如前所述，由于面向对象的思想与现实世界中的事物的表示方式相似，所以采用面向对象的思想建造模型会给建模者带来很多好处。UML 的静态建模就需要借助于类图和对象图，使用 UML 进行静态建模，就是通过类图和对象图从一个相对静止的状态来分析系统中所包含的类和对象，以及它们之间的关系等。

6.2 类图概述

类图是用来描述软件系统中类以及类之间关系的一种图示，是从静态角度表示系统的。类图是构建其他图的基础，如果没有类图，就没有状态图、时序图和协作图等，也就无法表示软件系统的其他各个侧面。

类图中允许出现的模型元素只有类和类之间的关系。类用长方形表示，长方形分成上、中、下三个区域，每个区域用不同的名字标识，用以代表类的各个特征。上面的区域内标识类的名字，中间的区域内标识类的属性，下面的区域内标识类的操作方法（行为），这三部分作为一个整体描述某个类，如图 6-2 所示。当类图中存在多个类时，类与类之间的关系可以用表示某种关系的连线（如直线、虚线等），把它们连接起来，类与类之间的关系将在 6.4 节进行详细介绍。

在类图中，类被图示为一个长方形，而在具体程序实现时，类可以用面向对象语言（如 C++、Java 等）中的类结构描述，对类结构的描述包括属性的描述和操作的描述。类图和面向对象语言之间很容易通过正向工程和逆向工程进行代码的生成或类图的生成。

在面向对象建模领域，通常将类划分以下三种类型。

(1) 实体类：它表示的是系统领域内的实体。在信息系统中，实体对象具有永久性的特点，并且持久地存储在数据库中。这里的实体类与数据库中的表对应：类的实例对应于表中的一条记录；类中的属性和记录中的字段对应。在 UML 建模时通常使用实体类保存要永久存储体的信息，如 WebShop 电子商城中的前台购物用户类、商品类等。Rational Software Architect 8.5 中的实体类的图示如图 6-3 所示。

(2) 边界类：边界类是系统的用户界面，直接跟系统外部参与者交互，与系统进行信息交流。边界类位于系统与外界的交接处。边界类包括窗体、报表、打印机和扫描仪等硬件的接口以及与其他系统的接口。每个参与者和用例交互至少要有一个边界类，如前台购物用户登录时使用的登录页面等。Rational Software Architect 8.5 中的边界类的图示如图 6-4 所示。

(3) 控制类：控制类是控制系统中对象之间的交互。它负责协调其他类的工作，实现对其他对象的控制。通常每个用例都有一个控制类，控制用例中的事件顺序，如前台登录用户进入登录页面后提交登录信息后的登录处理等。Rational Software Architect 8.5 中的控制类的图示如图 6-5 所示。

图 6-2　类图示例　　　图 6-3　实体类图示　　　图 6-4　边界类图示　　　图 6-5　控制类图示

【提示】
- 在传统的 C/S 系统中，实体类、边界类和控制类没有严格的一一对应关系；
- 在现在流行的设计模式（如 MVC 模式）中，实体类、边界类和控制类一一对应。

使用类图进行静态建模的第一步就是根据系统功能和需求模型发现对象和类，其一般的方法如下：
- 分析人员、组织、设备、事件和外部系统等，找出各种可能有用的候选对象，以发现实体类；
- 阅读系统文档和用例，查找用例的事件流中的名词（包括角色、类、类属性和表达式），从中寻找到类（实体类）；
- 对于边界类，分析阶段不需要深入研究用户界面的窗口部件，只要能说明通过交互所实现的目标就可以。

【提示】
- 有些类无法通过以上方法找到；
- 有些类需要从协作图和时序图中通过分析对象来确定。

6.3　类图的基本组成

任务 2　阅读 WebShop 电子商城系统文档和用例模型，确定该系统中的类，并绘制类图。

在基于 UML 的软件系统建模过程中，广泛使用类图的原因包括以下几个方面：
- 类图技术是面向对象方法的核心技术；
- 类图定义了很多的概念，并提供了丰富的表示法；
- 类图的表达能力强，应用范围广。

UML 中的类图由类和类之间的关系组成，类包括类的名称、属性和方法。下面对类图的各组成部分进行详细介绍。

6.3.1　类的概述

如第 2 章所介绍的，类是对一类具有相同特征的对象的描述，类的特征包括属性和行为，任何对象都是某个类的实例。面向对象思想的核心就是用类的概念来划分问题中涉及的各种对象，并组织系统的结构。

1. 具体类

有自己的具体对象的类称为具体类。具体类中的操作都有具体实现的方法。例如，图 6-6 中的"汽车"和"轮船"两个类就是具体类，"汽车"中的 drive 操作具体实现为驱动车轮滚动，而"轮船"类中的 drive 操作则具体实现为驱动螺旋桨转动。

2. 抽象类

没有具体对象的类称为抽象类。抽象类一般为父类，用于描述其他类（子类）的公共属性和行为（操作）。例如，图 6-6 中的"交通工具"就是一个抽象类（在 RSA 中用斜体显示）。对于抽象类，很难想象该类的对象是什么样子，因为它既不是具体的汽车，也不是具体的轮船，所以认为该类没有对象，但是它描述了交通工具的一般特征，即具有驱动（drive，也称为抽象方法，斜体显示）的特性。

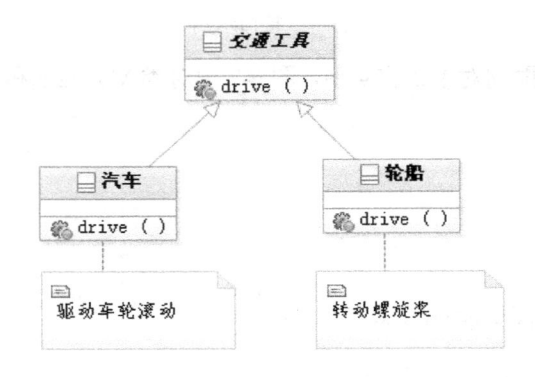

图 6-6 抽象类和具体类示例

抽象类中一般都带有抽象的操作。抽象操作仅仅用来描述该抽象类的所有子类应有什么样的行为，抽象操作只标记出返回值、操作的名称和参数表，关于操作的具体实现细节并不详细书写出来，抽象操作的具体实现细节由继承抽象类的子类实现。换句话说，抽象类的子类一定要实现抽象类中的抽象操作，为抽象操作提供方法，否则该子类仍然还是抽象类。抽象操作的图示方法与抽象类相似，在 RSA 中斜体字表示。如图 6-6 中的"交通工具"抽象类中的抽象操作 drive（）没有具体的含义，具体类"汽车"和"船"实现了抽象操作 drive（），成为了有意义的具体操作。当然，抽象类"交通工具"中还可以有其他抽象操作（如 stop（）等）。

比较一下抽象类与具体类，可以发现子类继承了父类的操作，但是不同的子类中对操作的实现方法却可以不一样，这种机制带来的好处是子类可以重新定义父类的操作。重新定义的操作的标记（返回值、名称和参数表）应和父类一样，同时该操作既可以是抽象操作，也可以是具体操作。另外，子类在继承父类属性和操作的同时，还可以添加其他的属性、关联关系和操作等。

3. 接口

根据所学的计算机组成原理知识我们知道，通过操作系统的接口可以实现人机交互和信息交流。UML 中的包、组件和类也可以定义接口，利用接口说明包、组件和类能够支持的行为。在面向对象建模时，接口起到非常重要的作用，因为模型元素之间的相互协作都是通过接口进行的。一个结构良好的系统，其接口必然也定义得非常规范。

接口通常被描述为抽象操作，也就是只用标识（返回值、操作名称、参数表）说明它的行为，而真正实现部分放在使用该接口的对象中。这样，应用该接口的不同对象就可以对接口采用不同的实现方法。在执行过程中，调用该接口的对象看到的仅仅是接口，而不管其他细节。接口的具体实现过程、方法，对调用该接口的对象是透明的。实现该接口的类与接口之间用带箭头的虚线连接，它们之间是实现关系。如图 6-7 中所示的类 MyClass 实现了接口 MyInter，并实现了其中的 run()方法。

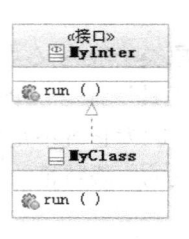

图 6-7 接口示例

接口可以采用 Java 等面向对象语言实现，图 6-7 中对类 MyClass 和 MyInter 接口进行声明的 Java 代码为：

```
interface    MyInter
{
    public void run（）
}
public class MyClass implements MyInter
{
    public void run（）
    {
    // MyClass 中 run（）操作的实现细节
    }
}
```

【任务 2-1】 确定 WebShop 电子商城中的类。

根据对 WebShop 电子商城中的参与者（购物用户、普通管理员和系统管理员）以及 WebShop 电子商城本身的分析，得到该系统主要的实体类、边界类和控制类。

【完成步骤】

（1）该系统的实体类如表 6-1 所示。

表 6-1 WebShop 电子商城中的实体类

编 号	类 名 称	类 说 明
1	普通管理员（Employees）	对 WebShop 电子商城后台信息进行管理的管理员
2	系统管理员（Users）	对 WebShop 电子商城进行系统管理的管理员
3	购物用户（Customers）	在 WebShop 电子商城实现购物的用户
4	商品（Goods）	商品基本信息

续表

编号	类名称	类说明
5	商品类别（Types）	商品类别信息
6	订单（Orders）	用户购物订单信息
7	订单详情（OrderDetails）	用户购物订单详细信息
8	支付方式（Payments）	支付方式
9	供应商（Supplier）	商品的供应商

（2）系统的边界类如表 6-2 所示。

表 6-2　WebShop 电子商城中的边界类图（部分）

编号	类名称	类说明
1	注册页面	购物用户输入注册信息的页面
2	登录页面	购物用户登录系统的页面
3	个人资料页面	查询购物用户的个人资料的页面
4	当前订单页面	查询购物用户的当前订单信息的页面
5	历史订单页面	查询购物用户的历史订单信息的页面
6	关闭账号页面	当前登录的购物用户关闭自身账号的页面
7	删除用户页面	后台管理员删除指定的购物用户账号的页面

（3）系统的控制类如表 6-3 所示。

表 6-3　WebShop 电子商城中的控制类图（部分）

编号	类名称	类说明
1	处理登录	对购物用户在登录系统时根据输入的用户名和密码进行处理
2	处理注册	对购物用户提交用户信息后的注册操作进行处理
3	查询个人资料	实现查询购物用户的个人资料操作
4	查询当前订单	实现查询购物用户的当前订单信息操作
5	查询历史订单	实现查询购物用户的历史订单信息操作
6	显示当前账号	实现显示当前登录的购物用户信息操作
7	处理账号关闭	实现关闭指定的购物用户账号信息操作

6.3.2　绘制带属性的实体类

1. 类的名称

类的名称是一个字符串，是每个类中所必有的构成元素，用于区别于其他类。类的名称应该来自系统的问题域，并且应该尽可能地明确，避免造成歧义。通常情况下，类的名称为一个名词。

类的名称可以分为简单名称和路径名称。单独的名称即不包含冒号的字符串叫做简单名称。用类所在的包的名称作为前缀的类名叫做路径名。

2. 类的属性

类的属性是类的一个组成部分，描述了类在软件系统中所代表的一个事物的特性。在绘制类图时，类的属性放在类名字的下方，用来描述该类的对象所具有的特征，如图 6-8 所示。

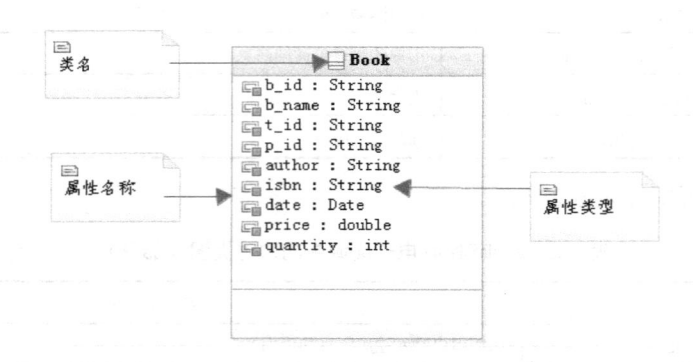

图 6-8 类的名字和属性示例

描述类的特征的属性可能很多，类也可以没有属性。在系统建模时，只抽取那些系统中需要使用的特征作为类的属性。换句话说，只关心那些"有用"的特征，通过这些特征就可以识别该类的对象。从系统处理的角度讲，可能被改变值的特征，才作为类的属性。

正如变量有类型一样，属性也有类型，属性的类型反映属性的种类。例如，属性的类型可以是整型、实型、布尔型、枚举型等基本类型。除了基本类型外，属性的类型可以是程序设计语言能够提供的任何一种类型，包括类的类型。在 UML 中，类属性的语法为：

[可见性] 属性名 [: 类型] [=初始值] [{属性字符串}]

（1）可见性。

可见性用于描述类的属性、类的方法对于其他的类或包是否可以访问的特性。类的属性有不同的可见性，常用的有公有（public）、私有（private）和保护（protected）三种类型。类的属性的可见性可以控制外部事物对类中属性的操作方式。属性的三种常用可见性的情况如表 6-4 所示。

表 6-4 属性的可见性

名 称	可见范围	UML 符号	RSA 符号	说 明
公有（public）	类的内部和外部	+		
私有（private）	类的内部	-		不能被其子类使用
保护（protected）	类的内部	#		能被其子类使用

【提示】
- 如果希望父类的所有信息对子类都是公开的，也就是子类可以任意使用父类中的属性和操作，而与其没有继承关系的类不能使用父类中的属性和操作，可以将父类中的属性和操作定义为保护的；
- 如果不希望其他类（包括子类）能够存取该类的属性，则应将该类的属性定义为私有的；
- 如果对其他类（包括子类）没有任何约束，则可以使用公有的属性；
- 如果属性名称旁没有标识任何符号，则表示该属性的可见性尚未定义。

属性的可见性可以不限于上述三种，某些具体的程序设计语言还可以定义其他的可见性类型。但在绘制类图时，必须含有公有类型和私有类型。在类图中，属性的可见性标识在属性名称的左侧，如 g_Name 的属性为 ![private]，即私有；而 t_ID 的属性为 ![protected]，即为保护，如图 6-9 所示。也可以给类的属性指定初始值，指定商品的默认数量为 1（g_Number:Integer=1），如图 6-10 所示。

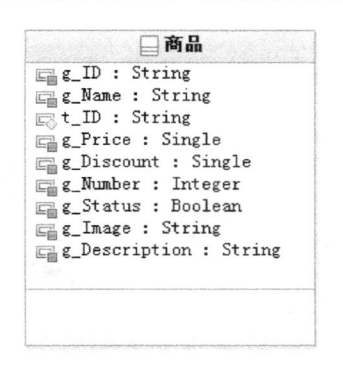

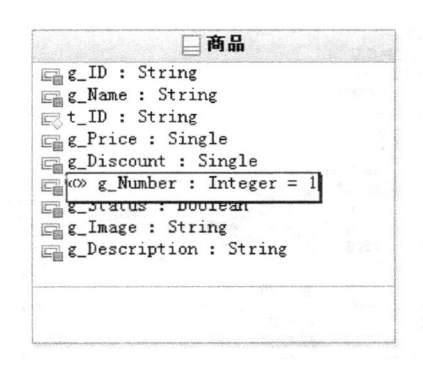

图 6-9　属性的可见性示例　　　　图 6-10　带有属性默认值的类

（2）属性名。

类的属性描述类的特性，一个类可能有多个属性。因此，每个属性必须有一个名字以区别于类中的其他属性，如果多个类中有相同的属性，也最好能够通过不同的名称进行区分，如商品的名称用 g_Name，而购物用户的名称用 c_Name 等。通常情况下，属性名由描述所属类的特性的名词或名词短语组成。按照 UML 的约定，单字属性名小写（如 name）。如果属性名包含了多个单词，这些单词要合并，并且除第一个单词外其余单词的首字母要大写（如 supplierName）。

（3）类型。

属性的类型用来说明该属性是什么数据类型。通常情况下，属性的简单类型包括：整型、布尔型、实型和枚举型。简单类型在不同语言中有不同的定义，如整型在 VB 中定义为 Integer，在 C#和 Java 中定义为 int。

（4）初始值。

初始值是指属性最初获得的赋值。设定初始值有两个作用：一是保护系统的完整性，防止属性未赋值破坏系统的完整性；二是为用户提供易用性，一旦指定了属性的初始值，当创建该类的对象时，该对象的属性值便自动被赋予设定的初始值，简化了用户操作。

（5）属性字符串。

属性字符串用来指定关于属性的其他信息。通常情况下列出该属性所有可能的取值。枚举类型的属性经常使用性质串，性质串中的每个枚举值之间用逗号分隔。

【提示】
- 在描述属性时属性名和类型名是一定要有的，其他部分可根据需要可有可无；
- 属性名和类型名之间用冒号分隔，属性的默认值用初值表示，类型名与初值之间用等号隔开。

【任务 2-2】　绘制 WebShop 电子商城中的商品类图（不含方法）。

【完成步骤】

（1）打开工作空间 WebShop。

（2）新建类图。

在视图区域中用鼠标右键单击"模型"节点，新建一个"分析模型"，然后再用鼠标右键单击"分析模型"，依次选择【添加图】→【类图】命令，如图 6-11 所示，然后输入新的类图的名称。

（3）添加类。

单击类图绘图工具栏上的 类 按钮，在绘图编辑区域中单击鼠标左键，就可以添加一个类，如图 6-12 所示。

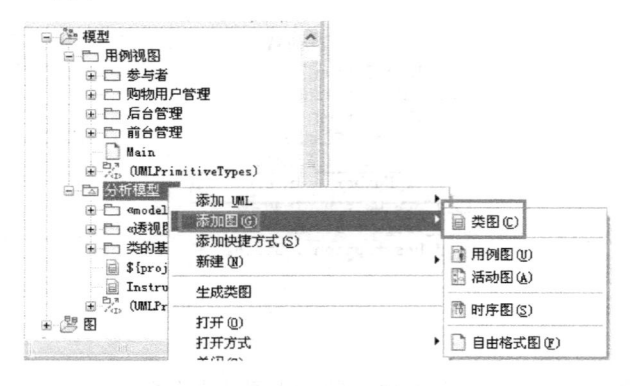

图 6-11　选择新建类图　　　　　图 6-12　添加新类

【提示】
- 直接输入类的名称（如商品）即可替换"NewClass"，也可以双击类图打开类属性设置对话框进行类名称的设置；
- 如果模型中已经存在用例图，在创建类时，会将用例图中的参与者显示供选择创建对应的类。

绘制类图可以使用绘制类图工具栏来完成，绘制类图工具栏上的各按钮的名称和功能如表 6-5 所示。

表 6-5　绘制类图工具栏按钮

按　　钮	按 钮 名 称	功　　能
	Selection Tool	选择工具
	Note	添加注释
	Class	绘制类
	Interface	绘制接口
	Unidirectional Association	添加关联关系
	Association Class	绘制关联类
	Package	绘制包
	Instantiates	实例化
	Generalization	添加泛化关系
	Realize	添加实现关系

（4）编辑类。

在类图编辑区域中用鼠标右键单击指定类（如商品类），选择【属性】菜单，如图 6-13 所示。打开类"属性"对话框，完成类的名称、可见性等设置，如图 6-14 所示。

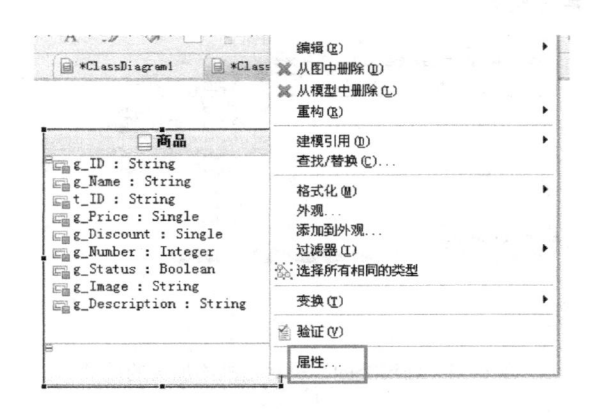

图 6-13 选择类的"属性"菜单

图 6-14 类"属性"对话框

💬【提示】
- 如果要绘制抽象类,在如图 6-14 所示的对话框中,选择【抽象】复选框;
- 抽象类与具体类的区别在于抽象类的类名以斜体显示,如图 6-6 所示;
- 也可以在视图区域用鼠标右键单击指定类(如商品类),选择【属性】菜单,打开类"属性"对话框,进行类的相关属性的设置。

(5) 添加属性。

第一种方法:直接添加新的属性。在绘图区域中用鼠标右键单击要添加属性的类(如商品),选择【添加 UML】→【属性】菜单,如图 6-15 所示。输入新的属性的名称(如 g_Name),完成属性的添加。

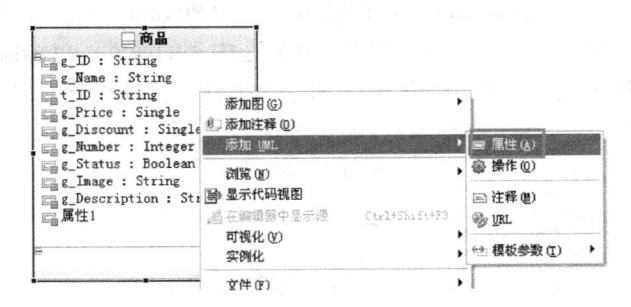

图 6-15 选择添加新属性

第二种方法:通过类"属性"对话框为类添加新的属性。在如图 6-14 所示的对话框中,选择【属性】选项卡,如图 6-16 所示。单击 ▭ ▾ ,选择【属性】,完成类的属性的添加。

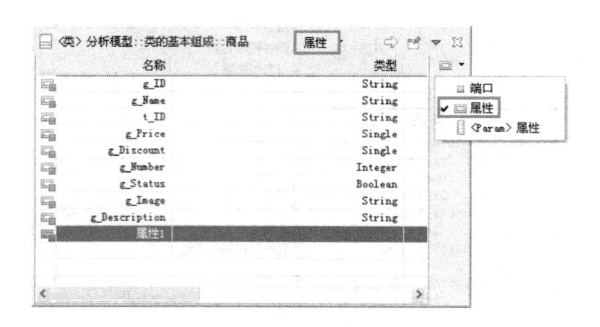

图 6-16　通过类的编辑对话框添加类的属性

🔊【提示】
- 如果要删除指定的属性，可以在图 6-16 所示的对话框中选择要删除的属性，单击鼠标右键，选择【从模型中删除】命令；

（6）设置属性的数据类型。

在添加类的属性的时候，默认情况下不会要求输入属性的数据类型，如果要设置类的属性的数据类型，在如图 6-15 所示的对话框中，在指定的属性上单击鼠标右键，选择【属性】（如 g_Name），打开类属性设置对话框，在【选择类型】对话框中搜索并选择相应的数据类型（如 String）即可，如图 6-17 所示。

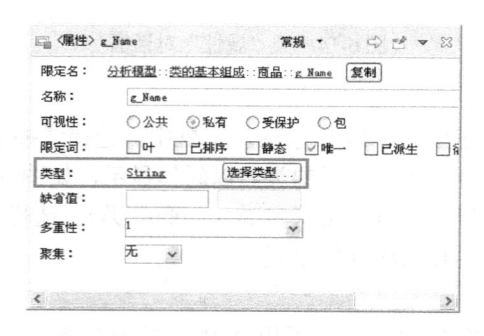

图 6-17　类属性设置对话框

（7）设置属性的可见性。

在添加类的属性的时候，默认情况下属性的可见性为 Private（私有），在 RSA 中的图标形状为🔒，要指定类的属性的可见性具体操作如下：首先选中类的属性，单击鼠标右键，选择【可视性】，勾选要修改的属性可见性类别，如图 6-18 所示的属性可见性设置窗口，完成可见性的设置。

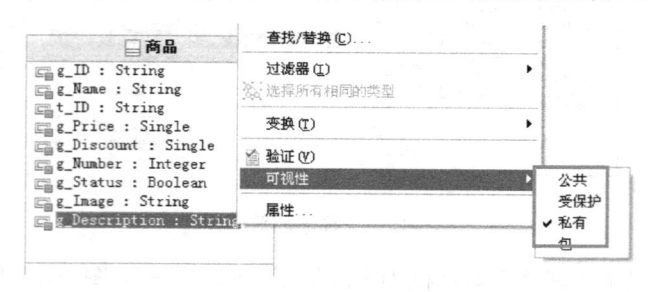

图 6-18　设置类的属性的可见性

包含主要属性的商品类如图 6-19 所示。

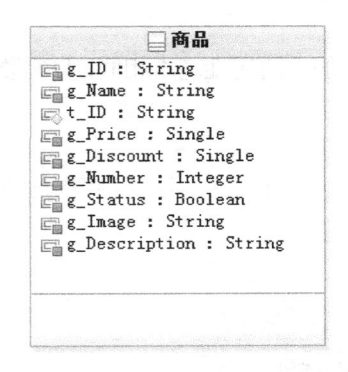

```
┌─────────────────────────┐
│         商品            │
├─────────────────────────┤
│ g_ID : String           │
│ g_Name : String         │
│ t_ID : String           │
│ g_Price : Single        │
│ g_Discount : Single     │
│ g_Number : Integer      │
│ g_Status : Boolean      │
│ g_Image : String        │
│ g_Description : String  │
├─────────────────────────┤
│                         │
└─────────────────────────┘
```

图 6-19　包含主要属性的商品类

6.3.3　绘制带操作的实体类

属性仅仅表示了需要处理的数据，对数据的具体处理方法的描述则放在操作部分。存取或改变属性值或执行某个动作都是操作，操作说明了该类能做些什么工作。操作通常又称为方法，它是类的一个组成部分，只能作用于该类的对象上。由此可以看出，类将数据和对数据进行处理的函数封装起来，形成一个完整的整体，这种机制非常符合现实世界问题本身的特性。

在类图中，操作部分位于长方形的底部，一个类可以有多种操作，每种操作由操作名、参数表、返回值类型等几部分构成，标准语法格式为：

[可见性] 操作名 [（参数表）] [：返回值类型] [{属性字符串}]

其中可见性和操作名是不可缺少的。操作名、参数表和返回值类型合在一起称为操作的标记，操作标记描述了使用该操作的方式，操作标记必须是唯一的。注意，操作只能应用于该类的对象。

（1）可见性。

类中方法的可见性同类的属性的可见性，参见表 6-4。

（2）方法名。

方法名是用来描述所属类的行为的动词或动词短语。在 UML 中，方法名和属性名类似，单字方法名小写；如果方法名包含了多个单词，除第一个单词外其他单词首字母大写。

（3）参数表。

参数表是一些按顺序排列的属性，这些属性定义了方法的输入。参数表是可选的，即方法不一定必须有参数。参数的定义方式采用"名称：类型"的定义方式。如果存在多个参数，则将各个参数用逗号隔开，参数可以有默认值。

（4）返回类型。

返回类型是可选的，即方法不一定必须有返回类型。绝大部分编程语言只支持一个返回值，即返回类型至多一个。虽然有些方法可以没有返回类型，但在具体的编程语言中通过无返回值的方法要用关键字 void 表示。

（5）属性字符串。

如果希望在方法的定义中加入一些预定义元素之外的信息，可以通过使用属性字符串来实现。

【任务 2-3】　绘制 WebShop 电子商城中的实体类图（含属性和方法）。

【完成步骤】

（1）添加方法。

在类图中添加方法的步骤与添加类的属性基本相同，只需要在图6-15所示的图形中选择【操作】菜单即可完成类的方法的添加。

（2）设置方法的属性。

如果要进行方法的属性的设置，打开方法的属性设置对话框，如图6-20和图6-21所示，完成方法的名称、返回值等设置。

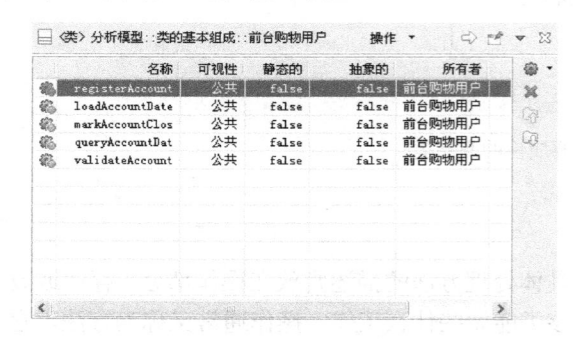

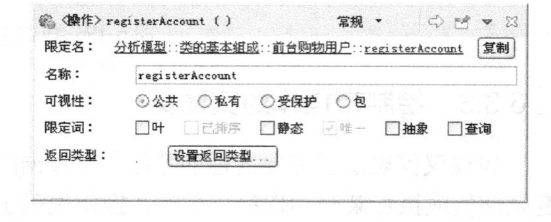

图6-20　类的方法设置

图6-21　设置方法的返回值

（3）设置抽象方法。

如果要在抽象类中设置抽象方法，如图6-22所示，在限定词选项中勾选【抽象】复选框。

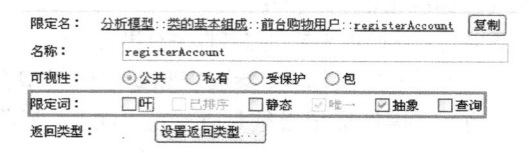

图6-22　设置抽象类

（4）完成WebShop电子商城实体类图的绘制。

最终绘制的WebShop电子商城实体类图（包含属性和方法）如图6-23所示。

图6-23　WebShop电子商城实体类图

课堂实践 1

1. 操作要求

（1）讨论类图在软件系统建模中的重要作用。
（2）确定图书管理系统中的主要实体类、边界类和控制类。
（3）绘制图书管理系统的类图（不含属性和方法）。
（4）在步骤（3）绘制的类图基础上添加类的属性和方法。

2. 操作提示

（1）通过学习小组讨论和上网查询资料形式完成。
（2）注意类的属性和方法的可见性的设置。

6.3.4 绘制边界类图

【任务 2-4】 绘制 WebShop 电子商城中的边界类图。

【完成步骤】

可以参照绘制实体类的方法绘制系统的边界类，其完成步骤如下。

（1）用鼠标右键单击视图区域中的"分析模型"节点，选择添加包，命名为"边界类图"。

（2）在类图中添加名为"登录页面"的类，用鼠标右键单击该类，在弹出菜单中选择【属性】菜单，在打开的类的属性设置对话框中选择【构造型】标签，单击打开【应用构造型】对话框，勾选【边界】项，即可将"登录页面"类设置为边界类，如图 6-24 所示。

图 6-24 设置"登录页面"边界类

（3）依次添加 WebShop 电子商城中的"注册页面"、"个人资料页面"、"当前订单"、"历史订单"、"关闭账号页面"、"删除用户页面"等边界类，得到的 WebShop 电子商城的边界类图（部分）如图 6-25 所示。

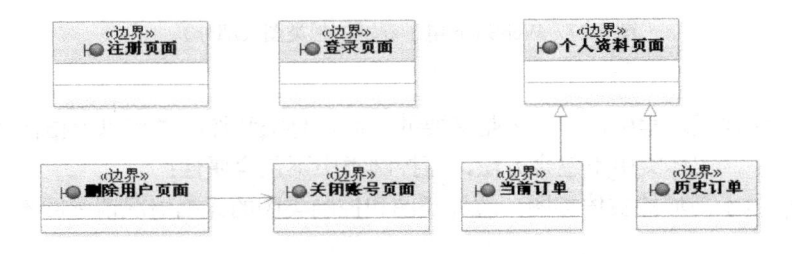

图 6-25 WebShop 电子商城边界类图（部分）

6.3.5 绘制控制类图

【任务 2-5】绘制 WebShop 电子商城中的控制类图。

【完成步骤】

可以参照绘制边界类的方法绘制系统的控制类，其完成步骤如下。

（1）用鼠标右键单击视图区域中的"分析模型"节点，选择添加包，命名为"控制类图"。

（2）在类图中添加名为"处理登录"的类，用鼠标右键单击该类，在弹出菜单中选择【属性】菜单，在打开的类的属性设置对话框中选择【构造型】标签，单击打开【应用构造型】对话框，勾选【控制】项，即可将"处理登录"类设置为控制类，如图 6-26 所示。

图 6-26　设置"处理登录"控制类

（3）依次添加 WebShop 电子商城中的"处理注册"、"查询个人资料"、"查询当前订单"、"查询历史订单"和"处理账号关闭"等边界类，得到的 WebShop 电子商城的控制类图（部分）如图 6-27 所示。

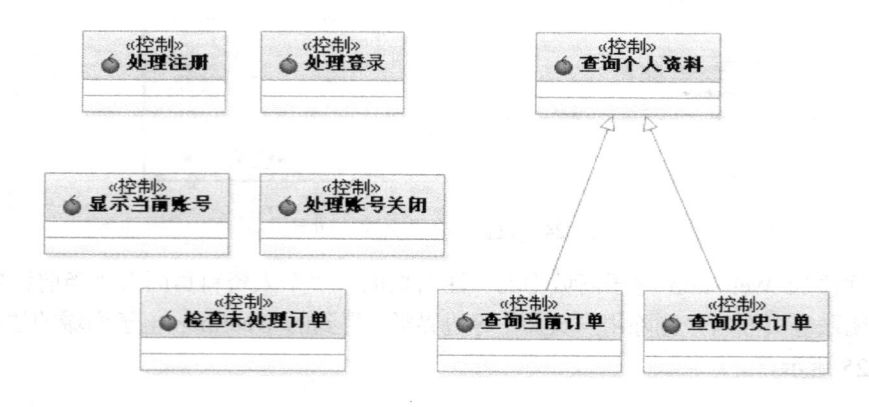

图 6-27　WebShop 电子商城控制类图（部分）

【提示】
- 在软件系统建模过程中，实体类是必要的，而边界类和控制类可以根据需要进行绘制；
- 一般情况下，实体类中不包含方法，而控制类中不包含属性；
- WebShop 电子商城的实体类图、边界类图和控制类图的详细情况请参阅本书所附资源。

6.3.6 UML 中的类与语言中的类

UML 中的类可以使用面向对象语言的类结构描述来实现，下面以 Java 语言为例，描述图 6-23 中前台购物用户（Customers）类。

```java
public class Customers
{
private string c_ID;
private string c_Name;
private string c_Gender;
public Date c_Birth= new Date（）;
private string c_Address;
private string c_CardID;
private string c_PostCode;
private string c_Mobile;
private double c_EMail;
private double c_PassWord;
public Customers（） //构造函数
        {//部分初始化工作可在此进行
          c_EMail ="webshop@163.com";
            System.out.println（"这是 Customers 类的构造函数"）;
        }
public void registerAccount() {}
public void loadAccountDetails() {}
public void markAccountClosed()（） {}
public void queryAccountDetails() {}
public void querybyauthor（） {}
public void validateAccount() {}
}
```

课堂实践 2

1. 操作要求

（1）确定并绘制图书管理系统中的边界类图。
（2）确定并绘制图书管理系统中的控制类图。

2. 操作提示

（1）通过学习小组讨论和上网查询资料形式完成。
（2）注意控制类和边界类的特点和绘制方法。
（3）体会实体类、边界类和控制类三者之间的关系。

6.4 类之间的关系

任务3 确定 WebShop 电子商城系统中的类之间的关系,并在类图中表现这些关系。

软件系统中的类不是孤立存在的,类和类之间存在着一定的联系。UML 中的类图由类和它们之间的关系组成。类与类之间的关系通常包括关联(聚合和组合)、泛化(继承)、实现和依赖四种关系。本节详细介绍这四种关系的含义和图示方法。

6.4.1 关联关系

关联关系是一种结构关系,它指明一个对象与另一个对象之间的联系。关联的任何一个连接点都叫做关联端,与类有关的许多信息都附在它的端点上。关联关系一般都是双向的,即关联的对象双方彼此都能与对方通信。反过来说,如果某两个类的对象之间存在可以互相通信的关系,或者说对象双方能够感知另一方,那么这两个类之间就存在关联关系。描述这种关系常用的语句是:"彼此知道"、"互相连接"等。对于构建复杂系统的模型来说,能够从需求分析中抽象出类和类与类之间的关系是很重要的。

根据不同的含义,关联可分为普通关联、递归关联、限定关联、或关联、有序关联、三元关联和聚合七种。在这里只简单介绍普通关联和聚合两种关联,其他关联的类型请读者参阅相关资料进行了解。普通关联的形式如图 6-28 所示。

图 6-28 所示是读者使用借书证的关系,即读者使用借书证。Reader 可以有 1 个 Card 对象。同时,每个 Card 对象只从属于单独一个 Reader。

UML 图形	Java 代码

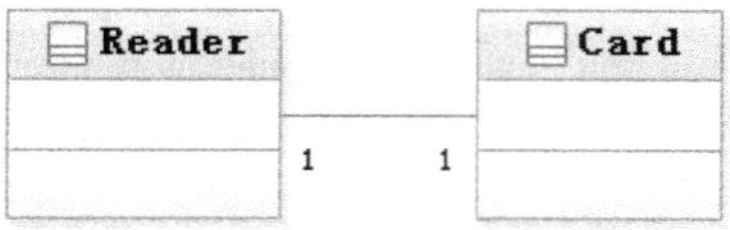 Reader 1 —— 1 Card	public class Reader
	{
	    private Card card;
	    public void getCard()
	    {
	        ……
	    }
	}

图 6-28 普通关联示例

关联可以使用名称、角色、多重性和导航性等来进行修饰。

(1)名称。

由于关联是双向的,可以在关联的一个方向上为关联起一个名字,而在另一个方向上起另一个名字(也可不起名字),名字通常紧挨着直线书写。为了避免混淆,在名字的前面或后面带一个表示关联方向的黑三角,黑三角的尖角指明这个关联只能用在尖角所指的类上。通过直观的图示就可以很清楚地表达这种关联,图 6-28 的意思就是"某位读者拥有一张借书证"。就像给类起的名字应能代表问题域本身的含义一样,给关联起的名字最好使用能够反映类之间关系的动词。

关联的名称不是必需的,只有在需要明确给关联提供角色名,或一个模型中存在很多关联需要查阅、区别这些关系时,才需要给出关联名称。

（2）角色。

角色是关联关系中一个类对另一个类所表现出来的职责。当类出现在关联的一端时，该类就在关联关系中扮演一个特定的角色。角色的名称是名词或名词短语，用来解释对象是如何参与关联的。任何关联关系中都涉及与此关联有关的角色，也就是与此关联相连的类中的对象所扮演的角色。关联中的角色通常用字符串命名。在类图中，把角色的名字放置在与此角色有关的关联关系（直线）的末端，并且紧挨着使用该角色的类。角色名是关联的一个组成部分，建模者可根据需要选用。

（3）多重性。

约束是 UML 三大扩展机制之一，多重性就是一种约束。关联的多重性是用来在类图中图示关联中的数量关系。例如，一个人可以拥有零辆车或多辆车。表示数量关系时，用重数说明数量或数量范围，也就是说，有多少个对象能被连接起来。

在 UML 中，多重性被表示为用 ".." 分隔开的区间，其格式为 "minimum..maximum"，其中 minimum 和 maximum 都是整数。在关联关系中，一个端点的多重性表示该端点可以有多少个对象与另一个端点的一个对象关系。常见的多重性表示方法如表 6-6 所示。

表 6-6　常见的多重性表示方法

表示方式	多重性说明
1..1	表示另一个类的一个对象只与该类的一个对象有关系
0..*	表示另一个类的一个对象与该类的零个或多个对象有关系
1..*	表示另一个类的一个对象与该类的一个或多个对象有关系
0..1	表示另一个类的一个对象没有或只与该类的一个对象有关系
m..n	表示另一个类的一个对象与该类最少 m，最多 n 个对象有关系 (m≤n)

如果在类图中没有明确标识关联的重数，默认为 1。类图中，重数标识在表示关联关系的某一方向上直线的末端。图 6-29（a）中关联的含义是：人可以拥有零到多辆车，车可以被 1 至多个人拥有。而图 6-29（b）则只说明人可以拥有零至多辆车。

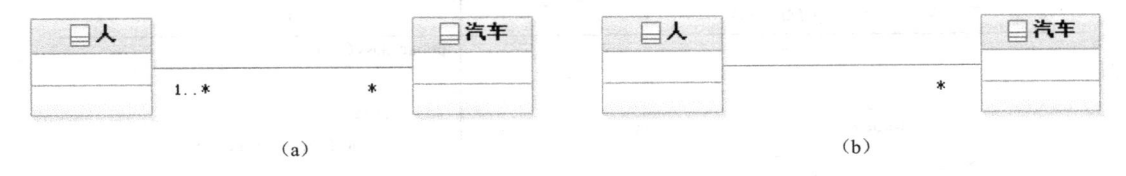

图 6-29　关联的重数示例

（4）导航性。

导航性描述的是一个对象通过导航访问另一个对象，即对一个关联端点设置导航性意味着本端的对象可以被另一端的对象访问。可以通过在关联关系上加箭头表示导航方向。只在一个方向上可以导航的关系称为单向关联，用一条带箭头的实线来表示。在两个方向上都可以导航的关系称为双向关联，用一条没有箭头的实线来表示。

【任务 3-1】　在 Rational Software Architect 8.5 中绘制"关联关系"。

【完成步骤】

（1）在类图绘制工具栏上选择 ╱ 图标，在源类上单击鼠标左键，拖放鼠标到目标类上，添加从源类到目标类的关系。

（2）用鼠标右键单击这个关系，打开【属性】对话框，选择【多重性】列表框，设置多重性，如图 6-30 所示。

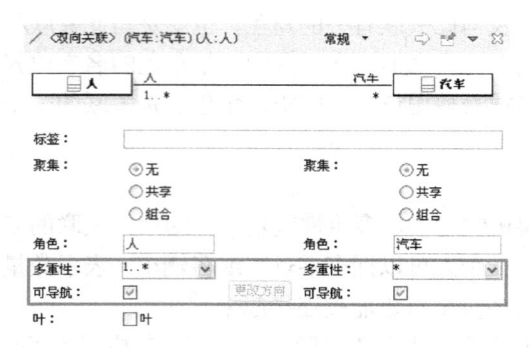

图 6-30　关联的重数示例

（3）选择【可导航】复选框，设置关联关系的导航性（设置是否显示箭头）。

6.4.2　聚合关系

聚合是关联的特例。如果类与类之间的关系具有"整体与部分"的特点，则把这样的关联称为聚合。聚合关系描述了"has a"的关系。例如，汽车由四个轮子、发动机、底盘等构成，则汽车类与轮子类、发动机类、底盘类之间的关系就具有"整体与部分"的特点，因此，这是一个聚合关系。识别聚合关系的常用方法是寻找"由……构成"、"包含"、"是……的一部分"等语句，这些语句很好地反映了相关类之间的"整体——部分"关系。

在 UML 中聚合的图示方式为，在表示关联关系的直线末端加一个空心的小菱形，空心菱形紧挨着具有整体性质的类，如图 6-31 所示。聚合关系中也可以出现重数、角色（仅用于表示部分的类）和限定词，也可以给聚合关系命名，如图 6-31 所示的聚合关系表示商品由不同种类的商品组成的。

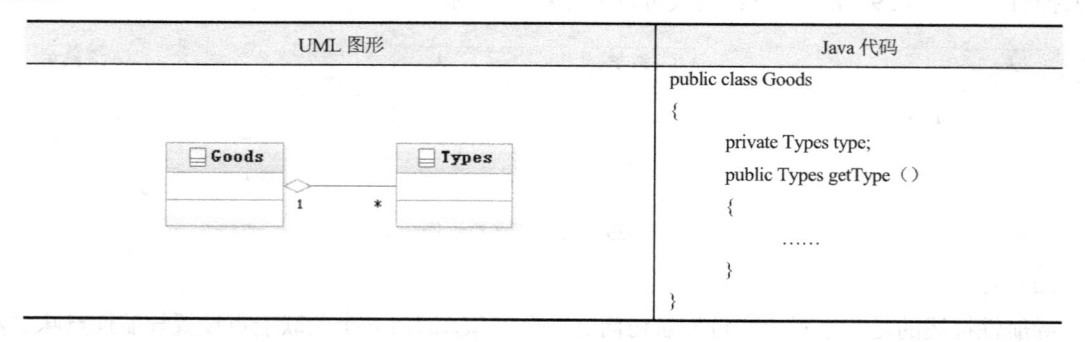

UML 图形	Java 代码

	public class Goods
	{
	　　private Types type;
	　　public Types getType（）
	　　{
	　　　　……
	　　}
	}

图 6-31　聚合的示例

除了上述的一般聚合外，聚合还有共享聚合和复合聚合两种特殊的聚合方式。这里的复合聚合也称为组合关系，在 6.4.3 节进行介绍。

如果聚合关系中的处于部分方的对象同时参与了多个处于整体方对象的构成，则该聚合称为共享聚合。比如，一个球队（整体方）由多个球员（部分方）组成，但是一个球员还可能加入了其他球队，即一个球员参加多个球队，球队和球员之间的这种关系就是共享聚合。共享聚合关系可以通过聚合的重数反映出来，而不必引入另外的图示符号。如果作为整体方的类的重数不是 1，那么该聚合就是共享聚合，如图 6-32 所示，图中从球员到球队的关联的重数为多个。共享聚合是一个网状结构的关联关系。

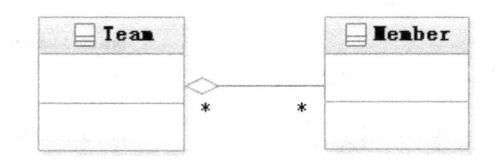

图 6-32　共享聚合示例

【任务 3-2】　在 Rational Software Architect 8.5 中绘制"聚合关系"。
【完成步骤】
（1）用鼠标右键单击类间的关系，打开【属性】对话框，选择【聚集】选项，如图 6-33 所示。

图 6-33　共享聚合示例

（2）选择【共享】复选框，即可绘制共享聚合关系（空心菱形）。

【提示】
- 聚合（聚集）表示的是整体与部分的关系；
- 聚合（聚集）也是一种关联，只不过用得很多，因此将其单独列出；
- 如果作为整体方的类的重数不是 1，那么该聚合就是共享聚合；
- 为了方便地绘制聚合方式，可以通过自定义类图工具栏的方式实现，请参阅第 4 章"自定义工具栏"部分内容。

6.4.3　组合关系

组合关系是聚合关系中的复合聚合。组合（也称为组装）是由聚合（也称为聚集）演变而来。如果构成整体类的部分类完全隶属于整体类，则这样的聚合称为复合聚合或组合。换句话说，如果没有整体类则部分类也没有存在的价值，部分类的存在是因为有整体类的存在而存在的。其含义为：一个部分对象仅属于一个整体，并且部分对象通常与整体对象共存亡。

在组合关系中，整体方的重数必须是零或 1（0..1），部分方的重数可取任意范围值。组合关系是一个树状结构的关联关系。组合关系图示为一个带实心菱形的直线，实心菱形紧挨着表示整体方的类，如图 6-34 所示。

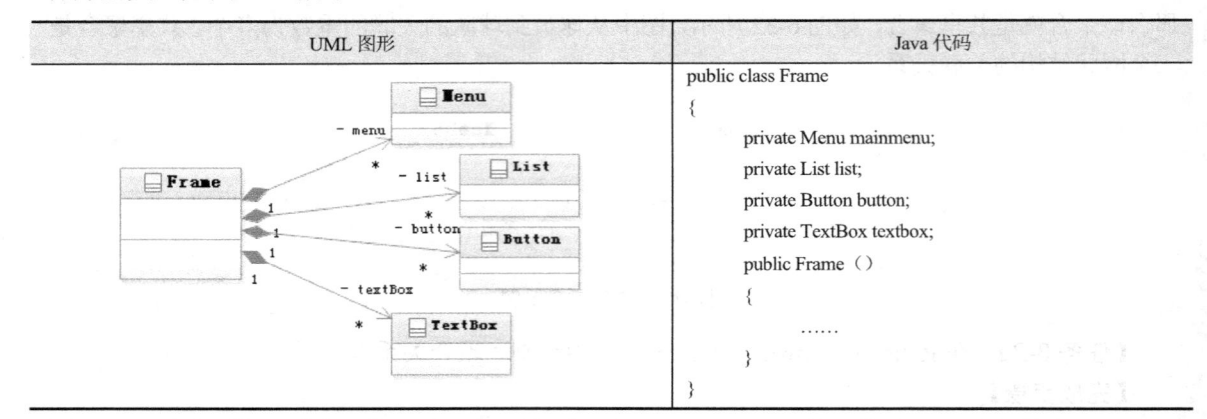

UML 图形	Java 代码
|  | ```
public class Frame
{
    private Menu mainmenu;
    private List list;
    private Button button;
    private TextBox textbox;
    public Frame（）
    {
        ……
    }
}
``` |

图 6-34　组合图示

【任务 3-3】　在 Rational Software Architect 8.5 中绘制"组合关系"。
【完成步骤】
Rational Software Architect 8.5 中可以通过类图工具栏上的 ⬧ 按钮，绘制类之间的组合关系。

【提示】
- 组合（组成）是由聚集演变而来；
- 图 6-34 可以进一步被简化，即将几个实心菱形合并为一个，用直线分支地连接到各个部分类，构成一个树状结构；
- 对于具有多个部分类的复合聚合，还可以将部分类画在整体类的内部。

6.4.4　泛化关系

泛化表示一个泛化的元素和一个具体的元素之间的关系。泛化是用于对继承进行建模的 UML 元素。在 Java 中，用"extends"关键字来直接表示这种关系；在 C#中，用"："表示继承关系。

一个类（通用元素）的所有信息（属性或操作）能被另一个类（具体元素）继承，继承某个类的类中不仅可以有属于自己的信息，而且还拥有了被继承类中的信息，这种机制就是泛化。泛化关系是一种存在于一般元素和特殊元素的分类关系，描述的是"is a kind of"关系。

泛化又称继承，UML 中的泛化是通用元素和具体元素之间的一种分类关系。具体元素完全拥有通用元素的信息，并且还可附加一些其他信息。例如，小汽车是交通工具，如果定义了一个交通工具类表示关于交通工具的抽象信息（发动、行驶等），那么这些信息（通用元素）可以包含在小汽车类（具体元素）中。引入泛化的好处在于把一般的公共信息放在通用元素中，处理某个具体特殊情况时只需定义该情况的个别信息，公共信息从通用元素中继承得来，增强了系统的灵活性、易维护性和可扩充性。程序员只要定义新扩充或更改的信息就可以了，旧的信息完全不必修改，大大缩短了维护系统的时间。

泛化可用于类、用例等各种模型元素。父类与子类的泛化关系图示为一个带空心三角形的直线，空心三角形紧挨着父类，如图 6-35 所示。图中 Admin 是父类，其余两个类是从其派生出的子类。也可以像聚合关系的图示一样，把图 6-35 中的指向父类的三角形合成一个，其他的子类用带有分支的直线相连。Rational Software Architect 8.5 中可以通过类图工具栏上的 ⬧ 按钮，绘制类
```

之间的泛化关系。

UML 图形	Java 代码

（Admin 类，派生出 NormalAdmin 和 SysAdmin）	public class Admin
	{
	}
	public class SysAdmin extends Admin
	{
	    private string name;
	    private string pass;
	    public SysAdmin（）
	    {
	        ……
	    }
	}

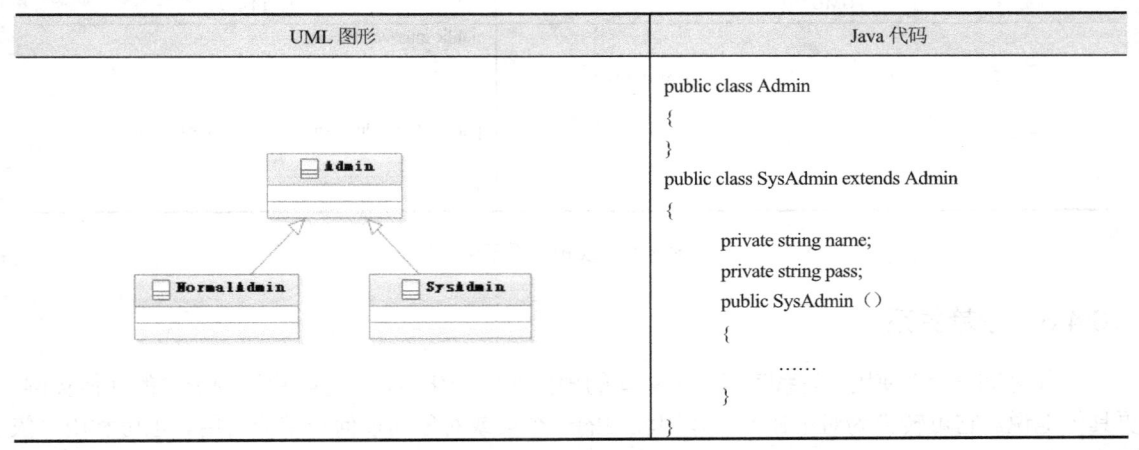

图 6-35 泛化关系示例

类的继承关系可以是多层的。也就是说，一个子类本身还可以作另一个类的父类，层层继承下去。在泛化关系中如果附加一个约束条件（多重、不相交、完全和不完全），则会对继承进行限制。根据这些约束条件的不同，继承的类型可以分为多重继承、不相交继承、完全继承和不完全继承。

【提示】
- 父类中的属性和操作又称做成员，不同可见性的成员在子类中用法不同；
- 父类中公有的成员在被继承的子类中仍然是公有的，而且可以在子类中随意使用；
- 父类中的私有成员在子类中也是私有的，但是子类的对象不能存取父类中的私有成员；
- 一个类中的私有成员都不允许外界元素对其做任何操作，这就达到了保护数据的目的；
- 如果既需要保护父类的成员（相当于私有的），又需要让其子类也能存取父类的成员，那么父类的成员的可见性应设为保护的，拥有保护可见性的成员只能被具有继承关系的类存取和操作；
- 泛化针对类型，而不针对实例，即只能是一个类继承另一个类，而不是一个对象继承另一个对象。

6.4.5 实现关系

实现关系指定两个实体之间的一个合同。换言之，一个实体定义一个合同，而另一个实体保证履行该合同。在 Java 语言中，实现关系可直接用 implements 关键字来表示。

实现是规格说明和其实现之间的关系，它将一种模型元素与另一种模型元素连接起来。实现关系通常在两种情况下被使用：在接口与实现该接口的类之间；在用例以及实现该用例的协作之间。在 UML 中，实现关系的符号与泛化关系的符号类似，用一条带指向接口的空心三角箭头的虚线表示，如图 6-36 所示。

【提示】
- 泛化关系和实现关系都可以将一般描述与具体描述联系起来；
- 泛化关系将同一语义层上的元素连接起来，并且通常在同一模型内；
- 实现关系将不同语义层内的元素连接起来，通常建立在不同的模型内。

UML 图形	Java 代码

 Person ◁---- Administrator	public interface Person
	{
	}
	public class Administrator implements Person
	{
	}

图 6-36　实现关系示例

6.4.6　依赖关系

实体之间一个"使用"关系暗示一个实体的规范发生变化后，可能影响依赖于它的其他实例。更具体地说，它可转换为对不在实例作用域内的一个类或对象的任何类型的引用。也可利用"依赖"来表示包和包之间的关系。由于包中含有类，所以可以根据那些包中的各个类之间的关系，表示出包和包的关系。类与类之间的依赖关系如图 6-37 所示。

UML 图形	Java 代码

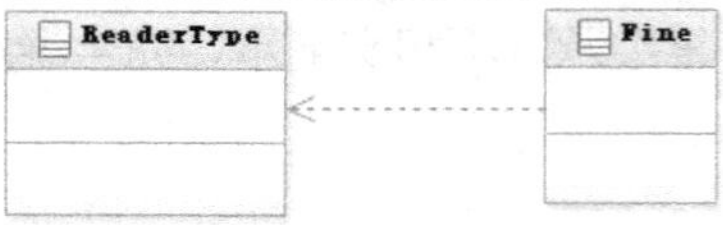 ReaderType ◁---- Fine	public class ReaderType
	{
	　public void calculateFine（ReaderType rt）{}
	}

图 6-37　依赖关系示例

依赖关系描述的是两个或多个模型元素（类、用例等）之间的语义上的连接关系。其中，一个模型元素是独立的，另一个模型元素是非独立的（依赖的），它依赖于独立的模型元素，如果独立的模型元素发生改变，将会影响依赖该模型元素的模型元素。

根据这个定义，关联、实现和泛化都是依赖关系，但是由于它们有特别的语义，所以在 UML 中被分离出来作为独立的关系。

例如，某个类中使用另一个类的对象作为操作中的参数，则这两个类之间就具有依赖关系。类似的依赖关系还有一个类存取另一个类中的全局对象，以及一个类调用另一个类中的类作用域操作。图示具有依赖关系的两个模型元素时，用带箭头的虚线连接，箭头指向独立的类。

【任务 3-4】　确定并绘制 WebShop 电子商城中的类之间的关系。

（1）确定类之间的关系。

对 WebShop 电子商城中的类之间的关系进行分析，最终得到这些类之间的关系，如表 6-7 所示。

表 6-7　WebShop 电子商城类之间的关系

编　号	类　　A	类　　B	关　　系
1	管理员	普通管理员	泛化
2	管理员	系统管理员	泛化
3	商品	商品类别	组合
4	管理员	商品类别	普通关联
5	管理员	购物用户	普通关联
6	管理员	商品	普通关联

续表

编 号	类 A	类 B	关 系
7	商品	订单	普通关联
8	订单	订单详情	普通关联
9	前台购物用户	商品	普通关联
10	订单	支付方式	普通关联

（2）绘制 WebShop 电子商城中的类图并表示类之间的关系。

按照 Rational Software Architect 8.5 中类和类之间关系的绘制方法，最终得到的 WebShop 电子商城中实体类图（含关系）如图 6-38 所示。

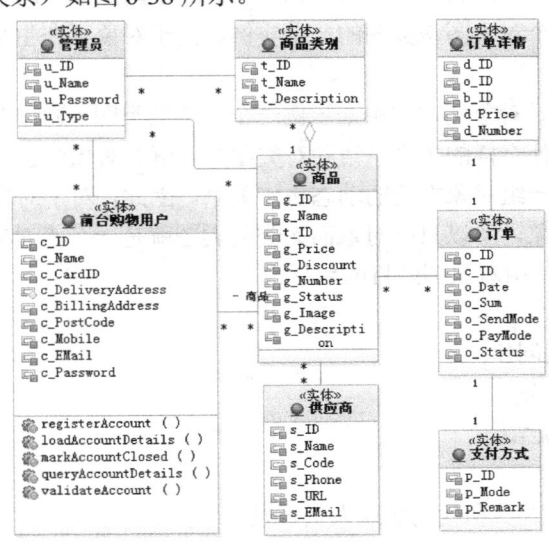

图 6-38 WebShop 电子商城完整类图（含关系）

课堂实践 3

1．操作要求

（1）分析并确定图书管理系统中的类之间的关系。
（2）在【课堂实践 2】绘制的图书管理系统的类图基础上添加类之间的关系。

2．操作提示

（1）通过学习小组讨论和上网查询资料形式完成。
（2）根据类间关系的定义，确定类之间的关系。

6.5 对象图

任务 4 确定并绘制 WebShop 电子商城系统中的对象图。

6.5.1 对象图概述

类图表示类和类与类之间的关系，对象图则表示在某一时刻这些类的具体实例和这些实例之间的具体连接关系。由于对象是类的实例，所以，UML 对象图中的概念与类图中的概念完全一致，对象图可以看做类图的示例，用来帮助人们理解一个比较复杂的类图。对象图也可用于显示类图中的对象在某一点（某一时刻、某一地点）的连接关系。

对象图显示了类所对应的一组对象和它们之间的关系，对象图和类图一样反映系统的静态过程，但它是从实际的或原型化的情景来表达的。由于对象图是显示某一特定时刻对象和对象之间的关系，对象图几乎使用与类图完全相同的标识。它们的不同点在于对象图显示类的多个对象实例，而不是实际的类，一个对象图是类图的一个实例。由于对象存在生命周期，因此对象图只能在系统某一时间段内存在。

对象图没有类图重要，对象图通常用来示例一个复杂的类图，通过对象图反映真正的实例是什么，它们之间可能具有什么样的关系，帮助对类图的理解。对象图也可以用在协作图中作为其一个组成部分，用来反映一组对象之间的动态协作关系。因此，对于对象图来说没有提供单独的形式。类图中就包含了对象，所以只有对象而无类的类图就是一个"对象图"。

在 UML 建模过程中使用对象图的目的包括：
- 捕获实例和连接；
- 在分析和设计阶段创建；
- 捕获交互的静态部分；
- 举例说明数据/对象结构；
- 详细描述瞬态图；
- 由分析人员、设计人员和代码实现人员开发。

6.5.2 对象图组成

对象的图示方式与类的图示方式几乎是一样的，主要差别在于对象的名字下面要加下画线。

对象名有下列三种表示格式。

（1）第一种格式形如： 对象名：类名
即对象名在前，类名在后，中间用冒号连接。
（2）第二种格式形如： ：类名
这种格式用于尚未给对象命名的情况，注意，类名前的冒号不能省略。
（3）第三种格式形如： 对象名
这种格式不带类名（省略类名）。

图 6-39 和图 6-40 分别为一个类图及其对应的对象图，读者可以比较一下两者之间有何异同。

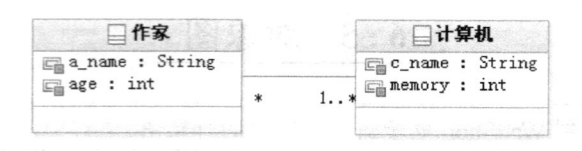

图 6-39　作家与计算机类图

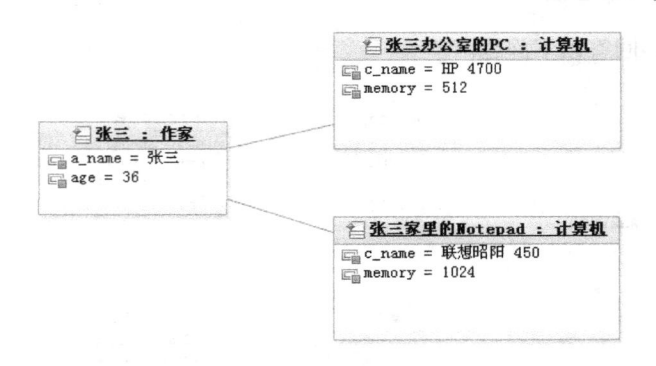

图 6-40　作家与计算机对象图

6.5.3　类图 VS 对象图

类图和对象图既有区别又有联系，二者的比较如表 6-8 所示。

表 6-8　类图和对象图的比较

编号	比较项	类图	对象图
1	描述项	名称、属性和方法	名称和属性
2	名称表示	类名	命名对象用"对象名：类名"形式，匿名对象用"：类名"形式
3	属性表示	定义了所有属性的特征	只定义了属性的当前值
4	方法表示	列出了方法	不包含方法（对于同一个类的对象的方法是相同的）
5	关系表示	使用关联连接（名称、角色、约束和多重性）	使用链连接（名称、角色），没有多重性（对象代表的是单独的实例，所有的链都是一对一的）

【提示】
对象图主要用来加深对类图的理解，在实际系统建模过程中并不常用，但在 UML2.0 中仍然保留。

习　　题

一、填空题

1. 图 6-41 中类的名字是_____，类中的成员属性是_____，类中的操作（方法）是_____。

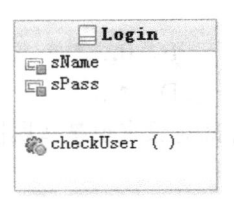

图 6-41　习题用图（1）

2. 阅读图 6-42，回答以下问题。

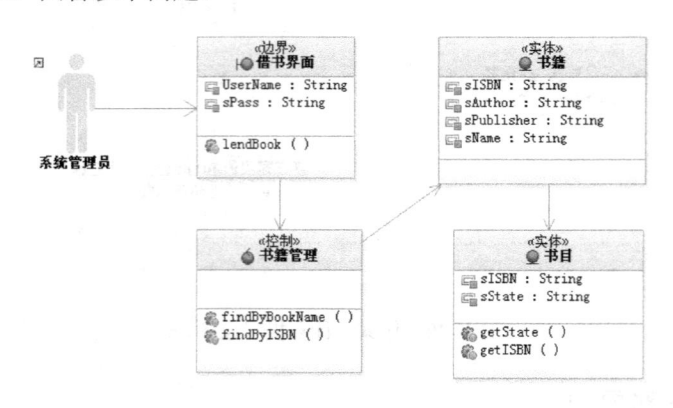

图 6-42 习题用图（2）

（1）图中的实体类为_____。
（2）图中的控制类为_____。
（3）图中的边界类为_____。
（4）"借书界面"类中的成员属性有_____。
3. 没有具体对象，并且带有抽象方法的类称为_____。
4. 如果一个类的属性不能被其子类使用，则该属性的可见性为_____。
5. 在 UML 的静态建模中，可以借助于_____表示在某一时刻这些类的具体实例和这些实例之间的连接关系。

二、选择题

1. 在类的属性设置对话框中，可以通过_____设置类的属性的可见性。
    A．Type   B．Stereotype
    C．Initial   D．Export Control
2. 在类的属性设置对话框中，可以_____构造型（Stereotype）设置类为边界类。
    A．abstract   B．boundary
    C．control   D．subclass
3. UML 中类的有三种，下面_____不是其中之一。
    A．实体类   B．边界类
    C．控制类   D．主类
4. 在 UML 中，类之间的关系有一种为关联关系，其中多重性用来描述类之间的对应关系，下面_____不是其中之一。
    A．0....1   B．0....*
    C．1....*   D．*....*
5. 通常对象有很多属性，但对于外部对象来说某些属性应该不能被直接访问，下面_____不是 UML 中的类成员访问限定性。
    A．公有的（public）   B．受保护的（protected）
    C．友员（friendly）   D．私有的（private）

6. 如果一个类与另一个类之间的关系具有"整体与部分"的特点，描述的是"has a"的关系，那么这两个类之间的关系属于_____关系。
   A. 聚合   B. 组合
   C. 泛化   D. 实现
7. "交通工具"类与"汽车"类之间的关系属于_____关系。
   A. 聚合   B. 组合
   C. 泛化   D. 实现
8. 下列不属于一般意义上的关系的是：_____。
   A. 聚合   B. 组合
   C. 关联   D. 实现

三、简答题

1. 简述静态视图中的类和用例视图中的参与者的区别和联系。
2. 试比较边界类与实体类的异同。
3. 举例说明什么是类的依赖关系，它与关联关系有什么区别？
4. 举例说明什么是类的泛化关系。
5. 举例说明类的聚合关系和组合关系的异同。

课外拓展

1. 操作要求

（1）阅读需求文档和用例模型，确定图书管理系统中的实体类、边界类和控制类。
（2）分析并确定图书管理系统中类之间的关系。
（3）绘制图书管理系统中的类图（含边界类和控制类）。

2. 操作提示

（1）学会从需求文档和用例模型中确定类。
（2）明确实体类、边界类和控制类三者之间的关系。
（3）为类添加合适的属性和操作。

第 7 章 数据库建模

学习目标

本章将向读者简要介绍应用 PowerDesigner 进行数据库建模的基本内容。PowerDesigner 数据库建模主要包括：PowerDesigner 简介、PowerDesigner 安装与启动、PowerDesigner 概念数据模型、PowerDesigner 物理数据模型等。本章的学习要点包括：

- PowerDesigner 主要特点；
- PowerDesigner 安装与启动；
- 应用 PowerDesigner 创建概念数据模型；
- 应用 PowerDesigner 创建物理数据模型。

学习导航

使用 Rational Softwere Architect 8.5 对软件系统进行静态建模后，会得到系统中的实体类图，虽然从 UML 中的类图可以通过一定的转换方式将其中的实体类及其关系转换成数据库中的实体及其联系，但这种转换相对来说比较复杂。而 PowerDesigner 拥有强大的数据库建模功能，因此在实际的软件建模过程中，可以借助于 PowerDesigner 实现数据库建模以提高数据库设计的效率。本章学习导航如图 7-1 所示。

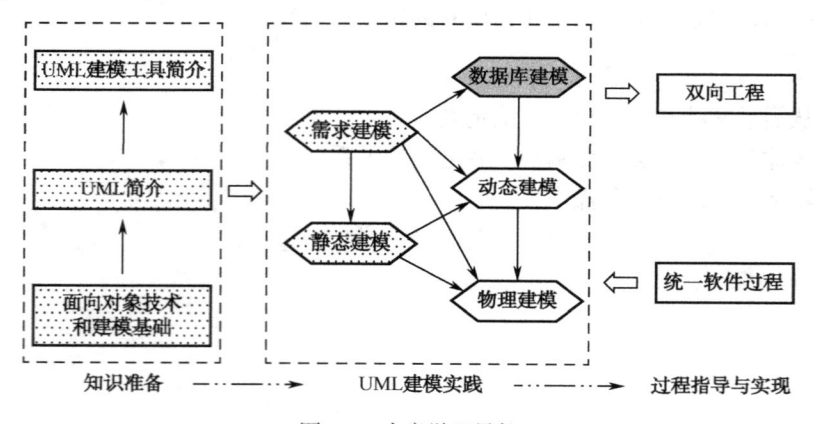

图 7-1 本章学习导航

7.1 PowerDesigner 简介

1. PowerDesigner 简介

PowerDesigner 是 Sybase 公司的 CASE 工具集，使用它可以方便地对软件系统进行分析设计，它几乎包括了数据库模型设计的全过程。利用 PowerDesigner 可以制作数据流程图、概念数据模型、物理数据模型，可以生成多种客户端开发工具的应用程序，还可为数据仓库制作结构模型，也能对团队设计模型进行控制。它可与许多流行的数据库设计软件（如 PowerBuilder、Delphi、VB）等相配合使用，以缩短开发时间和优化系统设计。

PowerDesigner 的主要功能包括以下几个部分。

（1）DataArchitect。

这是一个强大的数据库设计工具，使用 DataArchitect 可利用实体—关系图为一个信息系统创建"概念数据模型"（Conceptual Data Model，CDM），并且可根据 CDM 产生基于某一特定数据库管理系统（如 SQL Server 2005）的"物理数据模型"（Physical Data Model，PDM）。还可优化 PDM，产生为特定 DBMS 创建数据库的 SQL 语句并以文件形式存储，以便在其他时刻运行这些 SQL 语句创建数据库。另外，DataArchitect 还可根据已存在的数据库反向生成 PDM、CDM 及创建数据库的 SQL 脚本。

本章将介绍利用 DataArchitect 进行概念数据模型和物理数据模型创建的方法。

（2） ProcessAnalyst。

这部分用于创建功能模型和数据流图，创建"处理层次关系"。

（3）AppModeler。

这部分为客户/服务器应用程序创建应用模型。

（4）ODBC Administrator。

这部分用来管理系统的各种数据源。

2. PowerDesigner 四种模型文件

PowerDesigner 中主要的四种模型文件如下。

（1）概念数据模型（CDM）。

CDM 表现数据库的全部逻辑的结构，与任何的软件或数据存储结构无关。一个概念模型经常包括在物理数据库中没有实现的数据对象。它给运行计划或业务活动的数据一个正式表现方式。

（2）物理数据模型 （PDM）。

PDM 表现数据库的物理实现。借助于 PDM，可以考虑真实的物理实现的细节。同时，可以根据软件的实际需要修正 PDM 以适合数据表现或物理约束。

（3）面向对象模型 （OOM）。

一个 OOM 包含一系列包、类、接口以及它们的关系。这些对象一起形成所有的（或部分）一个软件系统的逻辑的设计视图的类结构。一个 OOM 本质上是软件系统的一个静态的概念模型。

使用 PowerDesigner 面向对象建模技术能为纯粹的对象—导向的软件系统建立一个 OOM，产生 Java 文件或者 PowerBuilder 文件，也能使用一个来自 OOM 的物理数据模型（PDM）对象，来表示关系数据库设计分析。

（4）业务程序模型（BPM）。

BPM 描述业务的各种不同内在任务和内在流程，以及客户如何以这些任务和流程互相影响。BPM 是从业务合伙人的观点来看业务逻辑和规则的概念模型，使用一个图表描述程序、流程、信息和合作协议之间的交互作用。

7.2 PowerDesigner 安装和启动

任务 1 安装 PowerDesigner16.5 并启动该软件，创建一个数据模型文件。

7.2.1 PowerDesigner 的安装

【任务 1-1】 安装 PowerDesigner 16.5。
【完成步骤】
（1）双击 PowerDesigner 16.5 的安装文件，打开"欢迎"对话框，如图 7-2 所示。

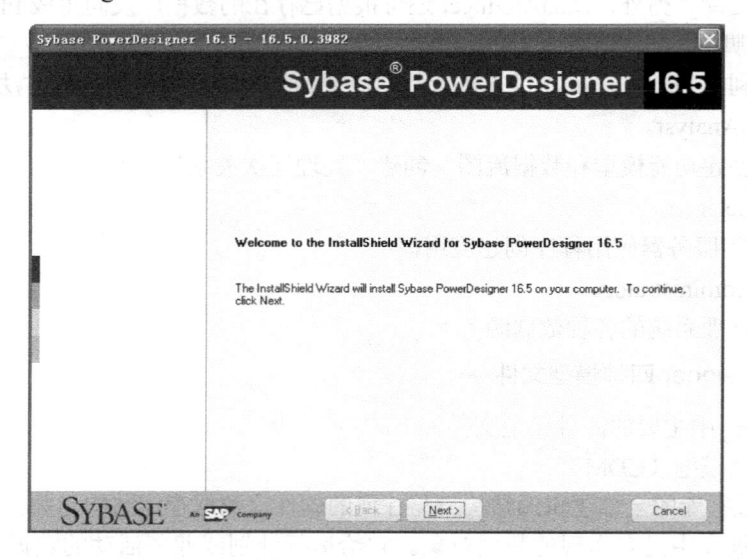

图 7-2 "欢迎"对话框

（2）单击【Next】按钮，打开"选择安装的地区"对话框，在这里选择"Peoples Republic of China（PRC）"，选择接受许可协议，如图 7-3 所示。

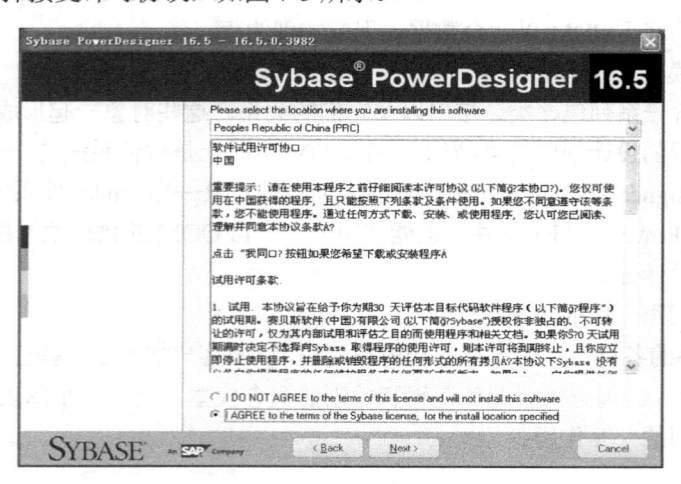

图 7-3 "选择许可类型"对话框

(3) 单击【Next】按钮，打开"指定安装路径"对话框，通过单击【Browse】按钮可以指定程序的安装文件夹（这里为 d:\Program Files\Sybase\PowerDesigner 16），如图 7-4 所示。

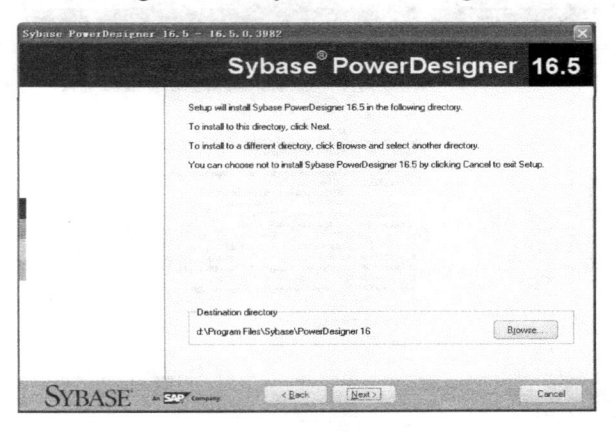

图 7-4 "指定安装路径"对话框

(4) 单击【Next】按钮，打开"选择安装组件"对话框，选择要安装的组件，如图 7-5 所示。

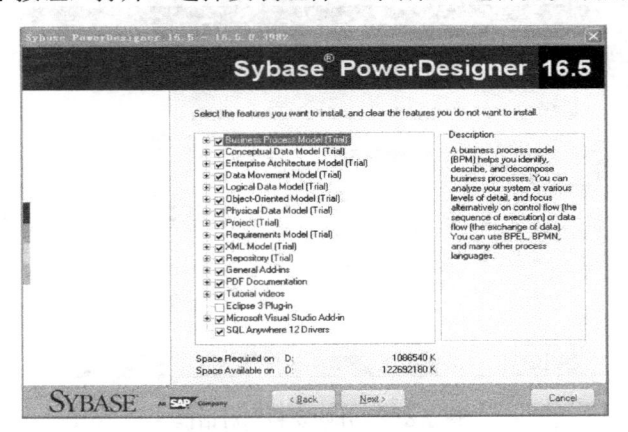

图 7-5 "选择安装组件"对话框

(5) 单击【Next】按钮，选择"需要安装的用户配置文件"对话框，如图 7-6 所示。

图 7-6 "需要安装的用户配置文件"对话框

（6）连续两次单击【Next】按钮，则开始安装 PowerDesigner，如图 7-7 和图 7-8 所示。

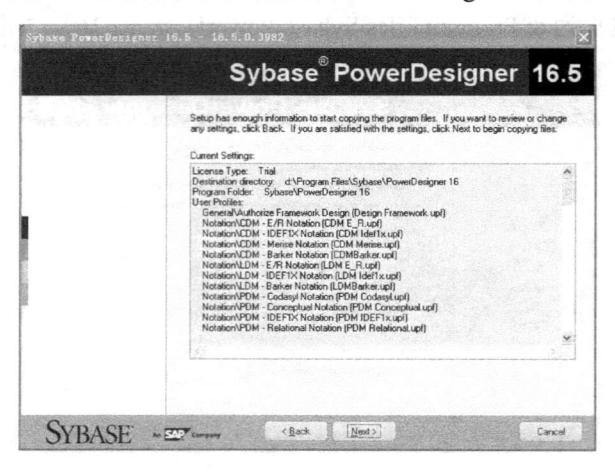

图 7-7 "当前配置"对话框

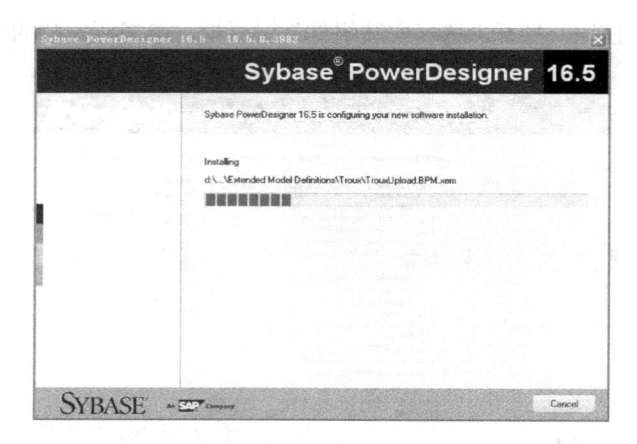

图 7-8 "开始安装"对话框

（7）安装完成后，打开"安装完成"对话框，如图 7-9 所示。单击【Finish】按钮即可完成 PowerDesigner 16.5 的安装。

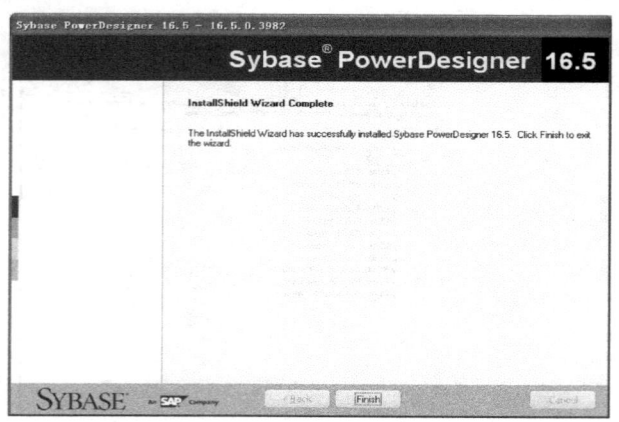

图 7-9 "完成安装"对话框

7.2.2 PowerDesigner 的启动

【任务 1-2】 启动 PowerDesigner 16.5 并创建新的模型文件。
【完成步骤】

（1）依次单击【开始】→【程序】→【Sybase】→【PowerDesigner 16】→【PowerDesigner】，即可启动 PowerDesigner 16.5。

（2）在 PowerDesigner 16.5 的主窗口中，依次选择【File】→【New Model】菜单，打开"新建模型"对话框，如图 7-10 所示。

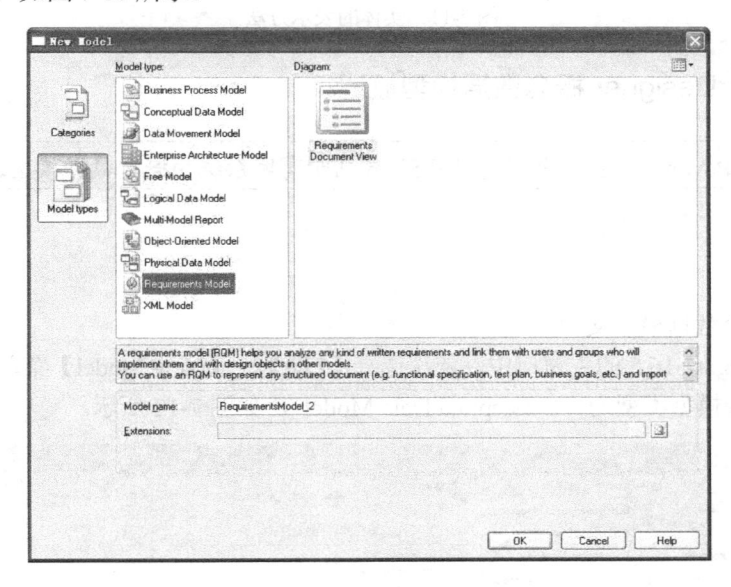

图 7-10 "新建模型"对话框

7.3 PowerDesigner 概念数据模型

7.3.1 概念数据模型概述

数据模型是现实世界中数据特征的抽象。数据模型应该满足以下三个方面的要求：
- 能够比较真实地模拟现实世界；
- 容易为人所理解；
- 便于计算机实现。

概念数据模型也称为信息模型，它以实体－联系（Entity-Relationship，E-R）理论为基础，并对这一理论进行了扩充。它从用户的观点出发对信息进行建模，主要用于数据库的概念级设计。

通常人们先将现实世界抽象为概念世界，然后再将概念世界转为机器世界。换句话说，就是先将现实世界中的客观对象抽象为实体和联系，这些实体和联系并不依赖于具体的计算机系统或某个 DBMS 系统，这就是前面所提到的 CDM；然后再将 CDM 转换为计算机上某个 DBMS 所支持的数据模型，这就是前面所提到的 PDM。

在概念数据模型中，实体、属性及标识符的表示如图 7-11 所示。

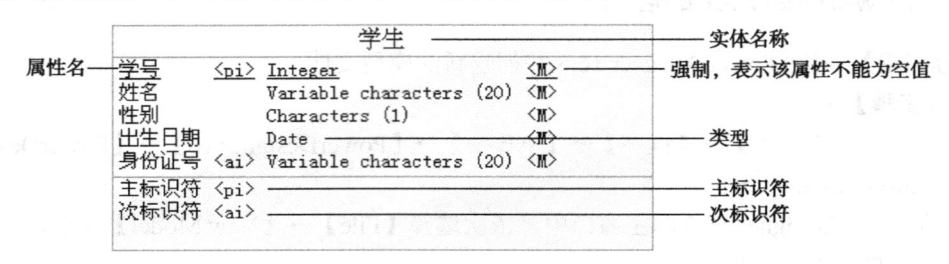

图 7-11 实体的表示方法

7.3.2 PowerDesigner 概念数据模型概述

任务 2 在 PowerDesigner 中创建 WebShop 电子商城系统的概念数据模型。

【完成步骤】

1. 创建实体

（1）创建概念数据模型文件。

在 PowerDesigner 16.5 的主窗口中，依次选择【File】→【New Model】菜单，打开"新建模型"对话框，选择模型类型为"Conceptual Data Model"，如图 7-12 所示。

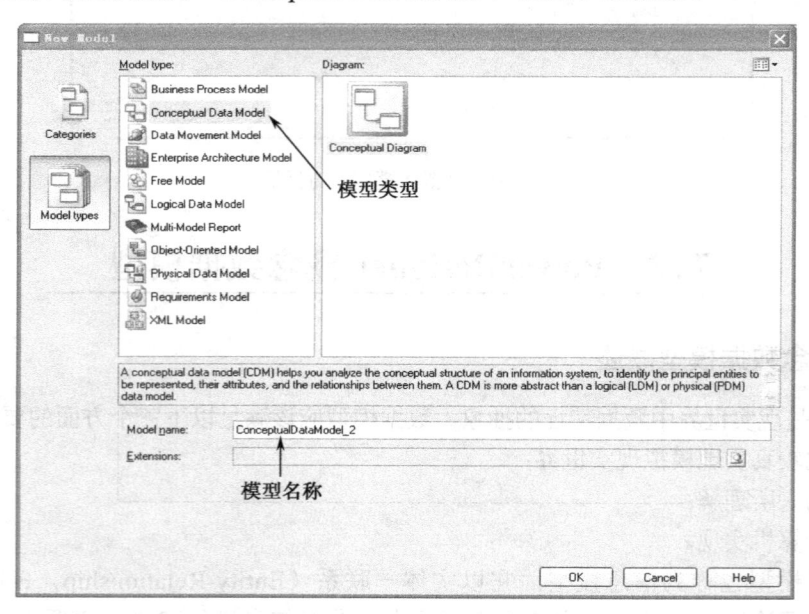

图 7-12 选择创建"概念数据模型"

（2）创建实体。

选择"Toolbox"工具栏上的 图标，在绘制区域中单击鼠标左键，即可创建一个实体，如图 7-13 所示。用鼠标右键单击该实体，选择"Properties"打开"实体属性"对话框（也可以双击指定的实体打开），如图 7-14 所示。

第 7 章 数据库建模

图 7-13 "Toolbox"工具栏

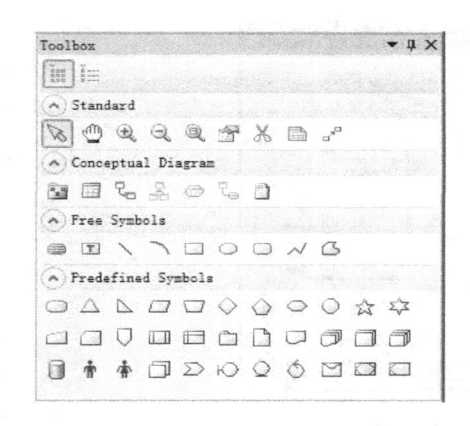

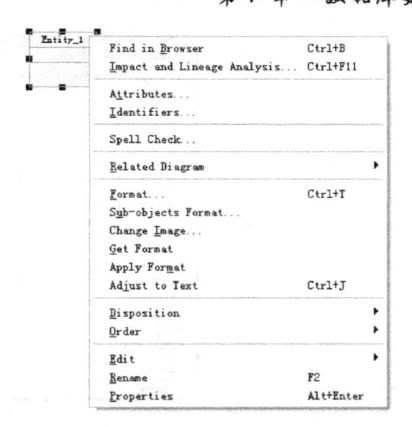

图 7-14 选择设置实体的"Properties"工具栏

🔊【提示】
- 如果选择"Attributes"菜单，则直接进入属性对话框中的"Attributes"选项卡；
- Attributes 是指实体的属性，Properties 是指特定对象的特性，请读者注意分辨。

(3) 修改实体属性。

实体名称的修改既可以通过属性对话框中的"General"选项卡完成，也可以在选中指定实体后，在名称处（如 Entity_1）单击鼠标左键，进入编辑状态，完成实体名称的修改，如图 7-15 所示。

图 7-15 修改实体名称

在实体的属性窗口可以完成实体的属性设置，包括名称、添加属性等，如图 7-16 所示。

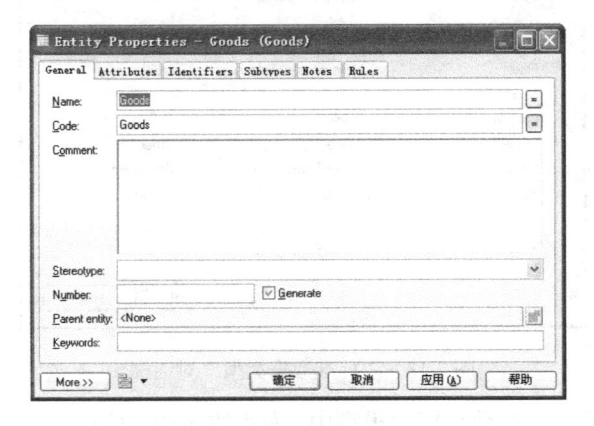

图 7-16 实体属性设置对话框

(4) 添加实体的属性。

如前所述，实体是通过其属性对其特性进行描述的，在概念数据模型中，创建好实体之后，需要为实体创建属性。在 PowerDesigner 中添加实体属性的对话框如图 7-17 所示。

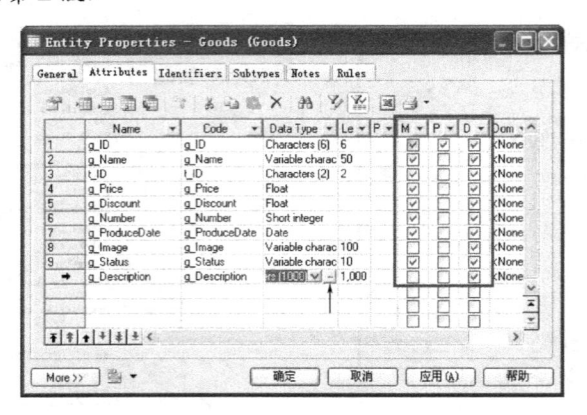

图 7-17 添加实体属性对话框

🔊【提示】
● M 即 Mandatory，强制属性，选择该项表示该属性必填，不能为空；
● P 即 Primary Identifer，是否是主标识符，选择该项表示实体的唯一标识符，即主键；
● D 即 Displayed，表示在实体符号中是否显示；
● 通过工具栏上的按钮可以完成属性的添加、删除和顺序调整。

添加实体的属性时，需要指定属性的名称、数据类型和数据长度及相关的约束特性。在如图 7-17 所示的添加实体属性对话框中，选择数据类型（Data Type）旁边的 按钮，将会打开"标准数据类型"对话框，用户可以根据需要选择指定属性的数据类型和长度，如图 7-18 所示。

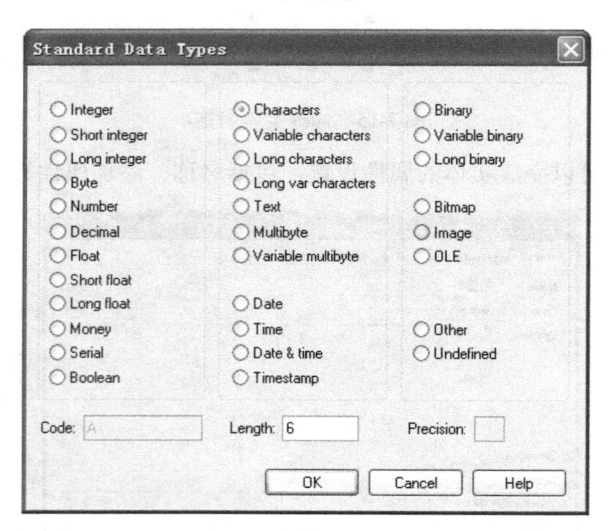

图 7-18 "标准数据类型"对话框

根据数据库的概念设计，在数据概念模型中，为实体添加对应的属性（名称、类型和长度等），完成实体的创建。

（5）重复步骤（2）～（4），分别创建会员实体（Customers）、商品实体（Goods）、商品类别实体（Types）、订单实体（Orders）和订单详情实体（OrderDetails），如图 7-19 所示。

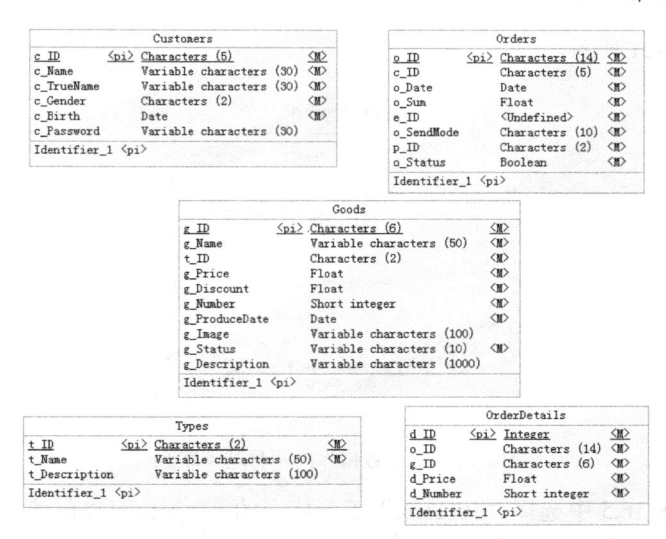

图 7-19 WebShop 电子商城中的主要实体

（6）设置使用重名的数据项。

默认设置下，PowerDesigner 16.5 中在不同的实体中不能使用相同名称的属性名称。在实际应用中，为了很好地表示主键和外键的关系，我们希望在不同的实体中使用同名的属性。可以通过以下设置完成：

在 PowerDesigner 16.5 的主菜单上依次选择【Tools】→【Model Options】→【Model Settings】，在【Data Item】分组框中取消选择数据项的唯一性代码选项（Unique code）与重用选项（Allow reuse），如图 7-20 所示。

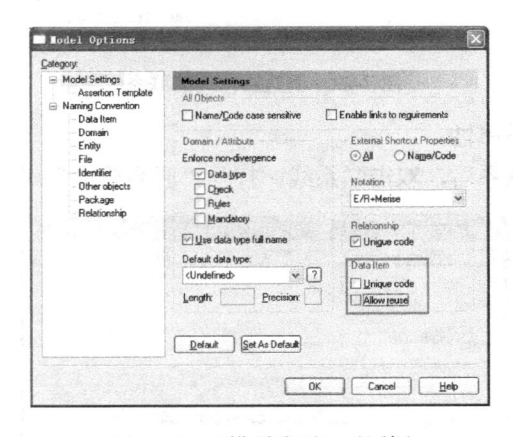

图 7-20 "模型选项"对话框

【提示】
- 如果选择 Unique code 复选框，则表示每个数据项在同一个命名空间有唯一的代码；
- 如果选择 Allow reuse 复选框，则表示一个数据项可以充当多个实体的属性。

2. 创建实体间的联系

根据所掌握的数据库概念的知识，我们知道实体之间共有四种基本的联系：一对一（ONE TO ONE）联系、一对多（ONE TO MANY）联系、多对一（MANY TO ONE）联系和多对多联系（MANY

TO MANY)，如图 7-21 所示。

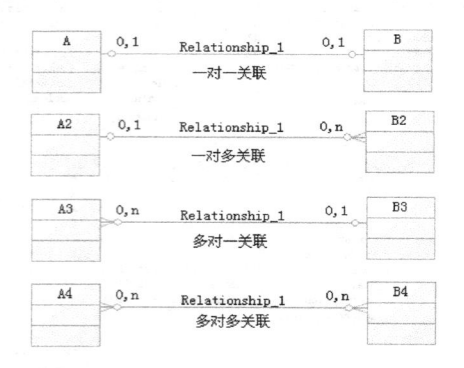

图 7-21 关系数据库的四种基本联系

在 PowerDisigner 16.5 中选择"Toolbox"工具栏上的 图标可以创建实体间的联系。

（1）创建实体间的联系。

在绘图区域中创建两个实体后，单击"Toolbox"工具栏上的 图标后，再单击一个实体，在按下鼠标左键的同时把光标拖至另一个实体上并释放鼠标左键，这样就在两个实体间创建了联系，如图 7-22 所示。

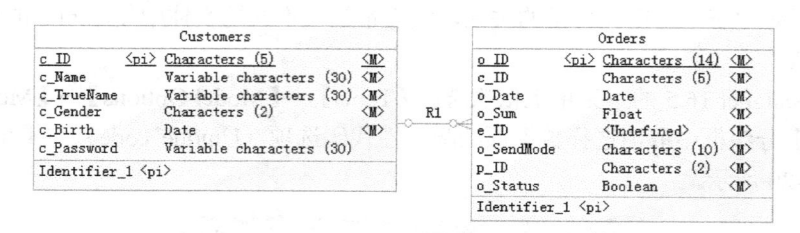

图 7-22 创建实体间的联系

（2）设置实体间的联系属性。

在两个实体间建立了联系后，双击联系线，打开"联系属性"对话框，如图 7-23 所示。

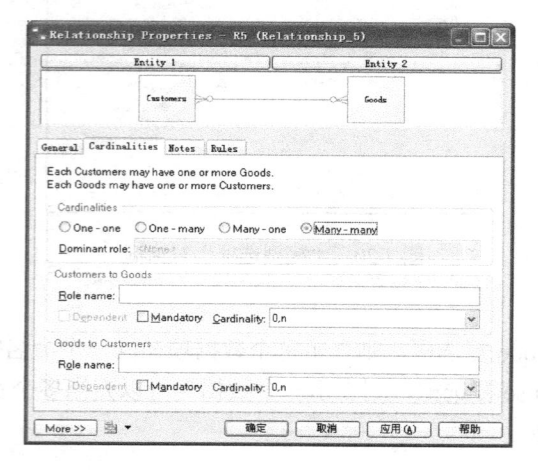

图 7-23 "联系属性"对话框

【提示】

- Role Name 为角色名，描述该方向联系的作用，一般用一个动词或动宾词组表示；
- Mandatory 表示这个方向联系的强制关系，选中这个复选框，则在联系线上产生一个与联系线垂直的竖线；不选择这个复选框则表示联系这个方向上是可选的，在联系线上产生一个小圆圈；
- 联系具有方向性，每个方向上都有一个基数，请根据实际情况进行设置。

（3）绘制 WebShop 电子商城实体间的联系。

最终得到的 WebShop 电子商城的实体及实体间的联系如图 7-24 所示。

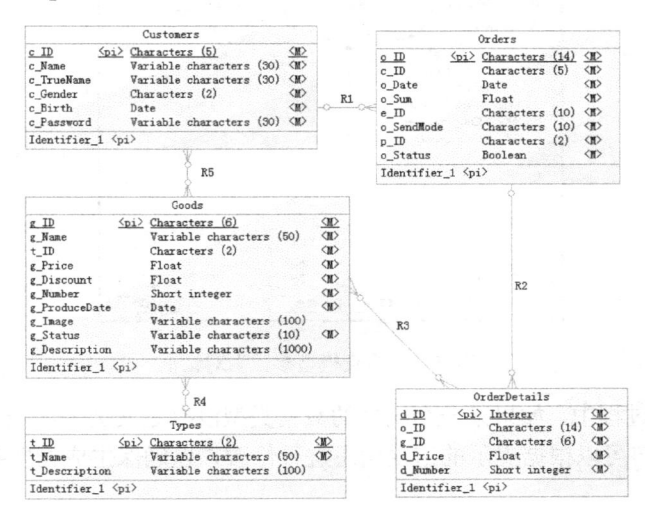

图 7-24　WebShop 实体间的联系

课堂实践 1

1. 操作要求

（1）下载并安装 PowerDesigner 16.5。
（2）在 PowerDesigner 16.5 中创建与图书管理系统数据库对应的概念数据模型。
（3）参照第 1 章的图书管理系统的设计情况，创建该系统概念数据数据模型中的主要实体。
（4）参照第 1 章的图书管理系统的设计情况，创建该系统概念数据数据模型实体间的联系。

2. 操作提示

（1）详细了解数据库设计的各个阶段及各阶段的主要任务。
（2）理解数据库建模中的实体和软件系统静态建模中的实体类之间的区别和联系。
（3）比较 RSA 和 PowerDesigner 在数据库建模功能上的差异。

7.4　PowerDesigner 物理数据模型

任务 3　由 WebShop 电子商城的概念数据模型生成基于 SQL Server 2005 的物理数据模型和 SQL 脚本。

物理数据模型涉及具体的 DBMS，因此，由概念数据模型转换到物理数据模型时，需要指定对应的数据库管理系统类型（如 SQL Server、MySQL 等）。

【完成步骤】

（1）验证概念数据模型的正确性。

在 PowerDesigner 菜单栏中依次选择【Tools】→【Check Model】菜单，打开"检查模型参数"对话框，以检查所创建的概念模型的正确性，如图 7-25 所示。

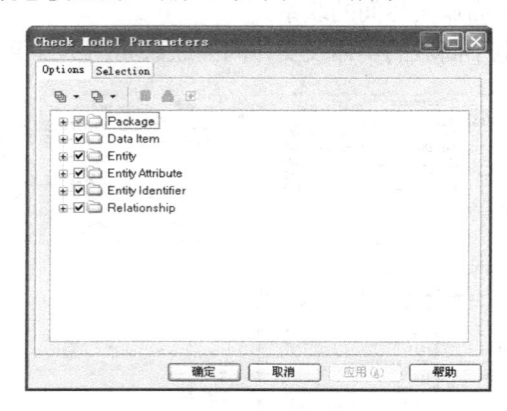

图 7-25　"检查模型参数"对话框

在检查模型参数过程中，如果某一个属性的数据类型没有定义类型或长度，在进行模型检查时会发现有错误。用户可以根据提示的错误信息进行修改，以确保生成物理数据模型的概念数据模型的正确性。

（2）生成 SQL Server 2005 物理数据模型。

如果检查概念数据模型时没有错误存在，则在 PowerDesigner 菜单栏中依次选择【Tools】→【Generate new Physical Data Model】，将会打开"物理数据模型生成选项"对话框，如图 7-26 所示。

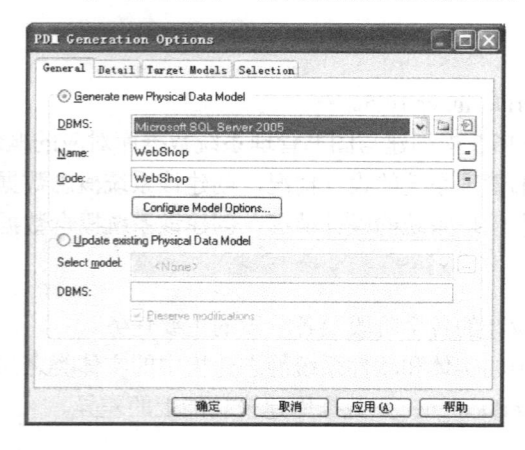

图 7-26　"物理数据模型生成选项"对话框

选择指定的 DBMS（这里为 Microsoft SQL Server 2005），并进行相关的配置，然后单击【确定】按钮，即可产生对应的物理数据模型，如图 7-27 所示。

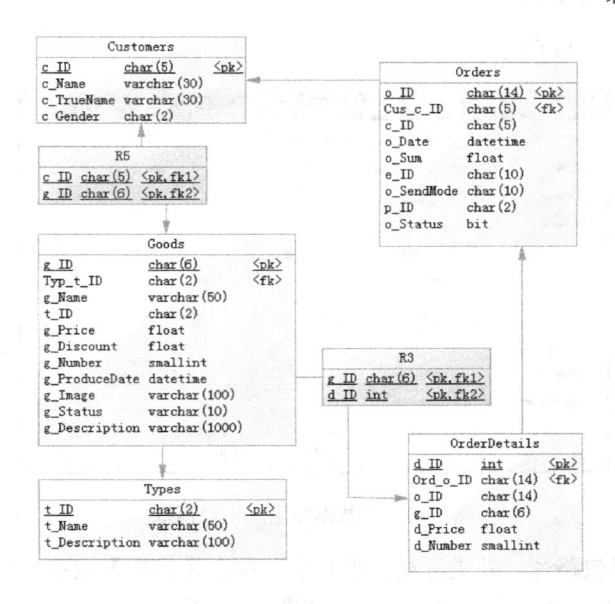

图 7-27 生成的物理数据模型

（3）设置主键的自动增长。

主键的自动增长必须在物理模型下完成，在概念模型下没有这个选项，原因是不同类型的 DBMS 的数据库的自增长的实现方式是不一样的。如果要设置订单详情表中的 d_ID 为自动增长，可以通过以下步骤完成。

（a）双击 OrderDetails 表打开表属性窗口，选择 Columns 选项卡。

（b）双击主键字段 d_ID，打开"列属性"对话框，选择"Identity"属性即可设置当前列为自动增长，如图 7-28 所示。

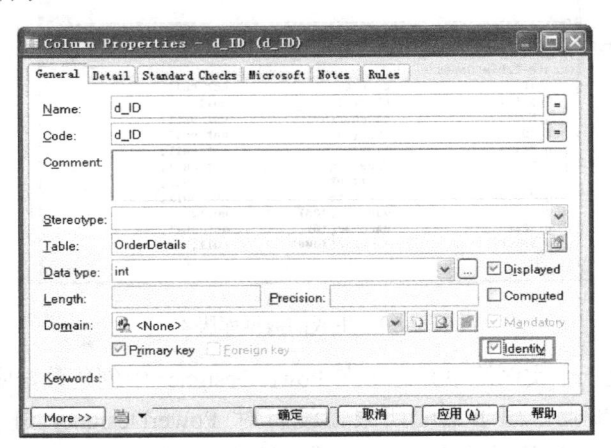

图 7-28 设置 d_ID 自动增长

（4）生成 SQL 文件。

许多时候，我们需要根据物理数据模型得到对应的 DBMS 的 SQL 脚本，在 PowerDesigner 16.5 中可以实现该功能。

（a）在 PowerDesigner 菜单栏中依次选择【DataBases】→【Generate DataBase】，打开"数据

库生成"对话框,如图 7-29 所示。

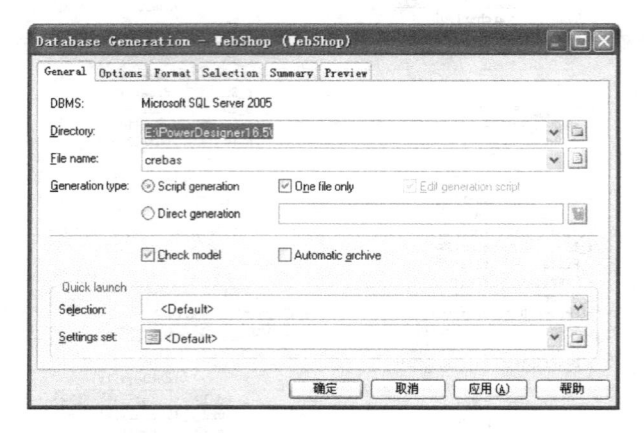

图 7-29 "数据库生成"对话框

(b)选择脚本的存放路径,并进行相关设置后,单击【确定】按钮,即可由概念数据模型生成对应的 DBMS 的 SQL 脚本(如 crebas.sql),如图 7-30 所示。

图 7-30 生成的数据库脚本

在这里,我们通过一个实例简单介绍了在 PowerDesigner 中创建数据库的概念数据模型和物理数据模型的方法和步骤。出于篇幅所限,没有对 PowerDesigner 进行详细介绍。另外,PowerDesigner 也可以进行软件系统的 UML 建模,请读者通过参阅相关文献进行学习。

课堂实践 2

1. 操作要求

(1)在 PowerDesigner 中,将图书管理系统的概念数据模型转换成物理数据模型(SQL Server 2000)。

（2）在 PowerDesigner 中，由图书管理系统的概念数据模型生成 SQL Server 2000 的 SQL 脚本。

（3）查看所生成的 SQL 脚本。

（4）尝试在 SQL Server 2000 中执行生成的脚本，创建数据库和其他数据库对象。

2．操作提示

（1）理解由概念数据模型到物理数据模型转换的方法和过程。

（2）比较由概念数据模型到物理数据模型 SQL Server 2000 和 SQL Server 2005 的异同。

习　　题

一、填空题

1．PowerDesigner 是属于_____公司的产品，它是一款建模工具，尤其是在数据库建模方面功能强大。

2．使用 PowerDesigner 建立的数据概念模型文件名的扩展名是_____。

二、选择题

1．在学校中，学生所在的系和学生之间的关系是_____。
A．一对多　　　　　　　　　　B．多对一
C．一对一　　　　　　　　　　D．多对多

2．在 PowerDesigner 的模型中，PDM 是指_____。
A．物理数据模型　　　　　　　B．概念数据模型
C．面向对象模型　　　　　　　D．业务程序模型

3．在概念数据模型中，如果要设置数据项可以在不同的实体中重用，可以选择的操作菜单是_____。
A．File 菜单　　　　　　　　　B．Edit 菜单
C．Tools 菜单　　　　　　　　D．Model 菜单

4．在进行实体的属性设置时，如果要指定某一属性为主标识符（主键），可以选择_____。
A．M　　　　　　　　　　　　B．P
C．D　　　　　　　　　　　　D．U

三、简答题

1．说明数据库设计各阶段及其主要任务。

2．简述概念数据模型和物理数据模型的异同。

3．请举例说明概念数据模型中实体之间有哪些关系。

课外拓展

1．操作要求

（1）上网查找文献，学习由 UML 的类图到关系数据库的转换的方法，并试着由图书管理系统的类图转换成基于 SQL Server 的数据库。

（2）选择与你的生活和学习相关的一个业务系统（如学生信息管理系统、进销存系统），应用 PowerDesigner 建立该系统的概念数据模型和物理数据模型。

（3）对比 RSA 和 PowerDesigner 在数据库建模和 UML 建模方面的优缺点。

2. 操作提示

（1）以小组方式进行讨论分析。

（2）通过上网查询类图到数据库转换的相关资料。

（3）将数据库建模文件保存以备检查。

第 8 章 动态建模

学习目标

本章将向读者详细介绍动态建模的基本内容。动态建模是从用例的执行过程、对象之间的消息传递、对象的状态变化等角度对软件系统中动态的特性进行的描述。主要包括：使用状态图、使用活动图、使用时序图和使用协作图。本章的学习要点包括：
- 状态图的功能及绘制；
- 活动图的功能及绘制；
- 时序图的功能及绘制；
- 协作图的功能及绘制。

学习导航

本章主要介绍应用 Rational Software Architect 8.5 进行软件系统动态建模的基本知识和建模方法，动态模型描述的是参与者如何通过交互实现系统中的用例。系统中对象的交互是通过时序图、协作图或活动图来描述的，同时，用例模型中用例实现所使用的类在会在状态图中得以描述。本章学习导航如图 8-1 所示。

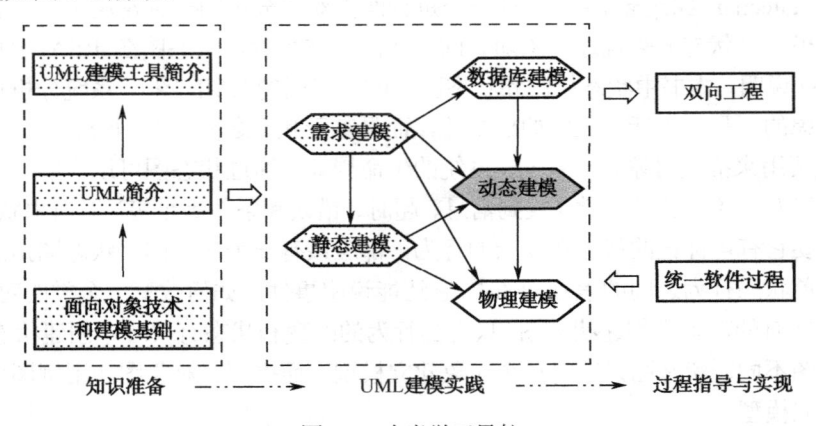

图 8-1 本章学习导航

8.1 动态建模概述

任务 1 了解动态模型的基本功能和基本组成。

所有系统（包括软件系统）均可表示为两个方面：静态结构和动态行为。为了描述软件系统中的静态特性，UML 中提供类图和对象图等，类图最适合于描述系统的静态结构，即描述类、对象以及它们之间的关系。而为了能够很好地描述软件系统中的动态特性，UML 提供了状态图、活动图、时序图和协作图来描述系统的结构和行为。状态图、活动图、时序图和协作图适合于描述系统中的对象在执行期间不同的时间点是如何动态交互的。通过对软件系统的静态结构和动态行为的描述，开发团队和用户更易于理解目标系统的功能及执行流程。

怎样理解系统的静态结构和动态行为呢？下面来看一个例子：在 WebShop 电子商城中"购物用户"对象"张三"通过电子商城提供的购买平台购买一台"摩托罗拉 W380"的手机，这个过程实际上就是"购物用户"对象"张三"发送一个"购买"消息给"商品"对象"摩托罗拉 W380"。这里的"购物用户"和"商品"就是 WebShop 电子商城中的一个静态结构，可以使用 UML 中的类图描述"购物用户"、"商品"以及它们之间的关系。但是类图并不能解释 WebShop 电子商城中的各个对象是如何协作来实现"购买"行为的。这就需要借助于活动图和时序图来完成。

通常情况下，系统中对象的相互通信是通过相互发送消息来实现的。一个消息就是一个对象激活另一个对象的操作调用，对象是如何进行通信以及通信的结果如何则是系统的动态行为，即对象通过通信来协作的方式以及系统中的对象改变状态的方式是系统的动态行为。一组对象为了实现一些功能而进行通信称之为交互，可以通过状态图、活动图、时序图和协作图来描述系统的动态行为。

8.2 状态图

任务 2 了解状态图的基本功能和绘制方法，并绘制员工下班回家的状态图。

8.2.1 状态图概述

状态图（Statechart Diagram）是软件系统进行面向对象分析的一种常用工具，它通过建立对象的生存周期模型（状态）来描述对象随时间变化的动态行为。状态图在 RSA 中也被称为状态机图（如无特殊说明，本书中状态机图和状态图指的是相同的 UML 图）。系统分析员在对系统建模时，最先考虑的不是基于活动之间的控制流，而是基于状态之间的控制流。

状态图主要用来描述对象、子系统、系统的生命周期。通过状态图可以了解一个对象所能到达的所有状态以及对象收到的事件（收到消息、超时、错误和条件满足等）对对象状态的影响等。所有的类，只要它有可标记的状态和复杂的行为，都应该有一个状态图。状态图指定对象的行为以及不同的当前状态行为之间的差别。同时，它还能说明事件是如何改变一个类的对象的状态的。

并不是对所有的对象都创建状态图，只有当行为的改变和状态有关时才创建状态图。与类图、对象图和用例图不同，状态图只能对单个对象建立模型，而类图、对象图和用例图可以对一个系统或一组类建立模型。

8.2.2 状态图组成

状态图是由表示状态的节点和表示状态之间转换的带箭头的直线组成。若干个状态由一条或者多条转换箭头连接，状态的转换由事件触发。一个简单的状态图如图 8-2 所示。

状态图可以有一个起点和多个终点，起点（初始态）用一个实心圆表示，终点（终态）用一个含有实心圆的空心圆表示。状态图中的状态用一个圆角四边形表示。状态之间为状态转换，用一条带箭头的线表示。引起状态转换的事件可以用状态转换线旁边的标签来表示，如图 8-2 所示。当事件发生时，状态转换开始（有时也称之为转换"点火"或转换被"触发"）。

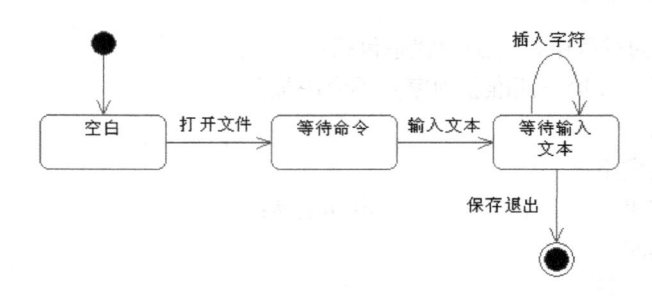

图 8-2　Word 编辑器的简单状态图

下面结合 WebShop 电子商城的员工从下班至回到家的这个过程，对状态图中包括的起点、终点、状态、判定和转换等概念进行详细介绍，并说明这个过程中员工状态的变化。

1. 起点和终点

起点代表状态图的一个初始状态，此状态代表状态图的起始位置。起点只能作为转换的源，而不能作为转换的目标。起点在一个状态图中只允许有一个，如图 8-3 所示。起点显式地表示一个工作流程的开始。在员工下班回家的过程中，"下班时间到"就是这个工作流程的起点。

终点代表状态图的最后状态，此状态代表状态图的终止位置。终点只能作为转换的目标，而不是作为转换的源。终点在一个状态图中可以有一个或多个，表示一个活动图的最后和终结状态。如图 8-3 所示。在员工下班回家的过程中，"回到家"就是这个工作流程的终点。

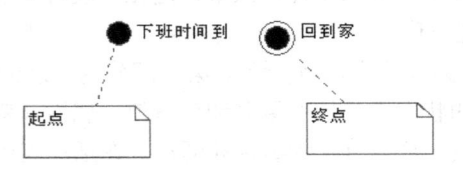

图 8-3　起点和终点

2. 状态

状态是指在对象的生命期中的一个条件或状况，在此期间对象将满足某些条件、执行某些活动或等待某些事件。

所有对象均有状态，状态是对象操作的前一次活动的结果，通常情况下，状态是由对象的属性值以及指向其他对象的链来决定的。类的状态由类中的指定属性来说明，而对象的状态由对象中的通用属性的值来确定。对象可能会在有限的时间长度内保持某一状态。状态的特征如表 8-1 所示。

表 8-1　状态的特征

编号	状态的特征	描述
1	名称	将一个状态与其他状态区分开来的文本字符串。状态也可能是匿名的，这表示它没有名称
2	进入/退出动作	在进入和退出状态时所执行的操作
3	内部转换	在不使状态发生变更的情况下进行的转换
4	子状态	状态的嵌套结构，包括不相连的（依次处于活动状态的）或并行的（同时处于活动状态的）子状态
5	延迟事件	未在该状态中处理但被延迟处理（列队等待由另一个状态中的对象来处理）的一系列事件

在员工下班回家的过程中，经历的状态包括：
- 到下班时间了，收拾东西**准备回家**（不考虑加班）；
- 开始**等待电梯**；
- 乘坐电梯**到达楼下**；
- （发现没带家里钥匙，上楼拿）乘坐**电梯上楼**；
- 去公交车站**等车**；
- 乘公共汽车**去菜场**；
- **买菜**；
- **回到家**。

下面结合员工下班回家的这个过程，进一步说明状态的特征。

（1）进入/退出动作：对象本身的一个操作。如果在电梯里是一个状态的话，那么员工进电梯和出电梯就是状态"在电梯里"的进入/退出动作。

（2）内部转换：例如，员工在去等电梯的时候发现钥匙没带，此时不用在"等电梯"以后，而是在"准备回家"的状态中就去拿钥匙了。虽然整体的状态没有发生变化，但对于对象本身来说，前后是不一样的，一个有钥匙，一个没有钥匙。

（3）子状态：如果需要进一步描述员工对象在电梯里聊天、打电话等状态，则这些状态就是该对象"在电梯里"状态的子状态。

（4）延迟事件：现在不立即产生的事件，该事件是在一段时间以后才产生的事件。员工必须等待到达 17:50 的时候，才能下班。

一个状态一般包含三个部分，如图 8-4 所示。第一部分为状态的名称，如空闲、已付、移动、在菜场等。第二部分为可选的状态变量的变量名和变量值。属性（变量）指的是状态图中类的属性。第三部分为可选的活动表，列出有关的事件和活动。在活动表中，常常使用下面三种标准事件：
- entry（进入），"进入"事件用来指定进入一个状态的动作（如给属性赋值或发送一条消息）；
- exit（退出），"退出"事件用来指定退出一个状态的动作；
- do（做），"做"事件用来指定在该状态下的动作（如发送一条消息，等待或计算）。

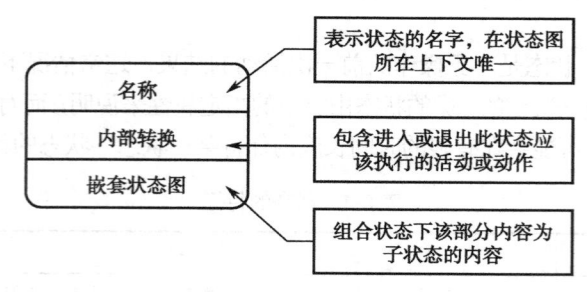

图 8-4 状态的三个组成部分

🔊【提示】
- 对于简单状态，只包括名称和内部转换两部分；
- 对于组合状态（包含子状态的状态），包括如图 8-4 所示的三个部分。

3. 事件

事件是对一个在时间和空间上占有一定位置的有意义的事情的规格说明。在状态机中,一个事件是一次激发的产生,激发可以触发一个状态转换。"事件"指的是发生的且引起某些动作执行的事情,即事件表示在某一特定的时间或空间出现的能够引发状态改变的运动变化。例如,当你按下 CD 机上的 Play 按钮时,CD 机开始播放(假定 CD 机的电源已开,已装入 CD 盘且 CD 机是好的)。在这里,"按下 Play 按钮"就是事件,而事件引起的动作是"开始播放"。当事件和动作之间存在着某种必然的联系时,我们将这种关系称为"因果关系"。我们常常借助于状态图来模型化具有这种因果关系的系统。

事件有多种,大致可以分为入口事件、出口事件、动作事件、信号事件、调用事件、修改事件、时间事件和延迟事件等,如表 8-2 所示。

表 8-2 常见事件类型

编号	事件名称	触发时机	说明
1	入口事件	进入状态时	表示一个入口的动作序列,先于人和内部活动或转换
2	出口事件	退出状态时	表示一个出口的动作序列,跟在所有的内部活动之后,先于所有的出口转换
3	动作事件	调用嵌套状态机时	与动作事件相关的活动必定引用嵌套状态机
4	信号事件	两个对象通信时	发送者和接收者可以是同一个对象
5	调用事件	一个对象请求调用另一个对象的操作时	至少涉及两个以上的对象,可以同步调用,也可以为异步调用
6	修改事件	特定条件满足时	可以被多次赋值直到条件为真
7	时间事件	自进入状态后某个时间期限到时	可以被指定为绝对形式,也可以被指定为相对形式
8	延迟事件	在需要时触发或撤销	通常不在本状态处理,推迟到另外一个状态才处理

在员工下班回家的过程中,发生的事件包括:

- 下班时间到了(准备回家);
- 电梯到达楼上(上电梯);
- 电梯到楼下(下电梯);
- 发现没带家里钥匙(去拿钥匙);
- 自己要乘坐的公共汽车到了(上车);
- 忽然想起家里没菜(去买菜);
- 公共汽车到站(下车)。

4. 转换

转换表示当一个特定事件发生或者某些条件满足时,一个源状态下的对象完成一定的动作后将发生状态转变,转向另一个称之为目标状态的状态。当发生转换时,转换进入的状态为活动状态,转换离开的状态变为非活动状态。

转换通常分为外部转换、内部转换、完成转换和复合转换四种。一个转换一般包括五个部分的信息:源状态、目标状态、触发事件、监护条件和动作。转换的特征如表 8-3 所示。

表 8-3 转换的特征

编号	转换的特征	描述
1	源状态	转换所影响的状态。如果对象处于源状态,当对象收到转换的触发事件并且满足监护条件(如果有)时,就可能会触发输出转换
2	触发事件	使转换满足触发条件的事件。当处于源状态的对象收到该事件时(假设已满足其监护条件),就可能会触发转换
3	监护条件	一种布尔表达式。在接收到触发事件而触发转换时,将对该表达式求值。如果该表达式求值结果为 True,则说明转换符合触发条件;如果该表达式求值结果为 False,则不触发转换。如果没有其他转换可以由同一事件来触发,该事件就将被丢弃
4	动作	可执行的、不可分割的计算过程,该计算可能直接作用于拥有状态机的对象,也可能间接作用于该对象可见的其他对象
5	目标状态	在完成转换后被激活的状态

一个转换可能有多个源状态,在这种情况下,它将呈现为一个从多个并行状态出发的结合点;一个转移也可能有多个目标状态,在这种情况下,它将呈现为一个到多个并发状态的叉形图。

在员工下班回家的过程中,"发现没带家里钥匙"事件发生后,状态一(到楼下)转换到状态二(上楼),这个转换是员工对象的行为。由于初态和终态并不针对转换,而是针对对象,所以该状态一(到楼下)不是初态,初态是到了下班时间;状态二(上楼)也不是终态,终态是回到家。那么该转换的状态一就是该转换的源状态,状态二就是该转换的目标状态。

在转换中还涉及监护条件。什么是监护条件呢?在员工下班回家的"事件一(下班时间到了)"中,我们必须定义一个下班时间(如 17:50),然后由时钟告诉员工(是用时钟上的时间和下班时间比较)时间到了,当时间一到,"下班时间到了"事件产生了,对象就发生状态的转换。这里的"时钟上的时间和下班时间比较"就是监护条件。

8.2.3 绘制员工下班回家状态图

【完成步骤】

(1)打开工程 WebShop 工作空间。

(2)新建状态图。

在视图区域中用鼠标右键单击待创建状态图的包,依次选择【添加图】→【状态机图】,输入新的状态图的名称(如"员工下班回家"),如图 8-5 所示。

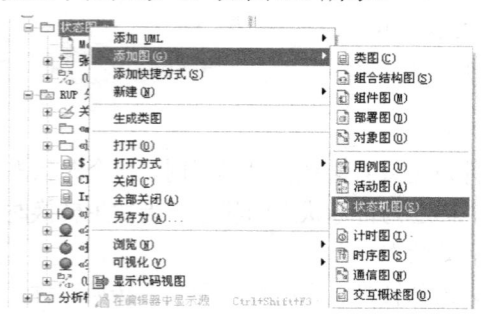

图 8-5 新建状态图

（3）添加状态。

选择状态图绘图工具栏上的相应按钮，在绘图区域中单击鼠标左键，就可以绘制状态，如图 8-6 所示。

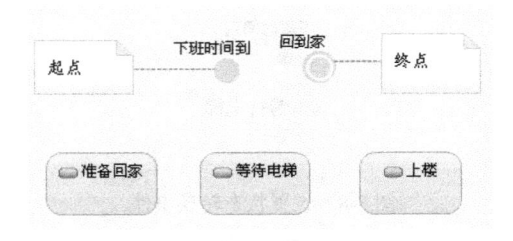

图 8-6 添加状态

状态图工具栏上各按钮的名称和功能如表 8-4 所示。

表 8-4 状态图工具栏按钮

按 钮	按 钮 名 称	功 能
	选择	选择工具
	注释	添加注释
	状态	绘制状态
	初始状态	绘制初始状态
	最终状态	绘制最终状态
	区域	创建区域
	状态类型	添加自我转换
	伪态类型	创建伪态类型
	连接点引用	创建连接点引用
	转移	创建转移

（4）在状态之间添加状态转换。

单击状态图绘制工具栏上的 → 按钮，在状态之间添加转换，由此得到的员工下班回家的状态图及其状态转换如图 8-7 所示。

（5）设置状态转换事件。

在不同的状态之间进行转换时，需要指定从一种状态转换到另一种状态的事件。用鼠标右键单击表示状态转换的箭头，选择【属性】，如图 8-8 所示。打开状态转换属性设置对话框，在【触发器】选项卡中单击【添加】按钮，打开添加触发器对话框，完成状态转换事件的设置，如图 8-9 所示。

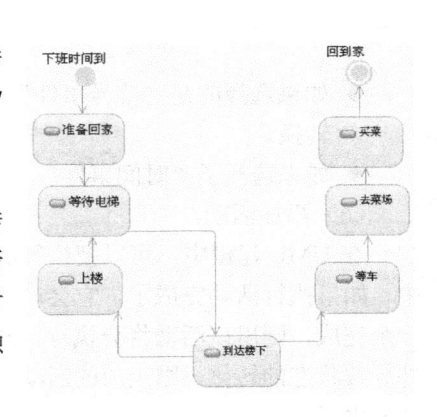

图 8-7 添加状态转换的状态图

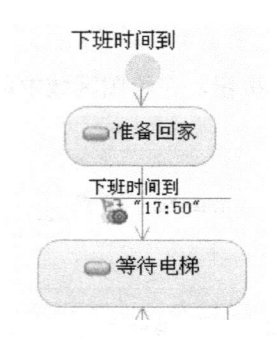

图 8-8 设置状态转换事件

根据所选事件的不同，用户需要指定不同的条件，详细描述如下。
- 如果选择的是"调用事件"，则需要指定一个事件。如图 8-9 所示，可以在【元素】组中选择【创建元素】或是【选择现有元素】。如果选择了【创建元素】，则在该状态机中会自动生成一个"操作"的元素。

图 8-9 设置状态转换属性

- 如果选择"更改事件"，则需要指定一个值，以决定是否执行该转换。如图 8-10 所示，只有当 flag 为 true 时才会执行该转换。

图 8-10 设置监护条件

- 如果选择的是"信号事件"，则需要在对话框中指定事件，如果该事件发生了，才会执行转换。
- 如果选择了"时间事件"，则需要指定转换发生的时间。

（6）添加活动。

在 UML 建模中，可以把执行活动、入口活动，以及出口活动添加到简单、组合及正交状态中。如果执行活动完成了，它会产生一个完成事件，这个完成事件会触发一个转换。如果这里有一个完成，则出口活动将会执行，然后状态的转换就发生了。如果在执行活动完成之前，别的事件导致状态的转化，则当前的活动就终止，并且出口活动开始执行，出口活动执行完毕之后转换就发生了。

在绘制状态图时，一般情况下需要指定状态的活动。用鼠标右键单击对应的状态（如等待电梯），选择【属性】，打开状态属性设置对话框。选择【行为】选项，单击【添加】按钮，打开"添加行为"对话框，完成活动的添加，如图 8-11 所示。

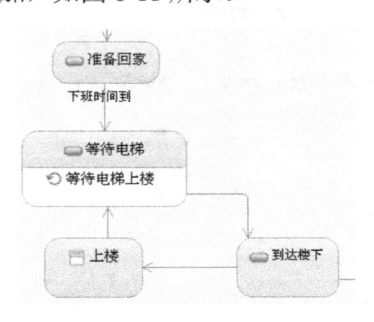

图 8-11 添加活动

📢【提示】
● 如果要修改活动属性，在如图 8-12 所示【行为】选项中选择指定的活动，单击【编辑】按钮，即可进入活动编辑对话框，根据需要修改指定活动的属性，如图 8-13 所示。

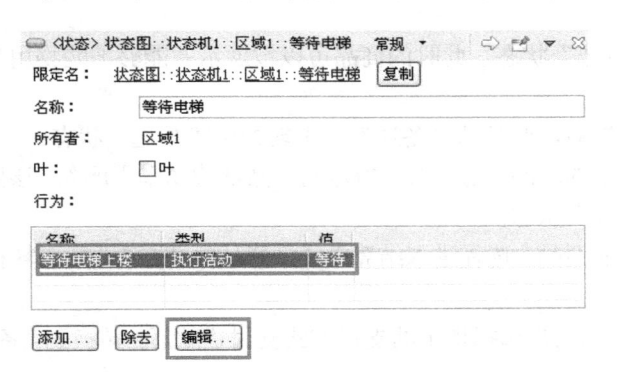

图 8-12 编辑状态活动　　　　　　　图 8-13 修改活动属性

（7）调整大小和位置。

遵循美观、实用的原则，调整状态图的大小和位置，得到员工下班回家的状态图，如图 8-14 所示。

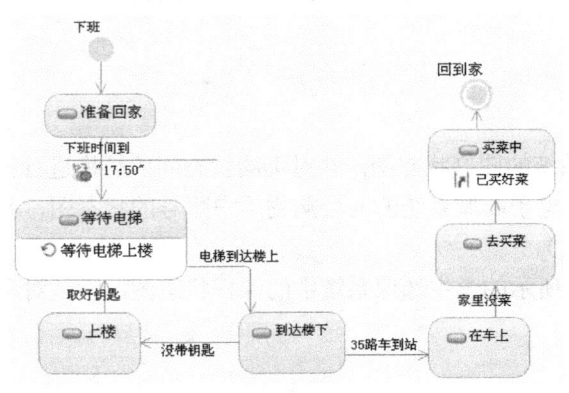

图 8-14 员工下班回家状态图

按照员工下班回家的状态图绘制步骤，得到的 WebShop 电子商城中的商品状态图如图 8-15 所示。

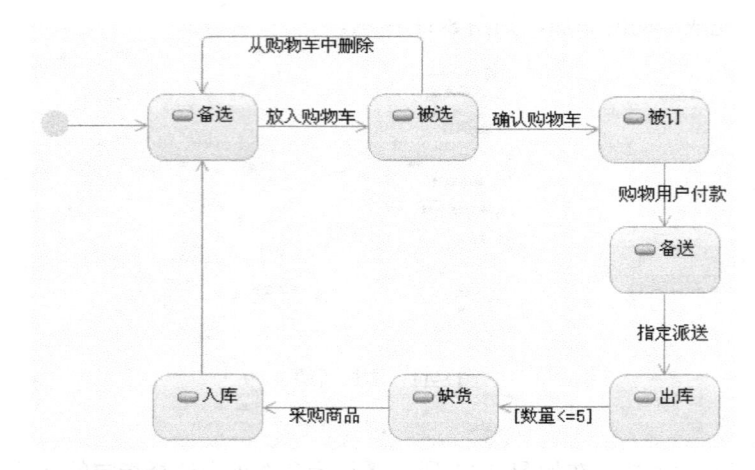

图 8-15　WebShop 电子商城中的商品状态图

🔊【提示】

- 进入"开始状态"，商品处于"备选"状态，此时的商品可以被展示并能够被购物用户进行选择并购买；
- 当购物用户把商品"放入购物车"后，商品从"备选"状态转换到"被选"状态；
- 如果购物用户不想再选择购物车中的商品，则可以将指定的商品从购物车中删除，该商品图书从"被选"状态转换到"备选"状态；
- 如果购物用户确认购买购物车中的商品，选择进入结算中心，商品由"被选"状态转换到"被订"状态，即被订购状态；
- 处于"被订"状态中的商品，在购物用户选择指定的支付方式支付货款后，转换到"备送"状态；
- 处于"备送"状态中的商品在商城管理员指定派送后，转换到"出库"状态；
- 商品"出库"后，如果该商品的总数量小于或等于 5（库存报警值下限），该商品将被置为"缺货"状态；
- 处于"缺货"状态下的商品，在"采购商品"事件发生后，重新进入"入库"状态。

课堂实践 1

1. 操作要求

（1）绘制图书管理系统的图书状态图，并对不同状态间的转换进行描述（参照书中的提示）。

（2）绘制 WebShop 电子商城系统的前台购物用户账号的状态图，并对不同状态间的转换进行描述（参照书中的提示）。

（3）阅读如图 8-16 所示的学生选课系统中的课程状态图，尝试对不同状态间的转换进行描述（参照书中的提示）。

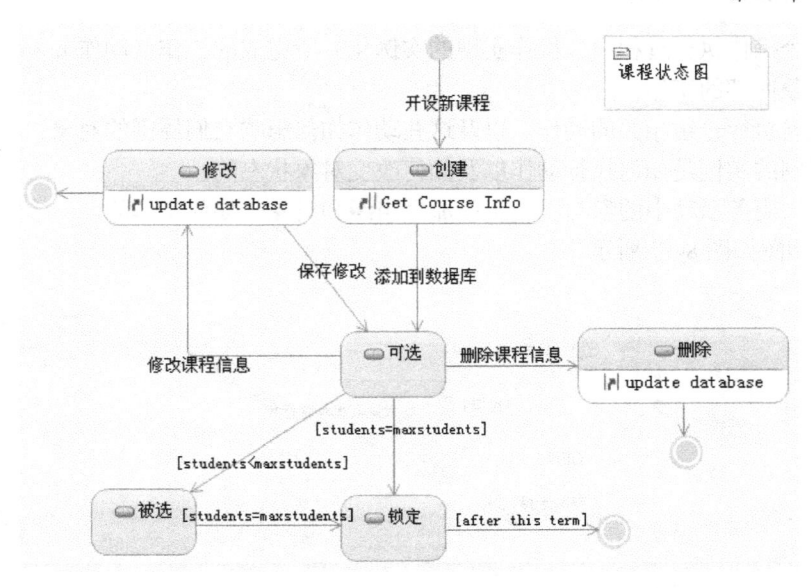

图 8-16 课程状态图

2. 操作提示

（1）maxstudents 表示选修某一门课程的最多人数。
（2）students 表示选修了某一门课程的人数。
（3）after this term 表示学期结束。

8.3 活动图

> **任务 3** 了解活动图的基本功能和绘制方法，并绘制 WebShop 电子商城系统中前台购物用户购买活动的活动图。

8.3.1 活动图概述

活动图（Activity Diagram）显示活动动作及其结果，着重描述操作（方法）实现中所完成的工作以及用例实例或对象中的活动。活动是某件事情正在进行的状态，既可以是现实生活中正在进行的某一项工作，也可以是软件系统某个类的对象的一个操作。活动图是状态图的一个变种，与状态图不同，活动图的主要目的是描述动作（执行的工作和活动）及对象状态改变的结果。当状态中的动作被执行时，活动图中的状态（称为动作状态）直接转换到下一个阶段。活动图和状态图的另一个区别是活动图中的动作可以放在泳道中。泳道聚合一组活动，并指定负责人和所属组织。因此，我们说活动图是另一种描述交互的方式，描述采取何种动作，做什么（对象状态改变），何时发生（动作序列），以及在何处发生（泳道）。

活动图与常用的程序流程图相似，它们的主要区别在于程序流程图一般用来表示串行过程，而活动图则可以用来表示并行过程，在软件系统模型中保留这种并行行为的描述，对于在实现阶段进行并行开发工作非常有利，这将有助于提高工作效率和系统反应的灵敏程度。

在软件系统建模时，使用活动图的主要目的是：

- 描述一个操作执行过程中（操作实现的实例化）所完成的工作（动作）；
- 描述对象内部的工作；
- 显示如何执行一组相关的动作，以及这些动作如何影响它们周围的对象；
- 显示用例的实例是如何执行动作以及如何改变对象状态的；
- 说明一次商务活动中的参与者、工作流、组织和对象是如何工作的。

典型的活动图如图 8-17 所示。

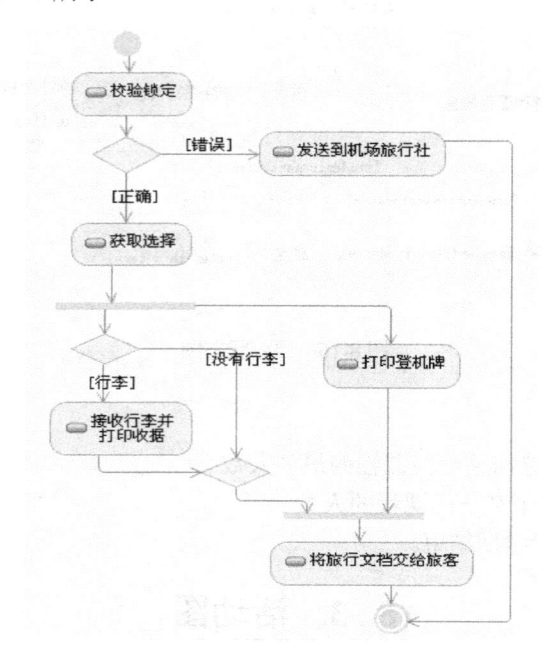

图 8-17 "机场个人登记"活动图

8.3.2 活动图组成

下面对活动图的各组成元素进行详细的介绍。

1. 动作状态

动作状态是指执行原子的、不可中断的动作，并在此动作完成后转换到另一个状态。动作状态有如下特点：

- 动作状态是原子的，它是构造活动图的最小单位，无法分解为更小的部分；
- 动作状态是不可中断的，它一旦运行就不能中断，一直运行到结束；
- 动作状态是瞬时的行为，它所占用的处理时间极短，有时甚至可以忽略；
- 动作状态有入转换，入转换可以是动作流，也可以是对象流；动作状态至少有一条出转换，这条转换以内部动作的完成为起点，与外部事件无关；
- 动作状态与状态图中的状态不同，它不能有入口动作和出口动作，也不能有内部转移；
- 动作状态允许多处出现在同一活动图中。

在 UML 中动作状态使用平滑的圆角四边形表示，动作状态的动作写在圆角四边形内部，如图 8-18 所示。

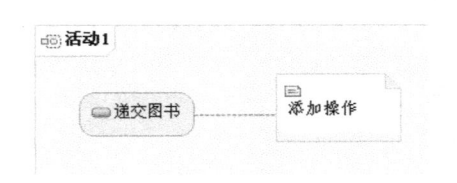

图 8-18　动作状态图示

2. 活动状态

活动状态用于表达状态机中的非原子的运行。活动状态有如下特点：
- 活动状态可以分解成其他子活动或动作状态，由于它是一组不可中断的动作或操作的组合，所以可以被中断；
- 活动状态的内部活动可以用另一个活动图来表示；
- 活动状态可以有入口动作和出口动作，也可以有内部转移；
- 动作状态是活动状态的一个特例，如果某一个活动状态只包括一个动作，那么它就是一个动作状态。

活动状态的表示图标与动作状态基本相同，活动状态可以在图标中给出入口动作和出口动作等信息。

3. 动作流

动作流是指所有动作状态之间的转换。在活动图中，一个动作状态执行完成本状态需要完成的动作后会自动转换到另外一个状态，一般不需要特定事件的触发。一个活动图可以有很多动作状态或者活动状态。活动图通常开始于起始状态，然后自动转换到活动图的第一个动作状态，一旦该状态的动作完成后，就会转换到下一个动作状态或者活动状态。这样不断重复进行，直到碰到一个分支或者终止状态为止。活动图中的转换也是用带箭头的直线表示，箭头的方向指向转入的方向。

4. 决策与合并

决策是软件系统流程中很常见的一种逻辑，它一般用来表示对象所具有的条件行为。如前所述，一个无条件的动作流可以在一个动作状态的动作完成后自动触发动作状态的转换进入下一个动作状态，而有条件的动作流则需要根据具体的条件来选择动作的流向。这里的动作的条件是用决策和合并来进行表达的。在 UML 中活动图中的决策和合并用空心菱形表示。决策包括一个入转换和两个带条件的出转换（一个入口和两个出口），出转换的条件是互斥的，这样可以保证只有一条出转换能够被触发。合并包括两个带条件的入转换和一个出转换（两个入口和一个出口），用来表示从对应的决策开始的条件行为的结束。决策与合并的图示如图 8-19 所示。

5. 派生与连接

我们知道，在"建房"的工作流中"木工"和"电工"可能会同时进行，为了能够表示这种并发执行的工作，UML 中使用了派生和连接来表示并行运行的控制流。派生用于将动作流分为两个或多个并发运行的分支，每一个派生可以有一个入转换和两个或多个出转换，并且每个转换都可以是独立的控制流；连接则用于将不同的分支汇聚一起，当所有分支的控制流都达到连接点后，控制才能继续往下进行，每个连接可以有两个或多个入转换和一个出转换。派生和连接都使用加粗的水平线段表示，如图 8-20 所示。

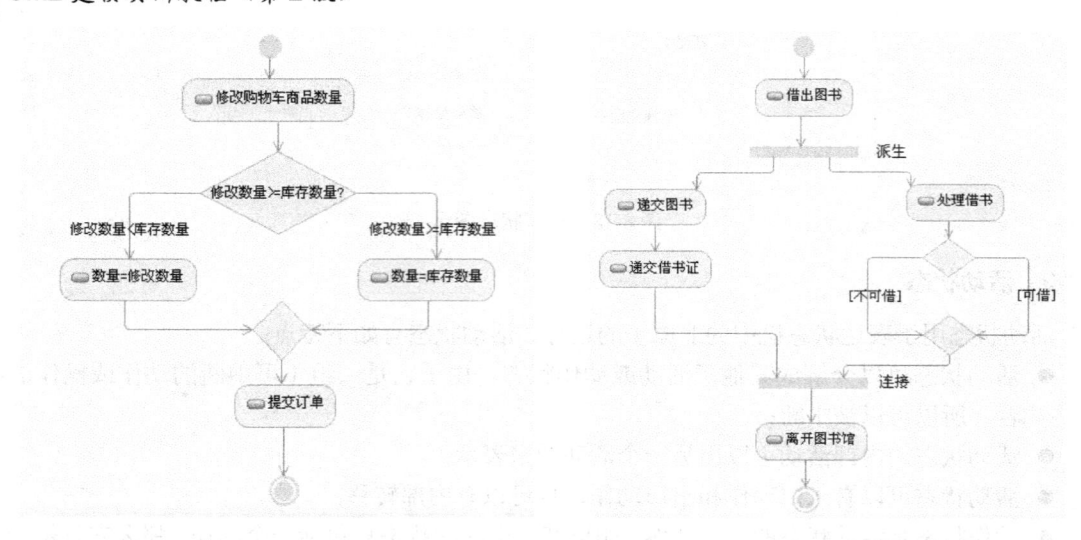

图 8-19 决策与合并图示

图 8-20 派生与连接图示

6. 活动分区

在活动图中可以使用活动分区将操作按照某些公共的特性进行分组，活动分区可以是垂直的或水平的，每一个操作都只能明确地属于一个活动分区。从语义上，活动分区可以被理解为一个模型包。通常情况下，可以按照参与者来划分活动分区，也可以按照应用程序的层次来划分。每一个活动分区都有唯一的名字，控制流可以在活动分区之间传递。活动分区图示如图 8-21 所示。

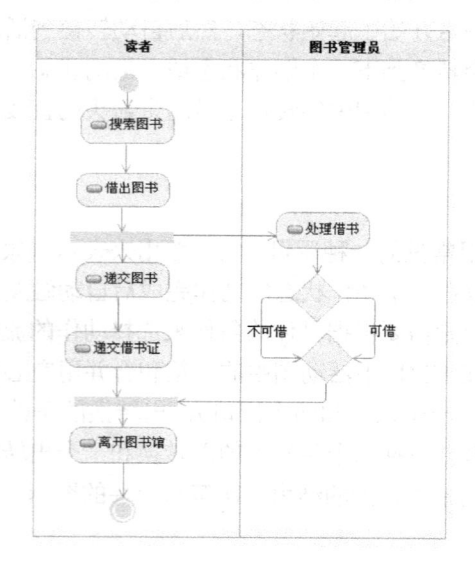

图 8-21 活动分区图示

7. 对象流

对象可以在活动图中显示，表示动作状态或者活动状态与对象之间的依赖关系。对象可以作为动作的输入或输出，或简单地表示指定动作对对象的影响。对象用矩形符号来表示，在矩形的内部有对象名或类名。对象流用带有箭头的虚线表示。当一个对象是一个动作的输入时，用一个从对象指向动作的虚线箭头来表示，这时表示该动作使用对象流所指向的对象；当对象是一个动作的输出时，用一个从动作指向对象的虚线箭头来表示，这时表示动作对对象施加了一定的影响（创建、修改和撤销等）。作为一个可选项，可以将对象的状态用中括号括起来放在类名的下面。

对象流中的对象有如下特点：
- 一个对象可以由多个动作操纵；
- 一个动作输出的对象可以作为另一个动作输入的对象；
- 同一个对象可以多次出现在活动图中，每一次出现表明该对象正处于对象生存期的不同时间点。

8.3.3 绘制 WebShop 电子商城活动图

【完成步骤】

（1）打开 WebShop 工作空间。

（2）新建活动图。

在视图区域中用鼠标右键单击待创建活动图的包，依次选择【添加图】→【活动图】，输入新的活动图的名称（如前台购物），如图 8-22 和图 8-23 所示。

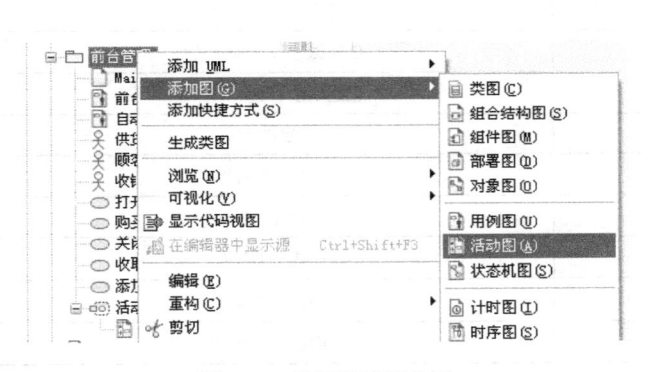

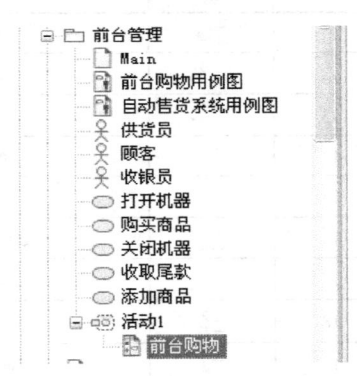

图 8-22　选择新建活动图　　　　　图 8-23　新建前台购物活动图

【提示】
- 建立活动图之后，双击活动图的图标，出现 RSA 的活动图编辑器和工具选用板，如图 8-24 所示；

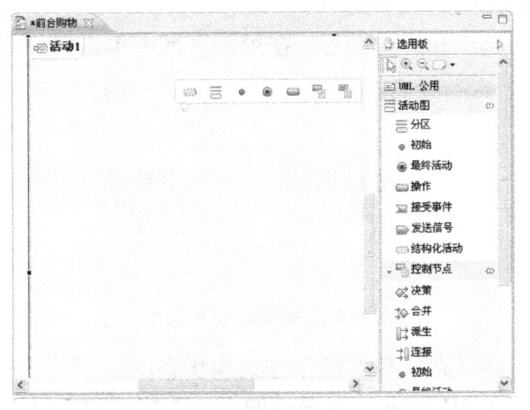

图 8-24　活动图编辑器和工具选用板

- 状态图的图标为 ![], 活动图的图标为 ![], 请读者注意分辨。

活动图绘图工具栏按钮及其功能如表 8-5 所示。

表 8-5　活动图绘图工具栏按钮及其功能

编号	按钮	按钮名称	功　　能
1		选择	选择元素
2		注释	添加注释
3		分区	创建活动分区（泳道）
4		起点	显式地表示一个工作流程的开始（只有一个）
5		终点	表示一个活动图的最后和终结状态
6		操作	创建操作
7		接受事件	创建接受事件
8		发送信号	创建信号
9		结构化活动	创建结构化活动
10		决策	创建决策节点（分支）
11		合并	创建合并节点（合并）
12		派生	创建派生节点（分叉）
13		连接	创建连接节点（汇合）
14		最终流	创建最终流
15		中央缓冲区	创建中央缓冲区
16		数据缓冲区	创建数据缓冲区
17		活动参数	创建活动参数
18		输入 Pin	创建输入参数
19		输出 Pin	创建输出参数
20		Pin 值	指定参数值
21		扩充节点	创建扩充节点
22		流	创建流

（3）添加购物用户活动图的起点和终点。

选择活动图工具栏上的起点和终点图标，在绘图区域中单击鼠标左键，即可绘制活动图的起点和终点，如图 8-25 所示。

图 8-25　绘制起点和终点

（4）添加动作状态或活动状态。基本操作方式同状态图。

（5）增加决策与合并。在 WebShop 电子商城中，购物用户通过网上系统进行购物时，如果没有登录系统，则需要进行登录才能完成商品的购买操作。

（6）增加派生与连接。购物用户进入网上系统后，在未登录状态下可以搜索并查看商品，并查询商品的详细情况。用户登录系统后，既可以查看商品信息、购买商品，也可以修改个人信息和查看个人信息。因此，查看并购买商品和修改/查看个人信息属于并行流。

最终完成的购物用户活动图如图 8-26 所示。

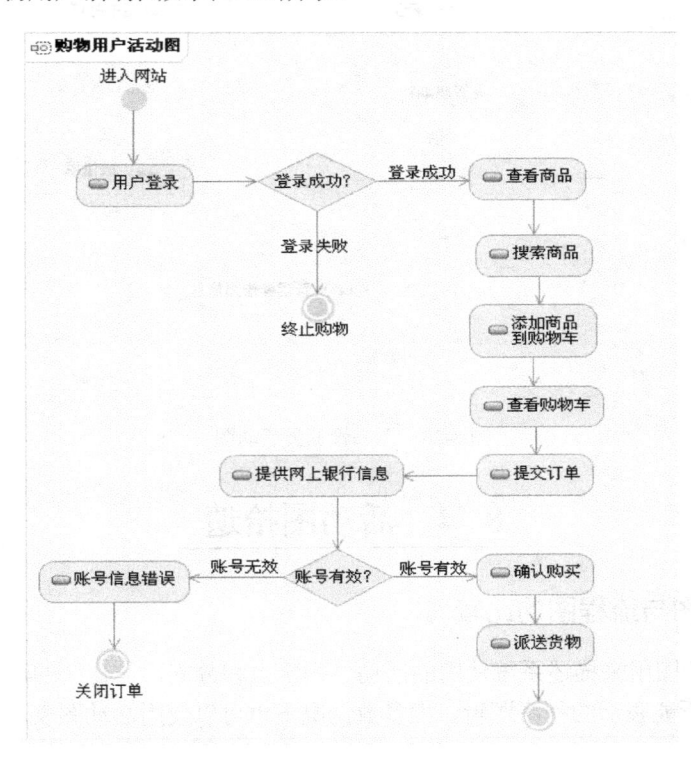

图 8-26　购物用户活动图

【提示】
- 根据需要增加分区（泳道），分区的名字通过分区属性进行修改，如图 8-27 所示；
- 根据需要增加对象与对象流。

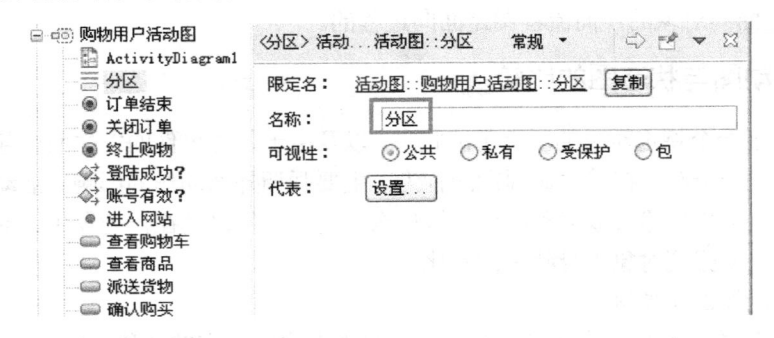

图 8-27　修改分区名称

图书管理系统中图书管理员活动图如图 8-28 所示。请读者根据实际业务流程进行分析。

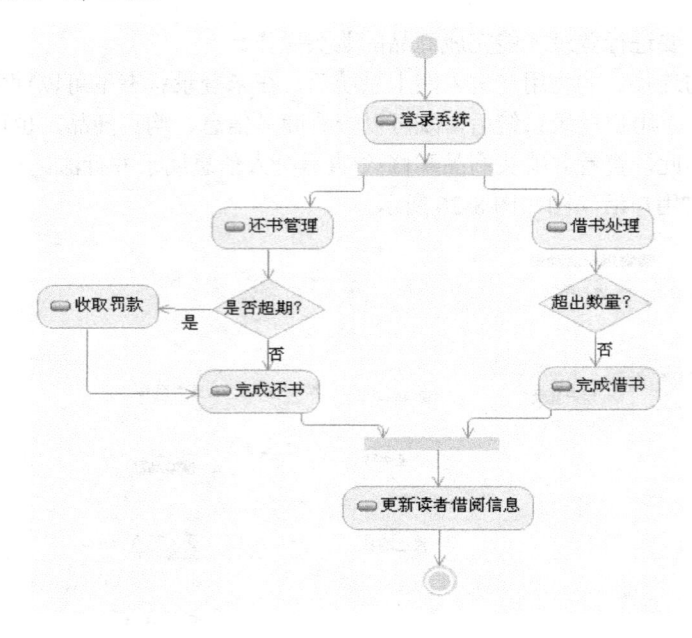

图 8-28　图书管理员活动图

8.4　活动图拾遗

8.4.1　活动图与流程图的比较

UML 中的活动图用来描述系统使用的活动、判定点和分支，与传统的流程图的功能非常类似。传统的流程图所能表示的程序逻辑，大多数情况下也可以使用活动图表示，但活动图与流程图有着本质的区别：

- 流程图着重描述处理过程，它的主要控制结构是顺序、分支和循环，各个处理过程之间有严格的顺序和时间关系；而活动图描述的是对象活动的顺序关系所遵循的规则，它着重表现的是系统的行为，而非系统的处理过程；
- 活动图能够表示并发活动的情形，而流程图不能；
- 活动图是面向对象的，而流程图是面向过程的。

8.4.2　活动图与状态图的比较

状态图描述了一个特定对象的所有可能状态，以及由于各种事件的发生而引起的状态之间的转移。它用来描述一个对象在其生命周期中的行为，主要强调外部动作的影响。活动图是一种描述工作流的方式，它用来描述采取何种动作、做什么、何时发生以及在何处发生。活动图是由状态图扩展而来的，主要强调对象本身状态的变化。

状态图和活动图的主要区别在于：

- 状态图描述类的对象所有可能的状态以及事件发生时状态的转移条件。通常，状态图是对类图的补充。在实用上并不需要为所有的类画状态图，仅为那些有多个状态，其行为受外界环境的影响并且发生改变的类画状态图；

- 活动图描述满足用例要求所要进行的活动以及活动间的约束关系，有利于识别并行活动。

课堂实践 2

1. 操作要求

（1）阅读图书管理系统的系统管理员维护读者信息的活动图，如图 8-29 所示，尝试对系统管理员维护读者活动进行描述。

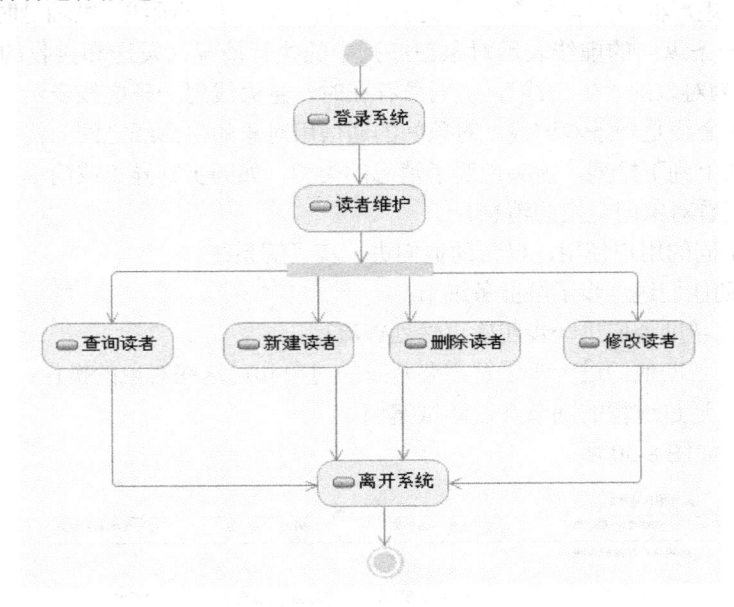

图 8-29 系统管理员维护读者信息活动图

（2）绘制 WebShop 电子商城系统中订单处理的活动图。

2. 操作提示

（1）通过学习小组讨论和上网查询资料形式完成。
（2）在绘制活动图的同时，也可绘制相应的流程图，再将流程图与活动图进行比较。

8.5 时序图

> **任务 4** 了解时序图的基本功能和绘制方法，并绘制 WebShop 电子商城系统中购物用户查看历史订单的时序图。

在描述对象之间的交互时，常用到交互图。交互图一步一步地显示用例的实现流程，包括需要什么对象、对象之间发送什么、什么角色启动流程、消息按什么顺序发送等。UML 中的交互图不是单独的，而是包括时序图和协作图。其中的时序图以时间为顺序描述对象之间的时间顺序。

8.5.1 时序图概述

时序图（Sequence Diagram）描述了对象之间传送消息的时间顺序，它用来表示用例中的行为顺序，当执行一个用例行为时，时序图中的每条消息对应了一个类操作中引起转换的触发事件。时序图描述对象是如何交互的，并且将重点放在消息序列上，也就是说，描述消息是如何在对象间发送和接收的。

在 UML 中，时序图表示为二维图。其中，在横轴上表示的是与顺序有关的对象。每一个对象的表示方法是：矩形框中写有对象和/或类名，且名字下面有下画线。纵轴是时间轴，时间沿竖线向下延伸。有一条纵向的虚线表示对象在序列中的执行情况（发送和接收的消息或对象的活动），这条虚线称为对象的"生命线"，当对象存在时，生命线用一条虚线表示，当对象的过程处于激活状态时，生命线是一条双道线。对象间的通信用对象的生命线之间的箭头来表示。箭头以时间顺序在图中从上到下排列，箭头说明了消息的类型，如同步、异步或简单。浏览时序图的方法是：从上到下查看对象间交换的消息。

时序图可供不同的用户使用，以帮助他们进一步了解系统：

- 用户，帮助他们进一步了解业务细节；
- 分析人员，帮助他们进一步明确事件处理流程；
- 开发人员，帮助他们进一步了解需要开发的对象和对这些对象的操作；
- 测试人员，通过过程的细节开发测试案例。

典型的时序图如图 8-30 所示。

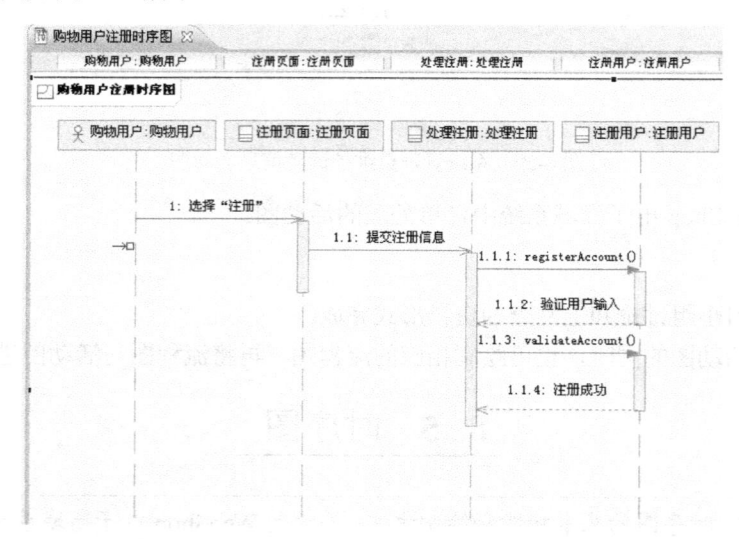

图 8-30　购物用户注册时序图

8.5.2　时序图组成

时序图包含了四个元素：对象、生命线、消息和激活。下面分别对这些时序图的组成元素进行介绍。

1. 对象

时序图中对象的符号与对象图中对象的符号是一样的，都是使用矩形将对象名称包含起来，并且在对象名称下加下画线，如图 8-31 所示。在时序图中将对象放置在顶部意味着在交互开始时，对象就已经存在了；如果对象的位置不在顶部，那么表示对象是在交互过程中被创建的。

2. 生命线

生命线是一条垂直的虚线，表示时序图中的对象在一段时间内的存在。每个对象的底部都带有生命线。对象与生命线结合在一起称为对象的生命线，包含矩形的对象及其下面的生命线，如图 8-31 所示。

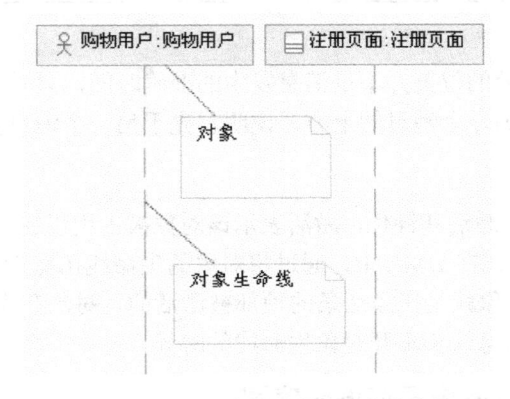

图 8-31 时序图中的对象和对象生命线

3. 消息

消息是对象之间某种形式的通信，它可以激发某个操作、唤起信号或导致目标对象的创建或撤销。消息是两个对象之间的单路通信，从发送方到接收方的控制信息流。消息可以用于在对象间传递参数。消息可以是信号，即明确的、命名的、对象间的异步通信；也可以是调用，即具有返回控制机制的操作的异步调用。在时序图和协作图中都可以包括消息序列。其中，时序图中强调的是消息的时间顺序，而协作图中强调交换消息的对象间的关系。

在 UML 中，消息使用箭头来表示，箭头的类型表示了消息的类型，消息箭头所指的一方是接收方，如图 8-32 所示。

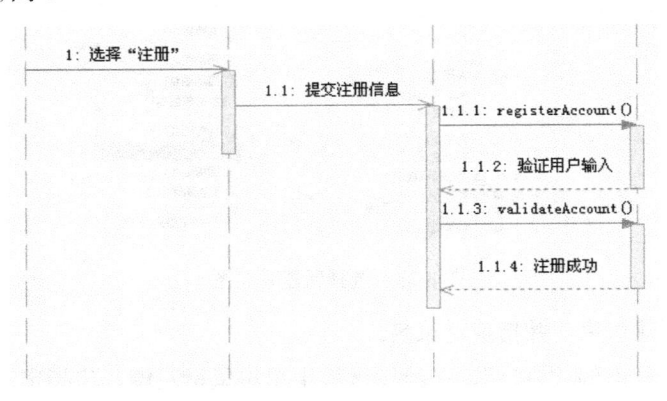

图 8-32 时序图中的消息

RSA 时序图中常见的消息类型及符号如表 8-6 所示。

表 8-6 RSA 时序图中常见的消息类型及符号

编 号	消息类型	消息符号	含 义
1	同步消息		创建同步消息
2	异步消息		创建异步消息
3	异步信号消息		创建异步信号消息
4	创建消息		添加创建消息
5	破坏消息		添加破坏消息

📢【提示】
- 消息在生命线上所处的位置并不是消息发生的准确时间,只是一个相对位置;
- 如果一个消息位于另一个消息的上方,说明它先于另一个消息被发送。

4. 激活

时序图可以描述对象的激活和钝化,激活表示该对象被占用以完成某个任务,钝化表示对象处于空闲状态,在等待消息。在 UML 中,通过将对象的生命线拓宽为矩形,表示对象是激活的,其中的矩形称为激活条。对象就是在激活条的顶部被激活的。对象在完成自己的工作后处于钝化状态,通常发生在当一个消息箭头离开对象生命线的时候。

8.5.3 绘制 WebShop 电子商城时序图

【完成步骤】

(1) 打开工程 WebShop 工作空间。

(2) 新建时序图。

在视图区域中用鼠标右键单击待创建活动图的包,依次选择【添加图】→【时序图】,输入新的时序图的名称(如查看历史订单),如图 8-33 所示。

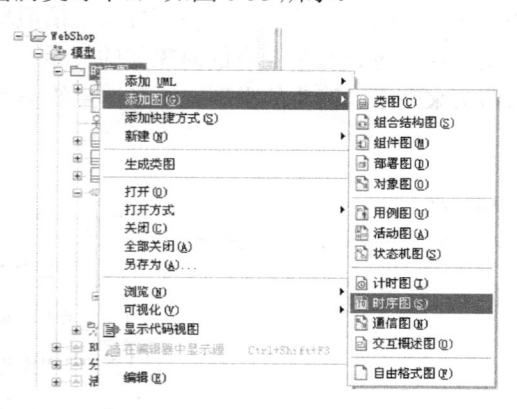

图 8-33 选择新建时序图

(3) 选择类,创建对象,并指定对象名。

选择时序图工具栏上的 按钮,在绘图区域中单击鼠标左键,将指定对象添加到时序图,如图 8-34 所示。

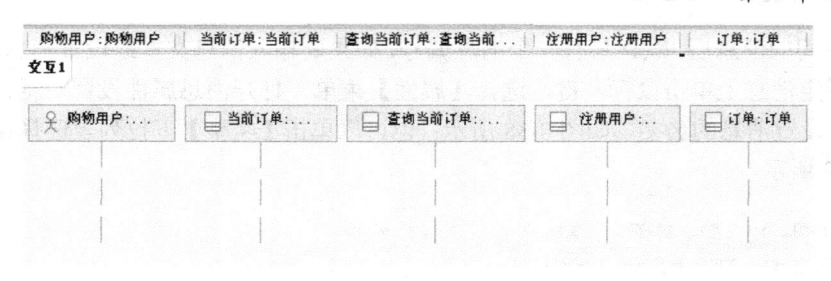

图 8-34　添加对象到时序图

如果要修改对象的属性，可用鼠标右键单击选定对象，选择【属性】菜单，打开对象属性设置对话框，完成对象属性的设置，如图 8-35 所示。

📢【提示】

- 添加对象到时序图上，可以有具体的对象，也可以是空白的对象；
- 如果未选择类，在添加生命线时则会要求创建一个当前对象对应的新类，如图 8-36 所示；
- 时序图强调的是按时间顺序上的大致对象间的消息传递，不同于活动图有各种的分支和分叉等操作。

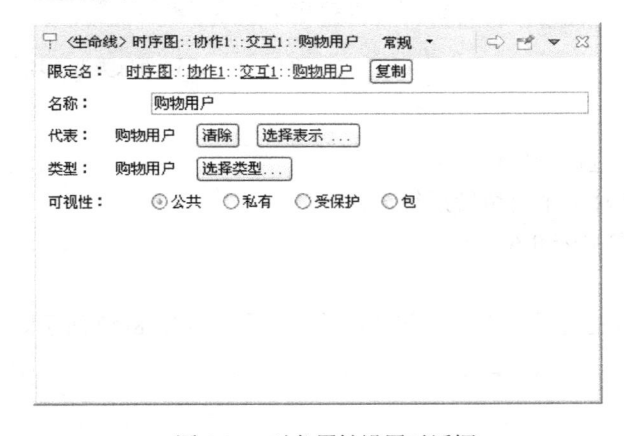

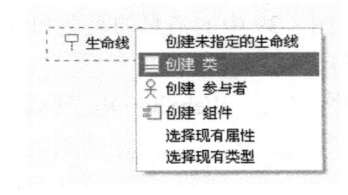

图 8-35　对象属性设置对话框　　　　　图 8-36　创建类

（4）添加对象间传递的消息。

选择时序图工具栏上的消息按钮，在绘图区域中两个对象生命线之间拖动鼠标左键，完成对象之间消息的添加，如图 8-37 所示。

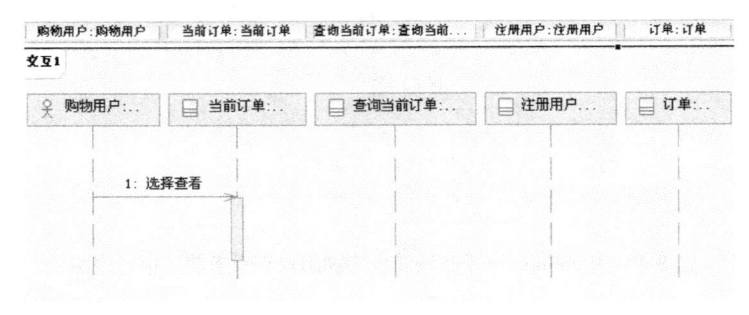

图 8-37　添加对象间消息

添加对象间的消息后，默认只有一个消息编号，如果要输入消息文本或设置消息的类型属性，可以通过在指定消息上单击鼠标右键，选择【属性】菜单，打开消息属性设置对话框，选择【常规】选项可以设置消息的名字，如图 8-38 所示；也可以单击【类型】下拉列表选择设置消息的类型，如图 8-39 所示。

图 8-38　设置消息属性选项　　　　　　图 8-39　设置消息类型选项

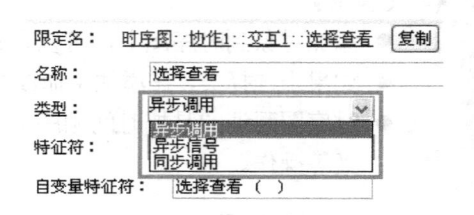

【提示】
- 对象之间消息的上下位置可以通过拖动鼠标完成；
- 同一对象的激活条可以通过上下移动消息位置进行合并；
- 图 8-39 中的消息的类型和含义参见表 8-6。

（5）完成绘制。

最终完成的 WebShop 电子商城前台购物用户查看当前订单的时序图，如图 8-40 所示。

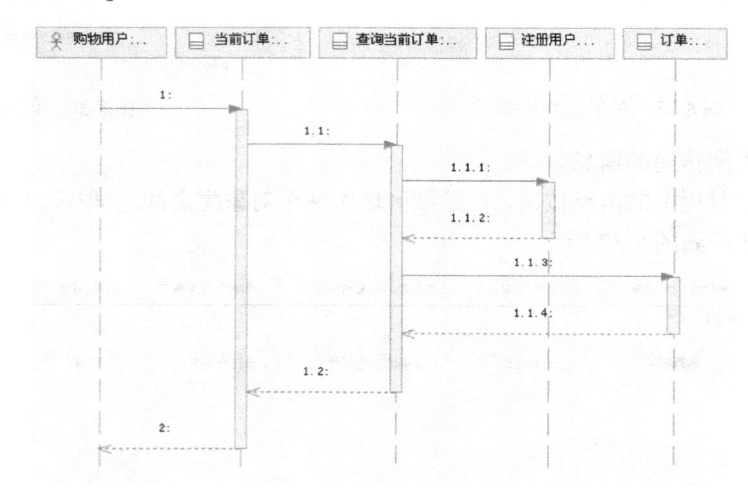

图 8-40　WebShop 电子商城前台购物用户查看当前订单时序图

【提示】
- 对象之间的消息请读者参照本书所附模型图；

- WebShop 电子商城和图书管理系统相关的其他时序图请参阅本书所附的模型图。

课堂实践 3

1. 操作要求

（1）阅读如图 8-41 所示学生选课系统中的管理员维护课程的时序图，尝试描述不同对象间的消息传递顺序。

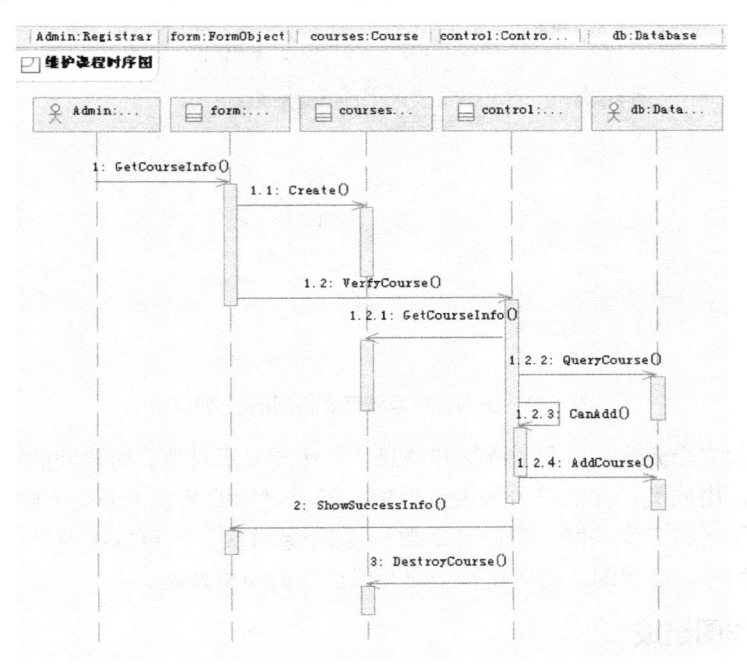

图 8-41 管理员维护课程时序图

（2）绘制图书管理系统中读者借阅图书的时序图。

2. 操作提示

（1）通过学习小组讨论和上网查询资料形式完成。
（2）在时序图中通常用到控制类和边界类。

8.6 协作图

任务 5　了解协作图的基本功能和绘制方法，并绘制 WebShop 电子商城系统的协作图。

8.6.1 协作图概述

协作图（Collaboration Diagram）是时序图之外的另一种表示交互的方法。在 UML2.0 中，与协作图类似的为通信图，RSA 也称为通信图。它主要描述协作对象间的交互和链接，强调的是与对象结构相关的信息。时序图和协作图都描述交互，但是时序图强调的是时间，而协作图强调的是空间。链接显示真正的对象以及对象间是如何联系在一起的，可以只显示对象的内部结构。同时序图一样,协作图也可以说明操作的执行、用例的执行或系统中的一次简单的交互情节。典型的协作图如图 8-42 所示。

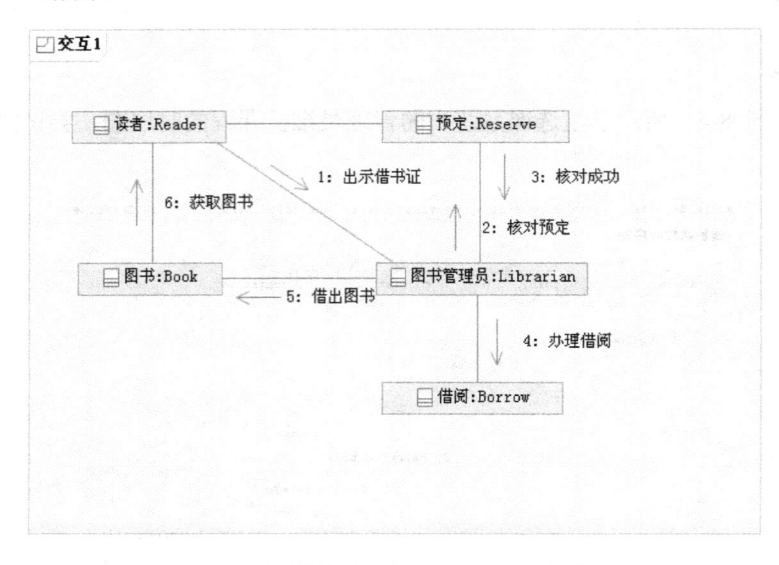

图 8-42　图书管理系统读者借阅图书协作图

协作图中包含三个元素:对象、链接和消息。协作图显示对象、对象间的链接以及链接对象间如何发送消息。用同类一样的符号来表示对象,但是对象的名字下面有下画线(对象符号)。链接用线条来表示(有点像关联,但没有重数)。在一条链接上,可以给消息加一个消息标签用来定义消息的序列号,协作图从初始化整个交互或协作的消息开始。

8.6.2　协作图组成

协作图由对象、链接和消息等组成,下面对各部分进行详细的介绍。

1. 对象

协作图中的对象与时序图中的对象的概念是一样的,图形表示方法也是一样的。但是与时序图不同的是,协作图中不能表示对象的创建和撤销,所以对象在协作图中没有位置的限制。

2. 链接

一条链接是两个对象间的连接。协作图中的链接符号和对象图中的链接符号相同,即一条连接两个类角色的实线。

链接上的任何对象的角色名均作为链接的端点,与链接的量词在一起。量词和角色均在对象类的类图中说明。为了说明一个对象如何与另一个对象连接,可以在链接的末端附上一个路径构造型:Global、Local、Parameter、Self、Vote 或 Broadcast。这些构造型的含义如表 8-7 所示。

表 8-7　链接中使用的构造型

编　号	约束名称	含　义
1	Global	加在链接角色上的约束,说明与对象对应的实例是可见的,因为它是在全局范围内(可以通过系统范围内的全局名来访问对象)

续表

编 号	约束名称	含 义
2	Local	加在链接角色上的约束，说明与对象对应的实例是可见的，因为它是操作中的一个局部变量
3	Parameter	加在链接角色上的约束，说明与对象对应的实例是可见的，因为它是操作中的一个参数
4	Self	加在链接角色上的约束，说明一个对象可以给自己发送消息
5	Vote	加在消息上的约束，说明返回值必须在返回的值中通过多数投票才能选出
6	Broadcast	加在一组消息上的约束，说明这组消息不按一定按顺序激活

3. 消息

协作图中的消息与时序图中的消息相同。但是为了能够在协作图中表示交互过程中消息的时间顺序，需要给消息添加顺序号。顺序号是一个数字（整数）前缀，由 1 开始递增，每个消息都必须有一个唯一的顺序号。可以通过点表示法代表控制的嵌套关系，也就是说在消息 1 中，消息 1.1 是嵌套在消息 1 中的第一个消息，它在消息 1.2 之前，而消息 1.2 是嵌套在消息 1 中的第 2 个消息，依次类推。由于使用了嵌套，与时序图相比，协作图可以显示更为复杂的分支。

8.6.3 绘制 WebShop 电子商城协作图

【完成步骤】

（1）打开 WebShop 工作空间。

（2）新建协作（通信）图。

在视图区域中用鼠标右键单击待创建活动图的包，依次选择【添加图】→【通信图】，输入新的通信图的名称（如用户注册协作图），如图 8-43 所示。

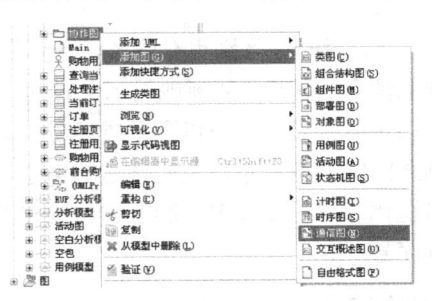

图 8-43　选择绘制协作图

（3）添加对象。

选择协作图工具栏上的 ▭ 按钮，在绘图区域中单击鼠标左键，将指定对象添加到通信图。协作图绘图工具栏按钮及其功能如表 8-8 所示。

表 8-8　协作图工具栏按钮及其功能

编 号	按 钮	元素名称	功 能
1	▭	生命线	绘制生命线
2	⇉	消息路径	绘制消息路径
3	→	消息	绘制消息
4	←	反向消息	绘制反向消息

（4）添加消息。

在协作图中可以添加对象间的消息，也可以添加自身消息；既可以添加正向消息，也可以添加反向消息。

（5）添加数据流。

这里的数据流是描述一个对象向另一个对象发送消息时返回的消息。可以添加数据流，也可以添加反向数据流。

（6）完成绘制。

最终完成的 WebShop 电子商城购物用户注册协作图，如图 8-44 所示。

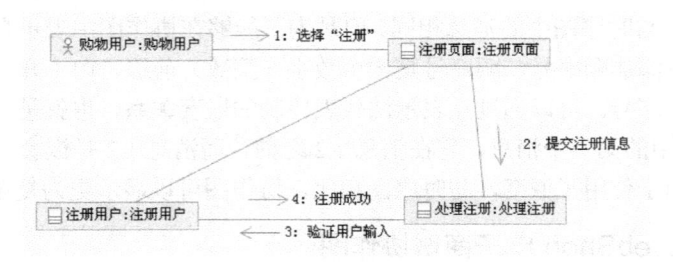

图 8-44　购物用户注册协作图

8.7　时序图拾遗

8.7.1　时序图与协作图的比较

时序图与协作图都是交互图，二者既有区别也有联系，其区别主要表现在：
- 时序图强调按时间展开的消息的传递，清晰地显示了时间次序；对简单的迭代和分支的可视化要比协作图好，常用于场景显示；可以不要顺序号；
- 协作图强调交互中实例之间的结构关系以及所传送的消息，清晰地显示了对象间关系；对复杂的迭代和分支的可视化以及对多并发控制流的可视化要比时序图好，常用于显示过程设计细节；有路径和顺序号。

8.7.2　时序图与协作图的互换

前面提到，UML 中的时序图和协作图都是用来表示对象之间的交互作用，其中时序图侧重于描述交互过程中的时间顺序，对象之间的关系描述不是十分清楚；协作图侧重于描述交互过程中的对象之间的关系，时间顺序描述不是十分清楚（可以由顺序号得到）。因此，从某种意义上来说，这两种图的作用是等价的，RSA 中也提供了这两种图之间相互转换的方式，其步骤如下。

（1）在左侧目录树中用鼠标右键点击时序图或者通信图下的"交互"。

（2）选择"添加图"，如图 8-45 所示。

　　（a）由时序图转换通信图，此时系统只给出"通信图"。

　　（b）由通信图转换时序图，此时系统只给出"时序图"。

（3）单击并完成图形转换，图 8-46 给出了自动转换后的图 8-42 所示的图书管理系统读者借阅图书协作图。

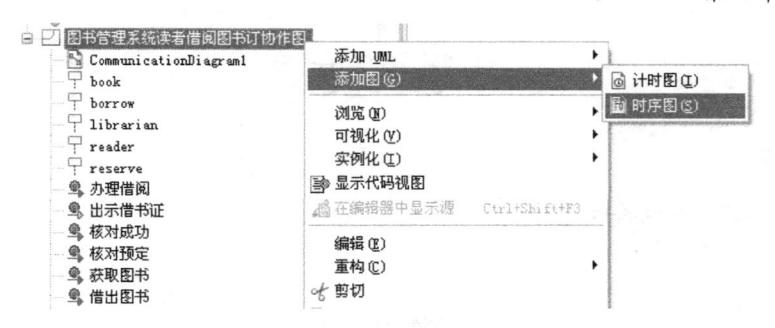

图 8-45　选择转换到时序图

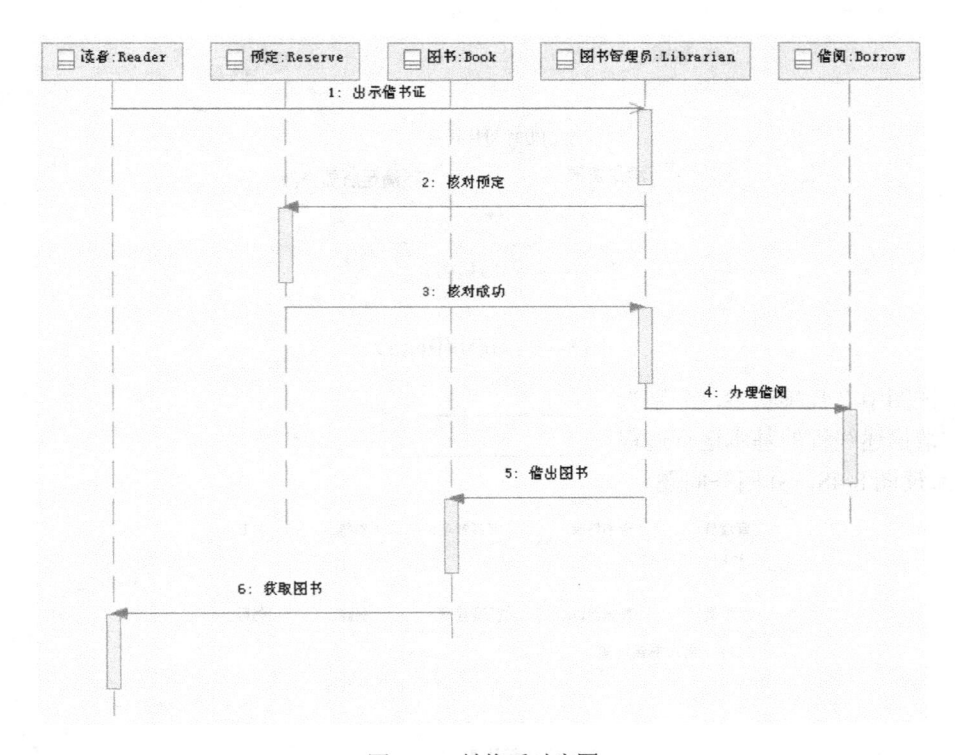

图 8-46　转换后时序图

课堂实践 4

1. 操作要求

（1）尝试将【课堂实践 3】中绘制的时序图转换成协作图。
（2）绘制电子商务系统中后台订单处理的协作图。

2. 操作提示

（1）通过学习小组讨论和上网查询资料形式完成。
（2）通过比较进一步理解时序图和协作图的侧重点。

习 题

一、填空题

1. 阅读图 8-47，并回答问题。

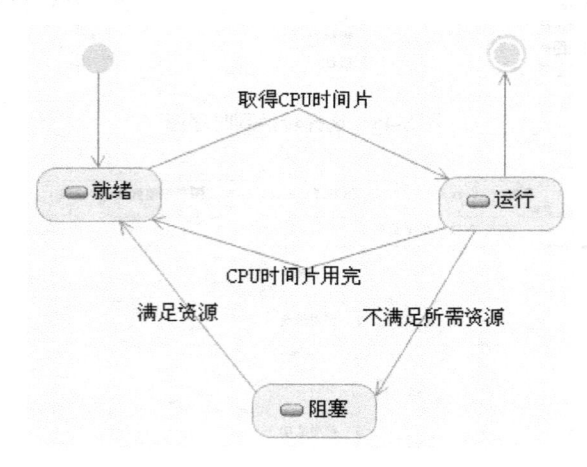

图 8-47 习题用图（1）

（1）该图中有几种状态，分别为_____。
（2）请描述线程的基本运行过程_____。

2. 阅读图 8-48，并回答问题。

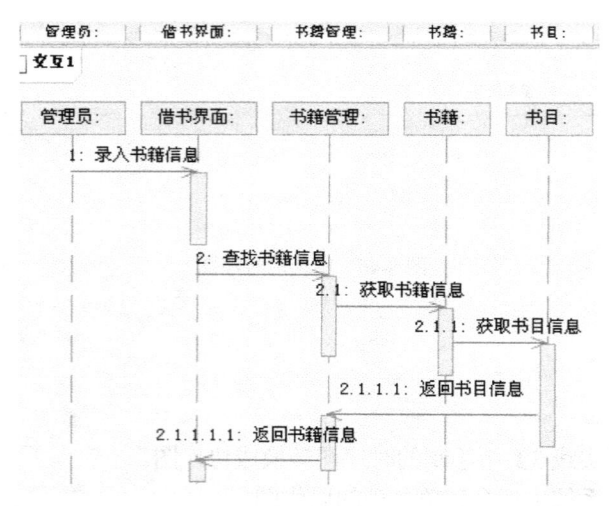

图 8-48 习题用图（2）

（1）该图在 UML 中属于_____图。
（2）在该图中，第三个步骤中的消息是如何传递的？

3. 阅读图 8-49，并回答问题。

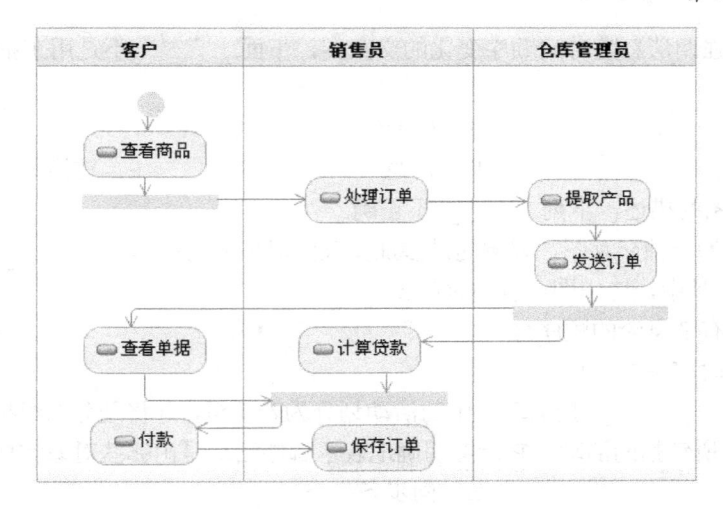

图 8-49 习题用图（3）

（1）在该图中，有几种不同角色？分别是什么？
（2）请找出客户在该流程过程中相关活动内容：_____。

二、选择题

1. 下面_____不是活动图中的基本元素。
   A．状态、分支 B．转移、汇合
   C．泳道、转移 D．用例、状态
2. 在图 8-50 所示的图例中，_____用来描述操作。

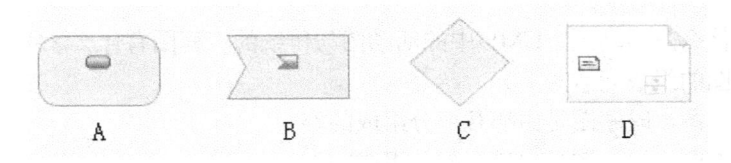

图 8-50 习题用图（4）

3. 事件表示对一个在时间和空间上占据一定位置的有意义的事情的规格说明，下面_____不是事件的类型。
   A．时间事件 B．调用事件
   C．变化事件 D．源事件
4. 状态是指在对象的生命周期中满足某些条件、执行某些活动或等待某些事件时的一个条件或状况，下面_____不是状态的基本组成部分。
   A．名称 B．进入/退出动作 C．内部转换
   D．子状态 E．延迟事件 F．外部转换
5. 转换是两个状态间的一种关系，表示对象将在当前状态中执行动作，并在某个特定事件发生或某个特定的条件满足时进入后续状态。下面_____不是转换的组成部分。
   A．源状态 B．事件触发 C．监护条件
   D．动作 E．目标状态 F．转换条件

6. 时序图是强调消息随时间顺序变化的交互图，下面_____不是用来描述时序图的组成部分。
   A. 类角色   B. 生命线
   C. 激活期   D. 消息   E. 转换
7. 关于协作图的描述，下列_____不正确。
   A. 协作图作为一种交互图，强调的是参加交互的对象的组织
   B. 在 RSA 工具中，协作图可以与时序图互换
   C. 协作图中有消息流的顺序号
   D. 协作图是时序图的一种
8. 在 UML 中，_____把活动图中的活动划分为若干组，并将划分的组指定给对象，这些对象必须履行该组所包括的活动，它能够明确地表示哪些活动是由哪些对象完成的。
   A. 组合活动   B. 同步条
   C. 活动   D. 泳道
9. 在 UML 中，用例可以使用_____来描述。
   A. 活动图   B. 类图
   C. 状态图   D. 协作图
10. UML 中，对象行为是通过交互来实现的，是对象间为完成某一目的而进行的一系列消息交换。消息序列可用两种类来表示，分别是_____。
    A. 状态图和时序图   B. 活动图和协作图
    C. 状态图和活动图   D. 时序图和协作图

三、简答题

1. 举例说明什么是活动图，UML 中的活动图与传统的流程图有什么区别。
2. 简述活动图的组成元素。
3. 什么是时序图，时序图是由哪几部分组成的？
4. 什么是协作图，协作图是由哪几部分组成的？
5. 引发状态转换的事件主要有哪些？

课外拓展

1. 操作要求

（1）绘制图书管理系统中图书状态图。
（2）绘制图书管理系统中读者账号的状态图。
（3）绘制图书管理系统中读者借书的活动图。
（4）绘制图书管理系统中系统管理员维护图书信息的活动图。
（5）绘制图书管理系统中系统管理员添加图书信息的时序图。
（6）绘制图书管理系统中图书管理员处理还书的时序图。
（7）将（5）和（6）中得到的时序图转换为序列图。

2. 操作提示

（1）以小组为单位进行讨论，分析系统的实体类、边界类和控制类。
（2）根据绘制的模型图，对系统的动态行为进行描述。
（3）充分理解动态建模中各图形适用的场合和侧重点。

第 9 章 物理建模

学习目标

本章将向读者详细介绍 UML 物理建模的基本内容。主要包括：物理建模概述、组件图及其绘制、部署图及其绘制等。本章的学习要点包括：
- 组件图的功能及组成；
- 绘制组件图；
- 部署图的功能及组成；
- 绘制部署图。

学习导航

本章主要介绍应用 Rational Software Architect 8.5 进行软件系统物理建模的基本知识和建模方法。系统物理建模是指在系统的逻辑设计之后，设计执行文件、库和文档等的物理结构。在面向对象系统物理建模时要用到组件图和部署图。本章学习导航如图 9-1 所示。

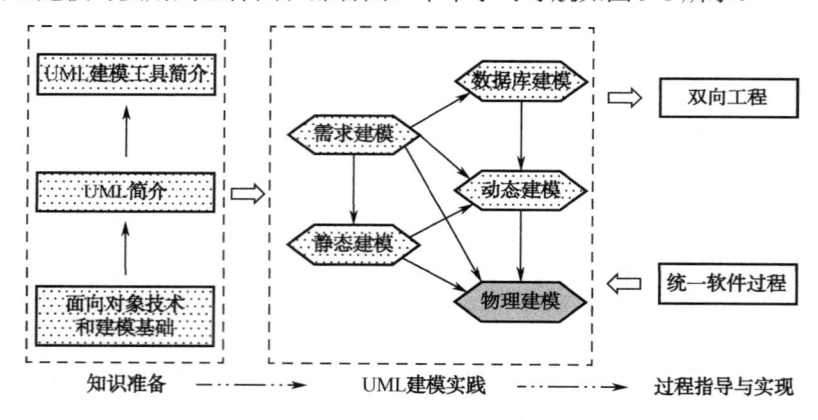

图 9-1 本章学习导航

9.1 物理建模概述

任务 1 了解物理建模的基本任务和主要内容。

软件系统的物理架构详细描述系统的软件和硬件组成。其中的硬件结构包括不同的节点以及节点间如何连接；软件结构包括软件运行时，进程、程序和其他组件的分布。物理架构还说明实现逻辑架构中定义的概念的代码模块的物理结构和相关性，通过科学、合理的物理设计有效地利用系统中的软、硬件资源。

进行物理建模的主要目的是解决以下问题。

- 类和对象物理上分布在哪一个程序或进程中？
- 程序和进程在哪台计算机上运行？
- 系统中有哪些计算机和其他的硬件设备？它们是如何连接在一起的？
- 不同的代码文件之间有何关联？如果某一文件被改变，其他的文件是否需要重新编译？

在建模过程中，将逻辑架构映射到物理架构，逻辑架构中的类和机制被映射到物理架构中的组件、进程和计算机。这种映射允许开发者根据逻辑架构中的类找到它的物理实现。反之，也可以跟踪程序或组件的描述找到它在逻辑架构中的设计。

如前所述，物理架构关心的是实现，因而在软件系统建模时可以使用实现图。UML 中的实现图是组件图和部署图。其中组件图包括软件组件，即代码单元和真正的文件（源代码和二进制代码等）的结构；部署图显示系统运行时的结构，包括物理设备和软件。

9.1.1 硬件

物理架构中的硬件概念可以分为以下几种。

1. 处理器

处理器是指执行系统中的程序的计算机。处理器可以是任意大小和类型，从嵌入式系统中的微处理器到超级计算机，从桌面计算机到便携式计算机，都称为处理器。一般来说，需要借助处理器运行系统中的软件。

2. 设备

设备指的是目标系统所支持的设备，如打印机、路由器、读卡机等。它们一般被连接到控制它们的处理器上，提供输入/输出或网络连接功能。

3. 连接

处理器之间有连接，处理器与设备之间也有连接。连接表示两个节点间的通信机制，可以用物理媒体（如光纤）和软件协议（如 TCP/IP）来描述。

9.1.2 软件

在软件系统的物理架构中，一般将软件定义为：软件由"部件"组成，这里的"部件"可以是包、模块、组件、名称空间或子系统。在架构中处理的模块的公共名字是子系统，子系统有一个接口，可以将其内部分解成更详细的子系统或类和对象。可以将子系统分派给进程执行，进程可以指派给计算机执行。

在 UML 中，将子系统抽象为类包。一个包将许多类组合成一个逻辑组，但没有定义语义。在设计中，通常定义一个或多个组件作为子系统的外观，外观组件提供访问子系统（包）的接口，是系统中的其余部分唯一可见的组件。通过外观组件的使用，包成为一个非常模块化的单元，其内部设计细节被隐藏起来，只有外观组件与系统中的其他模块有关系。在查看包时，对于那些想利用包提供的服务的人来说，只对外观组件感兴趣。有的时候，在图中只显示外观组件。

描述软件的主要概念是组件、进程、线程和对象。

1. 组件

在 UML 中，组件是指"在一组模型元素实例的物理打包时可重用的部分"。意思是说，组件是系统功能的物理实现（如源代码文件），它实现类图或交互图中定义的逻辑模型元素。组件可以看作开发的不同阶段（编译时、链接时和运行时）的成果。在一个工程中，经常将组件的定义映射到编程语言和使用的开发工具。

2. 进程和线程

进程表示重量控制流，而线程则代表轻量控制流。它们都被用来描述活动类，活动对象被分配给一个可执行的组件执行。

3. 对象

这里的对象没有自己的执行线程。只有当其他东西发送消息给它们时（调用它们的操作）它们才运行。它们可被指派给一个进程或线程（一个可执行的对象）或直接指派给一个可执行的组件。

9.2 组件图

任务 2 了解组件图的基本功能和绘制方法，并绘制 WebShop 电子商城系统的组件图。

9.2.1 组件图概述

组件图（Component Diagram）描述软件组件及组件之间的关系，显示代码的结构。组件是逻辑架构中定义的概念和功能（类、对象及它们之间的关系、协作）在物理架构中的实现。也可以理解为：组件就是开发环境中的实现文件。借助组件图，可以了解各软件组件（如源代码文件或动态链接库）之间的编译器和运行时的依赖关系，也可以将系统划分为内聚组件并显示代码自身的结构。

另外，组件图可以作为不同小组间的交流工具，对于软件系统开发过程中的各类人员都有着重要的意义。对于开发者来说，组件图可以给他们提供将要建立的系统的高层次的架构视图，从而可以帮助开发者开始建立实现的路标，并决定任务分配或增进需求技能；对于系统管理员来说，组件图可以让他们获得将运行于他们系统上的逻辑软件组件的早期视图。组件图提供的关于组件及其关系的信息方便了系统管理员轻松地计划后面的工作。

典型的组件图如图 9-2 所示。

组件图中通常包含的元素有组件、接口和依赖关系等。每个组件实现一些接口，并使用另外的接口。如果组件间的依赖关系与接口有关，那么可被具有同样接口的其他组件替代。

在 UML 中，组件用一个左边带有一个椭圆和两个小矩形的矩形符号来表示。组件名放在组件符号的下面或写在组件符号的大矩形内。

组件间的相关性连接，用一条带开箭头的虚线来表示，表示一个组件只有同另一个组件在一起才有一个完整的定义。从源代码组件 A 到另一个组件 B 的相关性是指从 A 到 B 之间有一个与语言有关的相关性。在编译化语言中，可能意味着 B 的改变可能需要重新编译 A，因为编译 A 时需要用到组件 B 中的定义。如果组件是可执行的，相关性连接可以用来描述一个可执行的程序需要哪些动态链接库才能运行。

组件可以定义其他组件可见的接口。接口要么是源代码级（如在 Java 中），要么是运行时使用的二进制级（如在 OLE 中）。

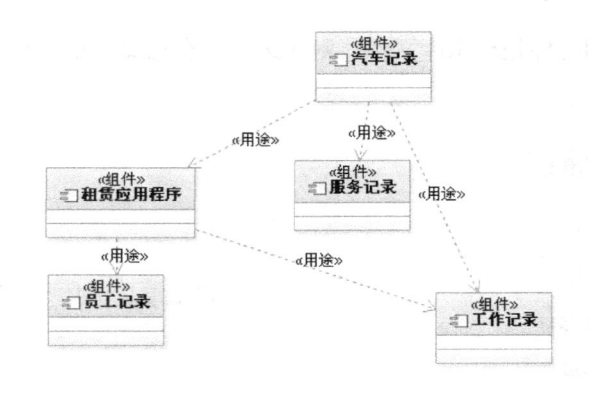

图 9-2 典型组件图

组件是类型,但是仅仅可执行的组件可能有实例(当它们代表的程序在处理器中执行时)。组件图只将组件显示成类型。为了显示组件的实例,必须使用部署图。在部署图中可执行组件的实例被指派给执行它们的节点实例。

9.2.2 组件图组成

1. 组件

组件图中的组件是定义了良好接口的物理实现单元,是系统中可替换的物理部件。组件表示将类、接口等逻辑元素打包而成的物理模块。如前所述,组件可以是编译时的组件、链接时的组件或可执行组件。组件使一个系统更具灵活性、可扩展性和可重要性。为了实现组件的灵活性,它必须符合下列标准:

- 组件的内部结构必须隐藏,组件的内部对象和外部对象之间不能有依赖关系;
- 组件必须提供接口,这样外部的对象才能和组件进行交互;
- 组件内部结构必须独立,内部的对象不应该知道外部的对象;
- 组件必须指定需要的接口,这样它们才能访问外部的对象。

在对可执行的系统进行建模的时候,"组件"代表的是在系统执行的时候用到的组件,如COM+对象、JavaBean 组件,以及 Web Service 等。组件一般以它所代表的系统来命名。如图 9-3 所示,是一个 RSA 中的组件。

在绘制组件图时,需要给出组件的名称和组件的种类。

(1)名称。

每个组件都必须有一个不同于其他组件的名称。组件的名称是一个字符串,位于组件图标的内部。在实际应用中,组件名称通常是从现实的词汇中抽取出来的短名词或名词短语,并根据目标操作系统添加相应的扩展名,如.java 或.dll 等,如图 9-4 所示。

(2)组件的种类。

组件通常包括编译时的源组件、链接时的二进制组件和运行时的可执行组件三种类型。

- 源组件:源组件只在编译时有意义。通常情况下,源组件是指实现一个或多个类的源代码文件。
- 二进制组件:通常情况下,二进制组件是指对象代码,它是源组件的编译结果。它应该是一个对象代码文件、一个静态库文件或一个动态库文件。二进制组件只在链接时有意义，如果二进制组件是动态库文件，则在运行时有意义（动态库只在运行时由可执行的组件装入）。

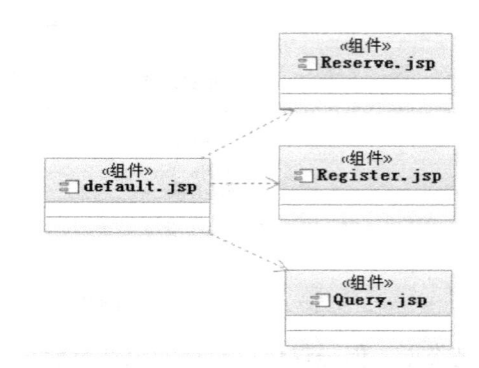

图 9-3 组件

图 9-4 组件示例

- 可执行组件：可执行组件是一个可执行的程序文件，它是链接（静态链接或动态链接）所有二进制组件所得到的结果。一个可执行组件代表处理器（计算机）上运行的可执行单元。

2. 工件

工件代表的是软件系统中的物理实体，如可执行文件、库、软件组件、文档及数据库等。一般来说，工件用在部署图中，但是也可以用在组件图中来展示建模元素，如组件或者类，它们能被以工件的形式展示出来，建模元素能以多种不同的工件显示出来。

工件部署在节点上，并且指定了部署和系统使用的或者提供的操作的物理信息。在工件图中，展示了它的属性和操作的一些信息。一个工件有一个唯一的名字，它描述了所代表的文件或者软件组件。RSA 中的一个工件如图 9-5 所示。

3. 接口

在组件图中，组件可以通过其他组件的接口来使用其他组件中定义的操作。通过使用命名接口，可以避免在系统中各个组件之间直接发生依赖关系，有利于组件的替换。组件图中的接口表示方法与组件类似，如图 9-6 所示。

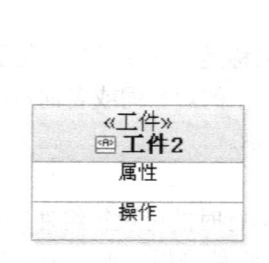

图 9-5 工件

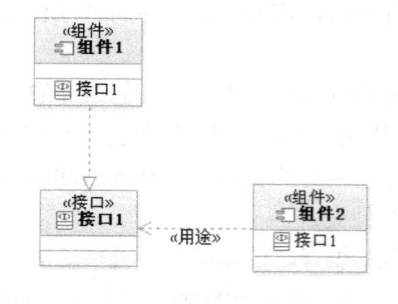

图 9-6 组件图中的接口

组件的接口分为两种：提供的接口和需要的接口。其中提供的接口描述了类或组件提供给客户的服务，需要的接口指定了要调用这个类或组件所需要的接口。

4. 组件图中的关系

组件图中主要有下述几种关系。

- 用途（Usage）关系：用途关系类似类图中的依赖关系，在类图部分已经做了详细的介绍，请参见类图中对用途关系的介绍。
- 实现（Realization）关系：实现关系指的是一个组件（客户端）实现了另外一个提供者的规范，多个客户端可以实现一个规范。组件实现关系与类图中的类似，请参见类图中对实现关系的介绍。
- 接口实现（Implementation）关系：接口实现关系其实是特殊的组件实现，它指的是一个分类器与它提供的接口之间的关系。具体关于实现关系请参见类图中对它的介绍，组件图中的接口实现关系与类图中不同的是，关系的起始端是从实现接口的类中发起的。
- 关联（Association）关系：关联关系在类图中已经做了详细的介绍，请参见类图中对关联关系的介绍。
- 抽象（Abstraction）关系：抽象关系指的是针对同一个概念在不同层次或者观点上的抽象。抽象关系能连接在同一个或者不同建模里的元素。例如，针对业务需求，分别在分析和设计阶段有相应的实现，可以把设计阶段的建模元素和分析阶段的元素用抽象关系连接起来，它表示了针对同一个系统在不同层次上的抽象。

9.2.3 绘制 WebShop 电子商城组件图

组件图一般用于对面向对象系统的物理架构进行建模，建模的时候要找出系统中存在的组件、接口以及组件之间的依赖关系。

【完成步骤】

（1）打开 WebShop 工作空间。

（2）新建组件图。

在视图区域中用鼠标右键单击待创建组件图的包，依次选择【添加图】→【组件图】，输入新的组件图的名称，如图 9-7 所示。

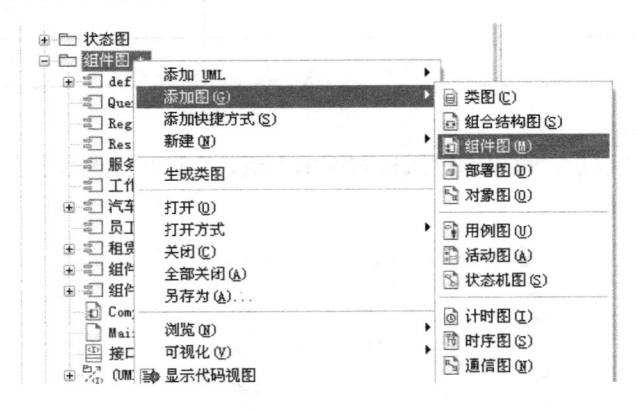

图 9-7　选择新建组件图

（3）添加组件到组件图。

根据软件应用系统的组件分布情况，选择组件图绘图工具栏上的相应图标绘制组件，如图 9-8 所示。

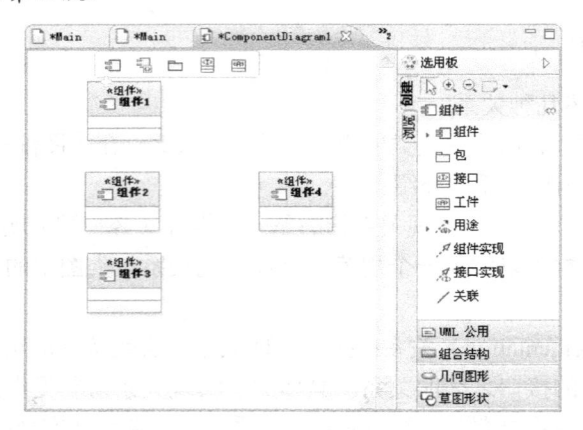

图 9-8　添加组件到组件图

组件图绘图工具栏按钮及其功能如表 9-1 所示。（注：可单击按钮前的三角符号展开所有工具。）

表 9-1　组件图绘图工具栏按钮及其功能

编号	按钮	元素名称	功能
1		组件	绘制基本组件
2		构造的组件	绘制构造的组件
3		包	绘制包
4		接口	绘制接口
5		工件	绘制工件
6		用途	绘制用途
7		抽象	绘制抽象
8		组件实现	绘制组件实现
9		接口实现	绘制接口实现
10		关联	绘制关联

（4）设置组件属性。

组件添加到组件图以后，可以通过鼠标右键单击组件，选择【属性】菜单，打开组件属性设置对话框，如图 9-9 所示。

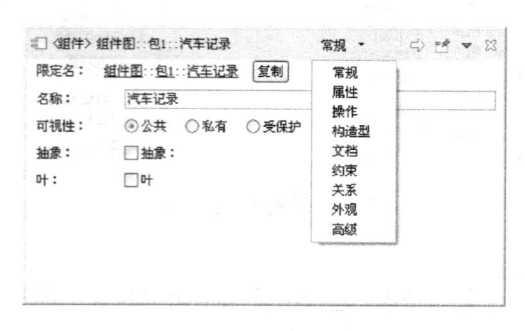

图 9-9　组件属性设置对话框

(5)绘制组件间的关系。

绘制组件间依赖关系的方法是:打开一个已经创建好的组件图或者创建一个新的组件图,在组件图中绘制相应的组件。在右边的"选用板"视图中,选择"组件"抽取器中的 ,在组件图中连接两个组件。最终得到的 WebShop 电子商城前台系统的组件图如图 9-10 所示。

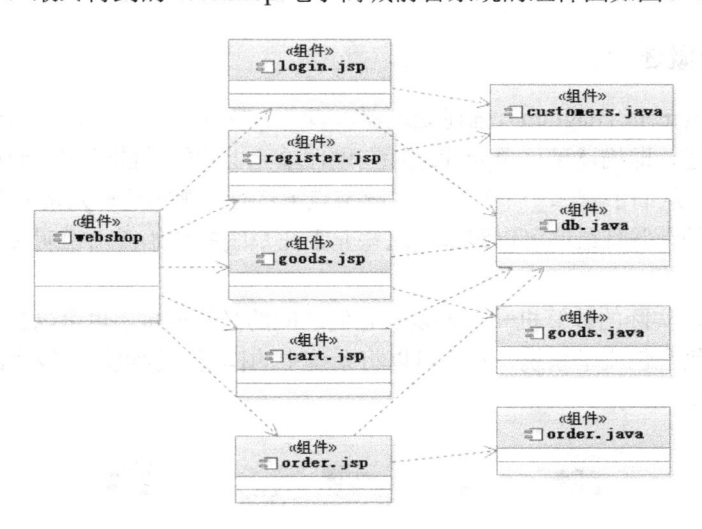

图 9-10　WebShop 电子商城前台系统的组件图

课堂实践 1

1. 操作要求

(1)阅读图 9-11 所示的 C++系统的组件图,尝试描述该系统中各组件之间的关系。

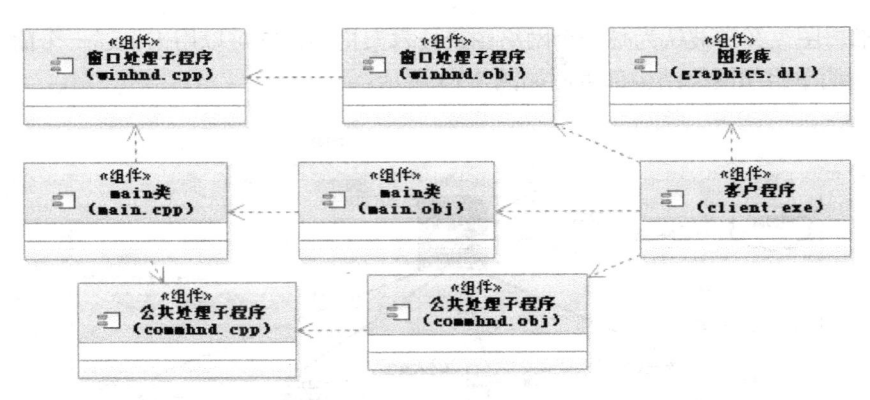

图 9-11　C++系统的组件图

(2)绘制图书管理系统的组件图。

2. 操作提示

(1)通过学习小组讨论和上网查询资料形式完成。
(2)注意组件图和程序功能模块图之间的异同。
(3)完整的 WebShop 电子商城系统和图书管理系统的组件图请参阅本书所附资源。

9.3 部署图

任务 3 了解部署图的基本功能和绘制方法，并绘制 WebShop 电子商城系统的部署图。

9.3.1 部署图概述

部署图（Deployment Diagram）描述处理器、设备、软件组件在运行时的架构。它是系统拓扑的最终的物理描述，即描述硬件单元和运行在硬件单元上的软件的结构。通过部署图，可以寻找一个指定的节点，从而了解哪一个组件正在该节点上运行，哪些逻辑元素（类、对象和协作等）是在本组件中实现的，并且最终可以跟踪到这些元素在系统的初始需求说明（在需求建模中完成的）中的位置。

部署图可以显示实际的计算机和设备以及它们之间的必要连接，也可以显示连接的类型。此外，部署图也可以包含包或子系统，它们可以将系统中的模型元素组织成较大的模块。典型的部署图如图 9-12 所示。

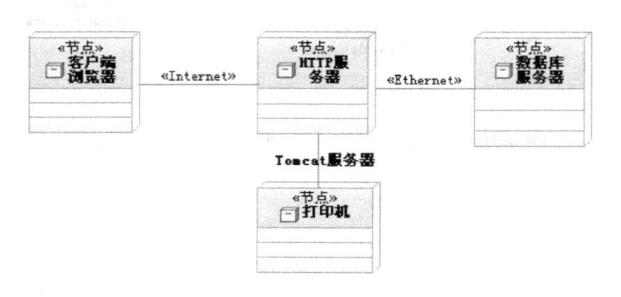

图 9-12 典型的部署图

UML 部署图也经常被认为是一个网络图或技术架构图，它可以用来描述一个简单组织的技术基础结构。简单组织网络结构部署图如图 9-13 所示。

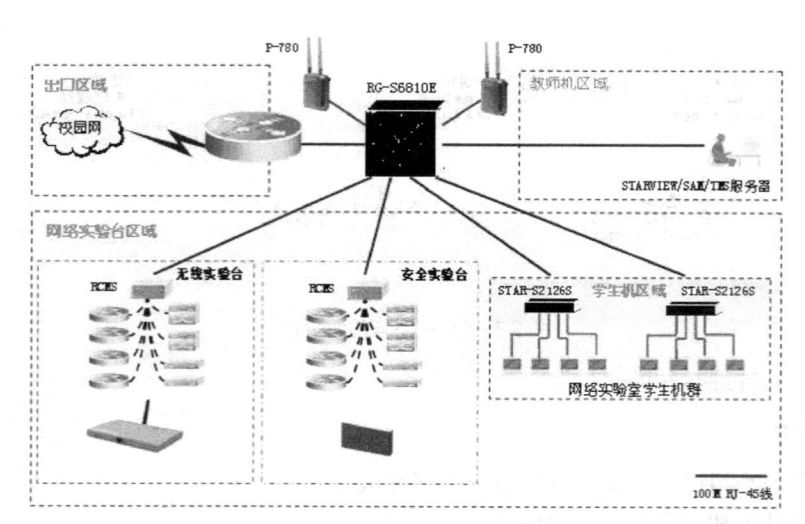

图 9-13 简单组织网络结构部署图

9.3.2 部署图组成

部署图一般在开发的实现阶段开始准备,它展示了在分布式系统中所有的物理节点,在每个节点上保存的工件和组件,以及其他元素等。节点指的是物理设备,如计算机、传感器、打印机,以及其他支持系统的运行环境。通信路径和部署关系对系统的连接进行建模。

因为部署图关注的是运行时处理节点的配置和它们的组件及工件,通过这种图可以评估分布式的复杂性和资源的分配情况。如图9-14所示,是RSA中部署图所提供的元素。

1. 节点

节点是拥有某些计算资源的物理对象。这些资源包括:带处理器的计算机,外部设备如打印机、读卡机、通信设备等。在查找或确定实现系统所需的硬件资源时标识这些节点,并从以下两方面对节点进行描述:能力(如基本内存、计算能力和二级存储器)和位置(在所有必需的地理位置上均可得到)。在UML中,节点用一个立方体表示,如图9-15所示。

图9-14 RSA中部署图所提供的元素 图9-15 部署图中节点示例

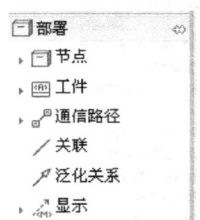

(1)名称。

一个节点用名称区别于其他节点。节点的名称是一个字符串,位于节点的图标的内部。例如,"SQL Server数据库服务器"是一个节点的名称。节点用一个三维立方体来表示,节点名放在立方体的内部,如同类和对象的做法一样,如果用该符号表示实例,则在名字下面有一条下画线。

系统中的设备也表示成节点,通常情况下,用构造型或名字来指定设备的类型。如果是用名字来指定设备的类型,则该名字至少能清楚地定义它是设备节点而不是处理器节点。

节点的名称有两种类型:简单名和路径名。其中,简单名就是一个简单的节点名称;而路径名是在简单名的前面加上节点所在的包的名称。

(2)节点的种类。

在应用部署图建模时,通常可以将节点分为处理器和设备两种类型。处理器是能够执行软件、具有计算能力的节点,服务器、工作站和其他具有处理能力的服务器和客户机都是处理器,在RSA中,提供了节点、设备、执行环境以及构造的节点四种元素,如图9-16所示。其中构造的节点代表的是一种类型的硬件,在RSA的选用板的菜单中提供了很多的构造节点,如图9-17所示。

2. 部署图中的关系

(1)关联关系:关联关系在类图中已经做了详细的介绍,可参见类图中对关联关系的介绍。

(2)通信路径关系:部署图节点间通过通信关联在一起。在UML中,这种通信关联用一条直线表示,说明在节点间存在某类通信路径,节点通过这条通信路径交换对象或发送消息。通信类型用构造型来表示,定义通信协议或使用的网络。在UML中,部署图中的关联关系的表示方法与类图中关联关系的表示方法相同，都是一条直线。在连接硬件时通常关心节点之间是如何连接的（以太网、令牌环、并行、TCP 或 USB 等），因此关联一般不使用名称，而是使用构造型，如<<Ethernet>>、<<parallel>>和<<TCP/IP>>等，如图 9-18 所示。

图 9-16 RSA 中的节点元素　　　　　图 9-17 RSA 中的构造节点

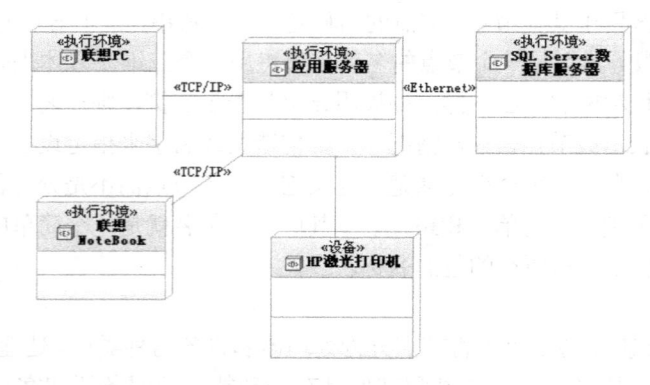

图 9-18 节点间的通信关联

（3）部署关系：部署关系指定了一种特殊的节点，它支持工件类型的部署。
（4）泛化关系：泛化关系在类图中已经做了详细的介绍，可参见类图中对泛化关系的介绍。
（5）显示关系：显示关系表示了在工件中出现的建模元素，如组件或者类等。工件里面包含了一个特定的实现，这个实现是指一个或者多个物理软件组件的功能。

3. 组件

在部署图中，可以将可执行组件的实例包含在节点实例符号中，表示它们处在同一个节点实例上，且在同一个节点实例上执行。从节点类型可以画一条带有构造型<<support>>的相关性箭头线到运行时的组件类型,说明该节点支持指定组件。当一个节点类型支持一个组件类型时,允许在该节点类型实例上执行它所支持的组件的实例。

9.3.3 绘制 WebShop 电子商城部署图

部署图一般用于对面向对象系统的物理架构进行建模,建模的时候要找出系统中存在的处理器和设备及其之间的依赖关系。

【完成步骤】

(1)打开 WebShop 工作空间。

(2)进入部署图绘制状态。在视图区域中用鼠标右键单击待创建组件图的包,依次选择【添加图】→【组件图】,输入新的组件图的名称。

(3)添加处理器或设备到部署图。

根据软件应用系统的部署情况,选择部署图绘图工具栏上的相应图标绘制处理器或设备,如图 9-19 所示。

图 9-19 添加执行环境或设备到部署图

部署图绘图工具栏按钮及其功能如表 9-2 所示。(注:可单击按钮前的三角符号展开所有工具。)

表 9-2 部署图绘图工具栏按钮及其功能

编号	按钮	元素名称	功能
1		节点	绘制节点
2		设备	绘制设备
3		执行环境	绘制执行环境
4		构造的设备	绘制构造的设备
5		工件	绘制工件
6		构造的工件	绘制构造的工件
7		部署规范	绘制部署规范

续表

编 号	按 钮	元 素 名 称	功 能
8		通信路径	绘制通信路径
9		构造的通信路径	绘制构造的通信路径
10		关联	绘制关联
11		泛化关系	绘制泛化关系
12		依赖性	绘制依赖性
13		显示	绘制显示
14		用途	绘制用途
15		部署	绘制部署

（4）设置设备属性。

设备添加到部署图以后，用鼠标右键单击设备，选择【属性】菜单，打开设备属性设置对话框，如图 9-20 所示。

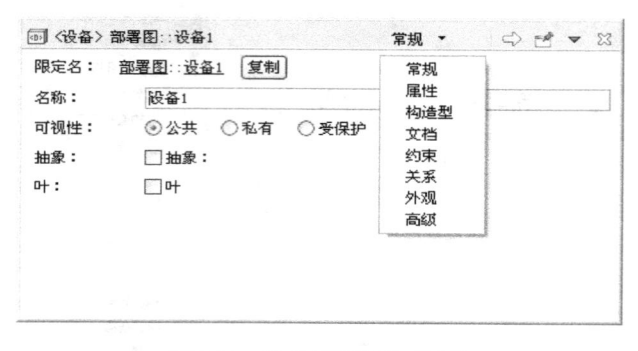

图 9-20　设备属性设置对话框

（5）绘制和设置处理器、设备之间的关联关系。

选择组件图绘图工具栏上的　，从源设备（或处理器）至目标设备（或处理器）拖动鼠标，完成关联关系的绘制。关联关系绘制成功后，在处理器或设备中单击鼠标右键，选择【属性】菜单，打开关联关系属性设置对话框，如图 9-21 所示。

图 9-21　关联关系属性设置对话框

最终得到的 WebShop 电子商城部署图如图 9-22 所示。

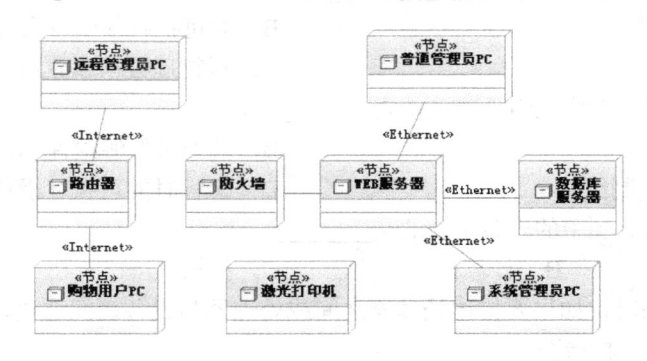

图 9-22　WebShop 电子商城部署图

课堂实践 2

1. 操作要求

（1）阅读如图 9-23 所示的学生选课系统部署图，尝试描述各处理器和设备之间的关系。

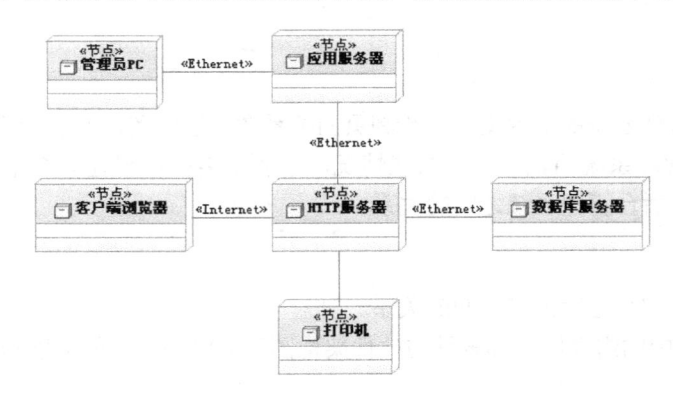

图 9-23　学生选课系统部署图

（2）绘制图书管理系统的部署图。

2. 操作提示

（1）通过学习小组讨论和上网查询资料形式完成。
（2）比较 UML 中的部署图和软件架构图之间的区别。

习　题

一、填空题

1. _____ 和 _____ 是用于对面向对象系统的物理方面建模进行描述的两种图形。
2. 在 UML 的部署图中，能够执行软件、具有计算能力的节点，称为 _____。

二、选择题

1. 组件图用于对系统的静态实现视图建模，这种视图主要支持系统部件的配置管理，通常可以分为四种方式来完成，下面_____不是其中之一。
  A．对源代码建模   B．对可执行体的发布建模
  C．对事物建模   D．对物理数据库建模
 2．下列不属于组件图中的组件类型的是_____。
  A．调用时的组件   B．编译时的源组件
  C．链接时的二进制组件   D．运行时的可执行组件
 3．下列不属于部署图中的设备类型的是_____。
  A．打印机   B．计算机   C．扫描仪   D．路由器
 4．在绘制部署图时，如果要描述处理器之间或处理器与设备之间通过以太网进行连接的关系，使用下列_____构造型。
  A．<<Ethernet>> B．<<parallel>> C．<<TCP/IP>> D．<<Internet>>

三、简答题

1．请举例说明 RSA 中可以表示哪些组件类型。
2．什么是节点？举例说明部署图中有哪些节点类型。

课外拓展

1．操作要求

（1）分析图书管理系统的实现文件，绘制页面关系图和组件图，并进行比较。
（2）分析图书管理系统的软、硬件组成情况，绘制部署图以描述系统中的数据库服务器、Web 服务器、客户、后台管理系统之间的关系。

2．操作提示

（1）分析物理架构和逻辑架构之间的关系。
（2）比较 UML 中的组件图和部署图与软件架构图和网络拓扑图的区别与联系。

第10章 双向工程

学习目标

本章将向读者详细介绍 Rational Software Architect 8.5 的双向工程的功能及操作方法。RSA 双向工程的内容主要包括：双向工程简介、正向工程、逆向工程。本章的学习要点包括：
- 从模型到代码的正向工程；
- 从代码到模型的逆向工程。

学习导航

本章主要介绍应用 Rational Software Architect 8.5 实现正向工程和逆向工程的方法和操作过程，正向工程是指从 UML 模型生成程序设计语言代码的过程，逆向工程是指从程序设计语言代码得到 UML 模型的过程。本章学习导航如图 10-1 所示。

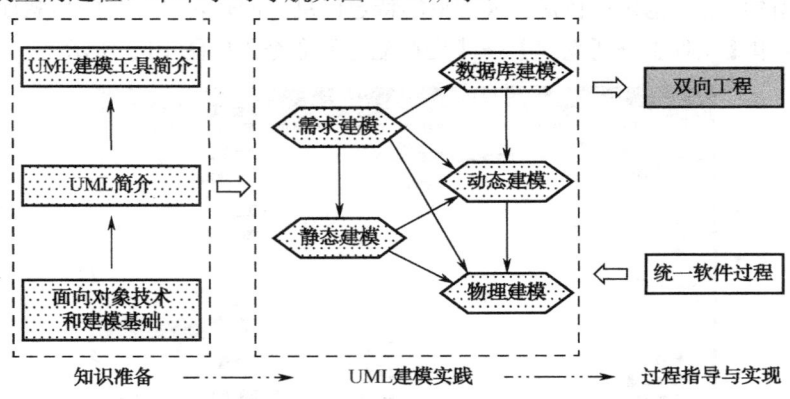

图 10-1 本章学习导航

10.1 双向工程简介

RSA 的双向工程包括正向工程和逆向工程。正向工程就是从 UML 模型到具体语言代码的过程，而逆向工程是在软件开发环境中由具体的语言到 UML 模型的过程。使用正向工程，一旦软件系统的设计完成后，开发者可以借助正向工程直接由 UML 模型生成程序代码框架，提高开发效率。而借助于逆向工程，开发者可以通过程序源代码得到软件系统的设计模型和设计文档。

10.2 正向工程（生成 Java 代码）

正向工程是从模型图到代码框架的过程。通过将软件模型对某种特定语言的映射可以从 UML 图得到该语言的代码，帮助开发者节约许多编写类、定义属性和方法等重复性工作的时间。

转换是把源模型的元素转变为目标模型的元素。转换配置是转换的实例，它包括转换要使用的所有信息。源模型和目标模型可以是文本文件、代码模型，也可以是 UML 模型。当源模型和目标模型都是 UML 模型时，转换通常是把元素从一个抽象级别转变为另一个抽象级别。转换包括转变规则，这些规则把一种类型的源元素转变为一个或多个目标元素。除了转变规则外，转换还包括贯穿于源模型元素并基于元素类型和特定规则标准运行的机制。例如，一个已有的规则可能只有当模型元素的类型是一个特定 UML 时才运行。

转换配置是转换的一个实例，它包括转换所使用的所有信息，如一个唯一的名字、转换源及转换目标等；它也可以包括一个已有转换的具体特定属性。转换配置文件的扩展名为.tc，存放在工作空间中。当用户运行一个转换时将使用用户在转换配置中提供的信息。在用户运行转换之前，用户必须创建一个转换配置。当用户应用一个转换配置时，创建一个转换的实例并应用转换配置中的属性来运行，最后生成用户所期望的输出。

> **任务1** 使用 RSA 的正向工程将类图生成 Java 代码。

【完成步骤】

1. 创建一个转换配置

在用户对一个源模型应用某个转换之前，必须创建一个转换配置。转换配置包括转换用来生成用户期望输出的信息，也包括特殊转换类型的特定信息。创建转换配置的步骤如下。

（1）选择菜单【文件】→【新建】→【变换配置】命令，如图 10-2 所示。

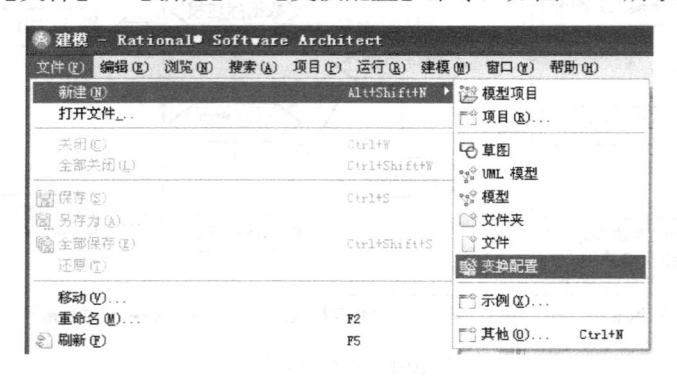

图 10-2　新建变换配置

（2）在【新建变换配置】对话框中，在【名称】域中输入一个转换配置的名称，如图 10-3 所示。

（3）在【变换】列表中选择一个转换类型，如图 10-3 所示。

（4）选择【配置文件目标位置】，这个目标位置是用户工作空间的一个相对位置。用户可以指定一个项目名称或者文件夹的名称，如果指定一个文件夹的名称，必须在文件夹的名称前加一个斜杠"/"，如图 10-3 所示。

（5）单击【完成】按钮，即可进入变换配置页面，如图 10-4 所示。

（6）在变换配置页面单击【源和目标】选项卡，设置变换源和目标项目，如图 10-5 所示。也可创建新的目标容器，单击【创建目标容器】按钮，打开"创建目标容器"对话框，创建新的Java 项目，设置项目的名称和位置，如图 10-6 所示。

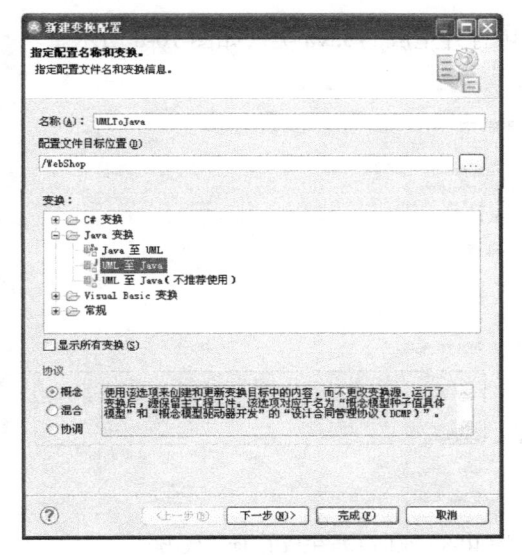

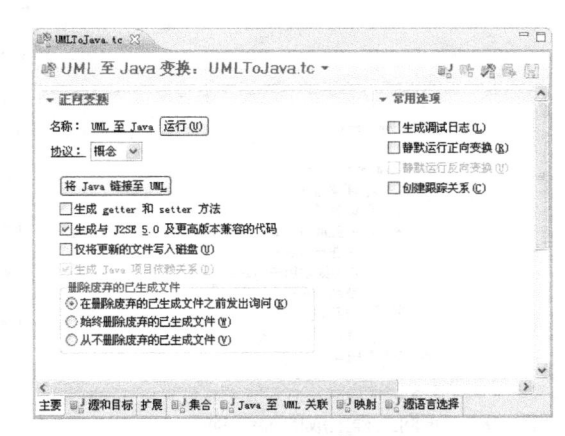

图 10-3　设置变换配置

图 10-4　变换配置页面

图 10-5　设置变换源和目标项目

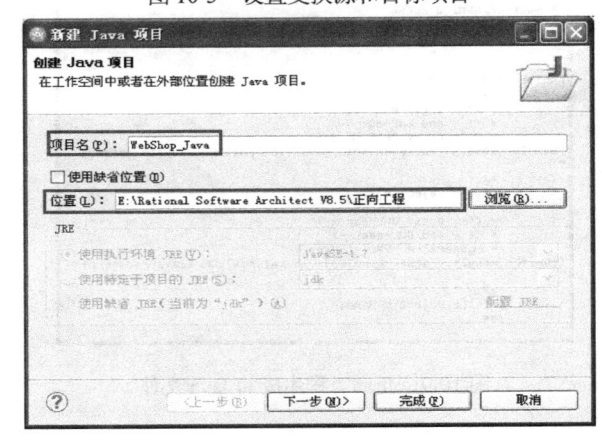

图 10-6　创建目标容器

（7）完成配置，进入【主要】选项卡，单击【运行】按钮，完成变换，在左侧的"项目资源管理器"即可看到创建的 WebShop_Java 项目，如图 10-7 所示。

代码生成后，在"资源管理器"双击文件名即可打开生成的 Java 类，如图 10-8 所示。

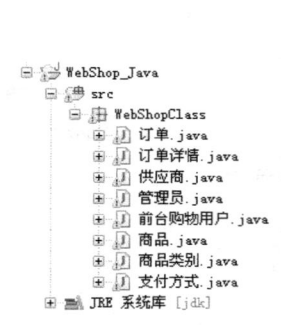

图 10-7　正向工程生成的 Java 项目　　　　图 10-8　正向工程生成的 Java 代码

也可以在保存 Java 文件夹路径（这里为 E:\Rational Software Architect V8.5\正向工程\src\WebShopClass）中查看所生成的 Java 文件，如图 10-9 所示。

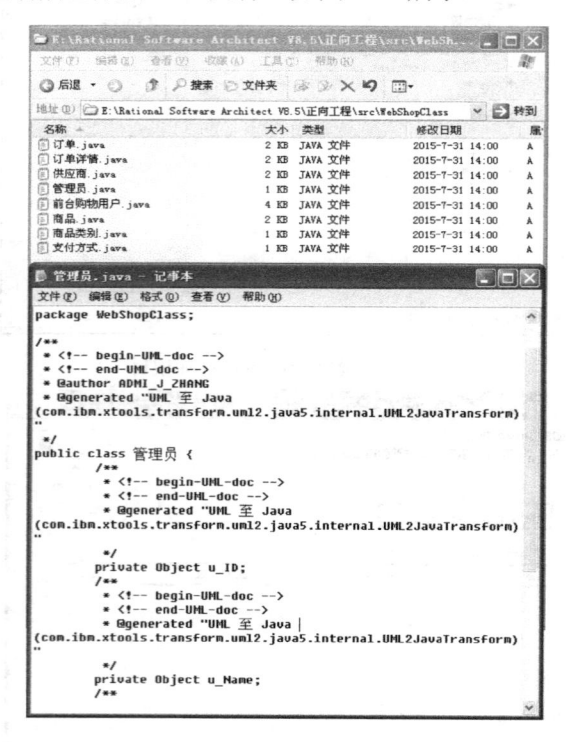

图 10-9　正向工程生成的 Java 文件

课堂实践 1

1. 操作要求

（1）使用 RSA 的正向工程将图书管理系统中的类图转换成 Java 代码。

（2）在 RSA 中查看新生成的对应类的 Java 代码。

2. 操作提示

（1）通过学习小组讨论和上网查询资料形式完成。
（2）比较生成的代码与自己编写的程序代码的区别。

10.3 逆向工程

任务 2 使用 RSA 的逆向工程将已有的 Java 源代码转换成 RSA 模型。

Rational Software Architect 逆向工程就是从现有系统的代码来生成模型的功能。逆向工程通常在迭代过程结束，重新同步模型和代码时非常有用。在一个迭代开发周期中，对于原有模型的实现，可能会加入许多新的类、属性或方法。这样就可能造成设计模型和实现模型不一致。这时候，采用逆向工程就可以实现设计模型和实现模型的同步。同时，通过逆向工程可以分析已有的代码，了解代码结构与数据结构，这些代码对应到模型图就是类图、数据模型图与组件图。Rational Software Architect 所支持的逆向工程功能很强大，包括的编程语言有 C++、VB、VC、Java、CORBA 等，并且可以直接连接 DB2、SQL Server、Oracle 和 Sybase 等数据库，导入 Schema 并生成数据模型。

很多大型软件系统的开发都涉及数据库的使用，尤其是在做二次开发的情况下，主要的难点就是对源码与数据库结构的分析。而利用 RSA 的逆向工程这一功能，就可以完成代码、类图以及数据库 Schema 到数据模型图的转换。

假设现有图书管理系统中的图书类 Book.java 代码如下。

```java
public class Book
{
    private int ID;
    private String name;
    private String publisher;
    private String author;
    private double price;
    private String description;
    public Book()
    { }
    public void add()
    { }
    public void update()
    { }
    public void delete()
    { }
    public void getName()
    { }
    public void setName()
```

        {   }
}

下面由 Book.java 源文件生成 RSA 类图。

【完成步骤】

（1）在 RSA 中新建一个 Java 项目，命名为 Library，将 Java 类包导入至该项目中，如图 10-10 所示。

（2）创建一个转换配置，方法与前面介绍的 UML 转换为 Java 方法类似，只是在选择转换类型的时候选择"Java 至 UML"，如图 10-11 所示。

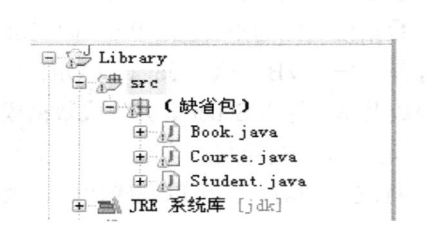

图 10-10　新建 Library 项目

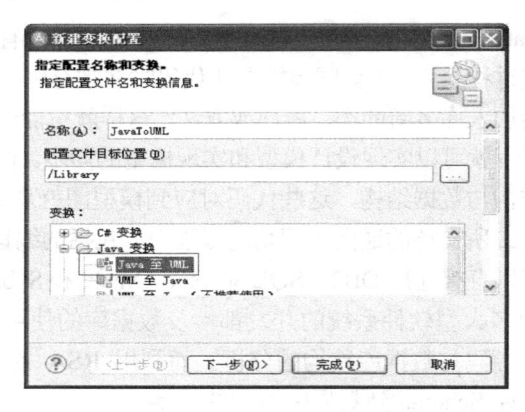

图 10-11　选择转换类型

（3）在变换配置页面单击【源和目标】选项卡，设置变换源和目标项目，创建新的目标容器，单击【创建目标容器】按钮，打开【创建目标容器】对话框，创建新的模型项目，设置项目的名称和位置，如图 10-12 所示。

（4）完成配置，进入【主要】选项卡，单击【运行】按钮，完成变换。在左侧的"项目资源管理器"即可看到转换生成的 UML 类，如图 10-13 所示。

图 10-12　创建新的模型项目

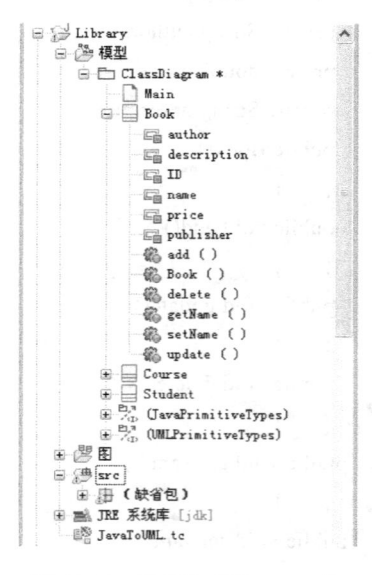

图 10-13　转换生成的 UML 类

(5) 将转换后的类添加到类图，使用鼠标将在视图区域中转换后的类（这里为 Book）拖放到绘图区域，即可得到对应的类图，如图 10-14 所示。

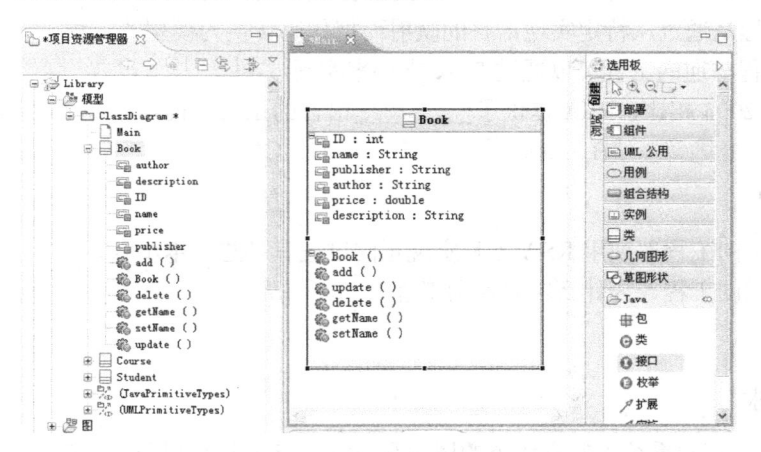

图 10-14　逆向工程得到的类图

【提示】
- 借助于逆向工程可以逆向检查同步设计会不会出问题，以及信息会不会丢失；
- 进行逆向工程时，若有关联的类（包括框架的类或别的模块的类）不存在，则会报错，无法进行；
- 逆向工程只能生成类，不能生成类图；如要得到类图，请创建一个类图，然后将在逆向工程中得到的类拖进类图区域即可。

课堂实践 2

1. 操作要求

（1）在 Java 语言中编写 WebShop 电子商务系统中商品类的代码，添加一个 g_Producer 属性并添加一个 queryGoods()方法。

（2）使用 RSA 的逆向工程，将商品类对应的 Java 类（goods.java）转换成 RSA 中的类图，并比较该类图在修改前后的变化。

2. 操作提示

（1）通过学习小组讨论和上网查询资料形式完成。

（2）必须保证会员类之前没有 g_Producer 属性和 queryGoods 方法。

习　题

一、填空题

1. 从模型到语言代码的过程为＿＿＿＿＿＿。
2. 在软件的迭代开发周期中，通常采用＿＿＿＿＿＿可以实现设计模型和实现模型的同步。

二、选择题

1. 下面关于正向工程与逆向工程的描述不正确的是＿＿＿＿＿＿。

A. 正向工程是通过到实现语言的映射而把模型转换为代码的过程
B. 逆向工程是通过从特定实现语言的映射而把代码转换为模型的过程
C. 正向工程是通过从特定实现语言的映射而把代码转换为模型的过程
D. 正向工程与逆向工程可以通过 Rose 支持来实现

2. 同 Rose 2003 相比，RSA 提供了_____语言的正向工程是 Rose2003 不能提供的。
A. C++　　　　　　B. Java　　　　　　C. C#　　　　　　D. Visual Basic

三、简答题

1. 什么是正向工程？使用 RSA 工具实现正向过程有哪些基本步骤？
2. 什么是逆向工程？为什么需要逆向工程？

课外拓展

1. 操作要求

（1）完善图书管理系统中的实体类的属性和方法（指定其类型和返回值）。
（2）由图书管理系统中的实体类图生成对应的 Java 代码。
（3）使用 Java 语言编写一个描述学生的类 student.java。
（4）使用 RSA 工具对 student.java 程序实施逆向工程。
（5）尝试在.NET 开发环境中，使用 UML 的正向工程和逆向工程功能。

2. 操作提示

Rational Software Architect 8.5 中同样提供了 C#语言的双向工程。

第 11 章 统一软件过程 RUP

学习目标

本章将向读者详细介绍 RUP 的工作流程和迭代过程。RUP 的工作流程包括业务建模、需求、分析设计、实施、测试和部署六大核心工作流程,以及配置与变更管理、项目管理和环境三大支持工作流程;RUP 的迭代过程包括初始、细化、构造和移交四个阶段。本章的学习要点包括:

- RUP 的基本特点;
- 六大核心工作流程及主要活动;
- 三大支持工作流程及主要活动;
- 初始、细化、构造和移交四个迭代阶段的目标、核心活动、评审标准。

学习导航

本章主要介绍统一软件过程 RUP 的主要特点及其六大核心工作流程、三大支持工作流程和四大迭代阶段的目标和主要活动。在中、大型软件开发过程中,以 RUP 为指导并结合 UML 进行软件系统的建模,将有助于软件系统的开发控制和项目管理,有助于提高软件开发效率。本章学习导航如图 11-1 所示。

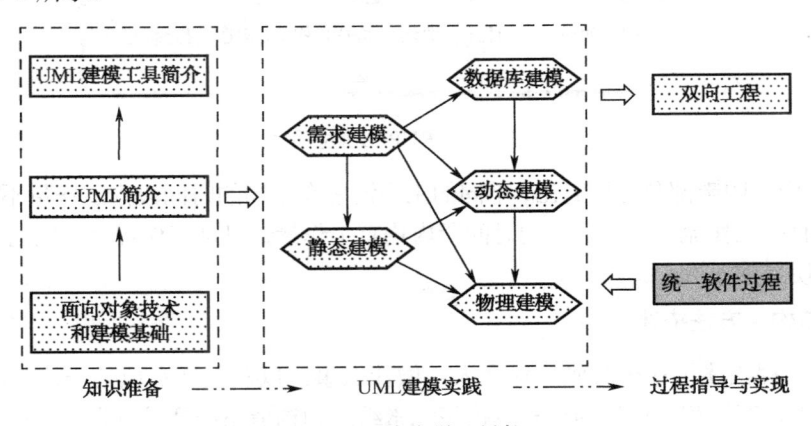

图 11-1 本章学习导航

11.1 RUP 简介

Rational Unified Process(以下简称 RUP)是一套软件工程方法,主要由 Ivar Jacobson 的 The Objectory Approach 和 The Rational Approach 发展而来。同时,它又是文档化的软件工程产品,所有 RUP 的实施细节及方法都以 Web 文档的方式集成在一张光盘上,由 Rational 公司开发、维护并销售。RUP 又是一套软件工程方法的框架,各个组织可根据自身的实际情况,以及项目规模对

RUP 进行裁剪和修改，以制订出合乎需要的软件工程过程。

RUP 吸收了多种开发模型的优点，具有很好的可操作性和实用性。它推出市场后，凭借 Booch、Ivar Jacobson 和 Rumbagh 在业界的领导地位，以及与统一建模语言 UML 的良好集成，多种 CASE 工具的支持，不断的升级与维护，迅速得到业界广泛的认同，越来越多的组织以它作为软件过程模型框架。RUP 是与 UML 结合最好的一种软件过程方法。因此，我们有必要对 RUP 进行基本的了解。

1. RUP 基本思想

在 RUP 中，软件开发生命周期根据时间和 RUP 的核心工作流划分为二维空间。时间维从组织管理的角度描述整个软件开发生命周期，是 RUP 的动态组成部分，它可进一步描述为周期、阶段、迭代；核心工作流从技术角度描述 RUP 的静态组成部分，它可进一步描述为行为、工作流、产品、角色，如图 11-2 所示。

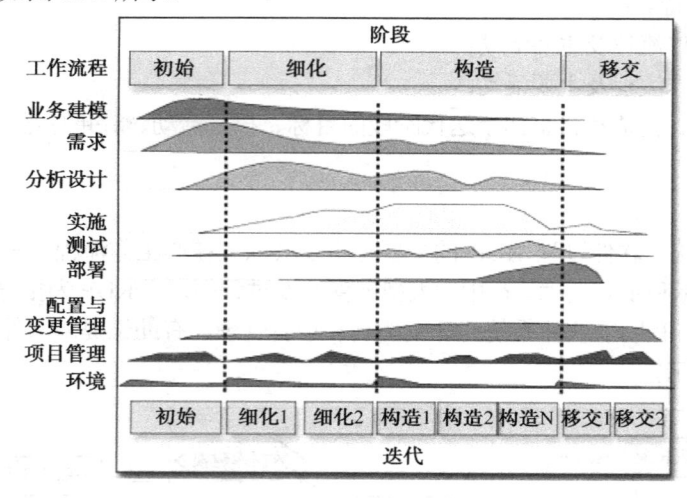

图 11-2 RUP 二维空间

从图 11-2 中的阴影部分可以看出，不同的工作流程在不同的时间段内工作量不同。值得注意的是，几乎所有的工作流程，在所有的时间段内均有工作量，只是工作程度不同而已。这与瀑布式开发模型有明显的不同。

2. 静态结构—方法描述

软件开发过程描述了什么时候，什么人，做什么事，以及怎样实现某一特定的目标。RUP 采用角色、行为、产品和工作流四个基本模型元素组织和构造系统开发过程，如图 11-3 所示。

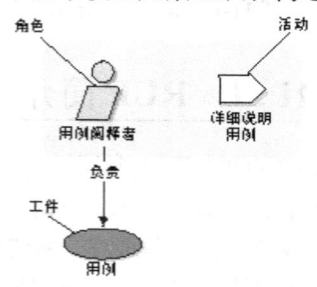

图 11-3 角色及其活动和工件

角色用于描述某个人或一个小组的行为与职责。一个开发人员可以同时是几个角色，一个角色也可以由多个开发人员共同承担。RUP 预先定义了很多角色，如架构师、用例设计师、系统分析师和测试工程师，并对每一个角色的工作和职责都做了详尽的说明。

行为是一个有明确目的的独立工作单元。产品是行为生成、创建或修改的一段信息。它是行为的输入，同时又是它的输出结果。产品以多种形式存在，如模型、源代码、可执行文件、文档等。

模型是从某一个角度对系统的完全描述。RUP 的很大一部分工作就是设计和维护一系列的模型，这其中有用例模型、商业模型、分析模型和设计模型等（从其他的角度来看，包括需求模型、静态模型、动态模型和物理模型等）。所有的这些模型都采用 UML 描述，因此它们是标准的，并为多种 CASE 工具支持。RUP 并不鼓励写在字面上的文档，产品应尽可能地在 CASE 工具中创建和修改，并为版本管理工具跟踪和维护，它们在整个软件开发周期中动态地增加和修改。当然也可以根据需要为模型生成报告，但它们是静态的，是某一时刻模型的快照，不需要维护和修改。

工作流描述了一个有意义的连续的行为序列，每个工作流产生一些有价值的产品，并显示了角色之间的关系。RUP 主要提供两种组织工作流的方式：核心工作流和迭代工作流。核心工作流从逻辑上把相关角色和行为划分为组，用来描述 RUP 的逻辑组成部件。它们相当于模板，并不在开发过程中真正地执行。迭代工作流是 RUP 的一个具体的实现过程，它们对核心工作流进行裁剪，是核心工作流的具体实现。每类工作流都会同一个或多个模型打交道。

3. 动态结构——迭代式开发

在 RUP 的时间维上，为了能够方便地管理软件开发过程，监控软件开发状态，RUP 把软件开发周期划分为周期，每个周期生成一个产品的新版本。每个周期都依次由四个连续的阶段组成，每个阶段都应完成确定的任务。

（1）初始阶段：定义最终产品视图、商业模型并确定系统范围。以需求分析为主，建立系统整体结构。

（2）细化阶段：设计及确定系统的体系结构，制订工作计划及资源要求。针对第一阶段需求分析结果，进行设计、编程、测试，然后再反馈到需求分析。

（3）构造阶段：构造产品并继续演进需求、体系结构、计划直至产品提交。对第一阶段的需求进行设计、编程、测试、反馈。重复需求、设计、编程、测试的过程。

（4）移交阶段：把产品提交给用户使用。综合测试，交付可运行产品。

如图 11-4 所示，在每个阶段结束前都通过一个里程碑评估该阶段的工作。如果未能通过该里程碑的评估，则决策者应该做出决定是取消还是继续该阶段的工作。

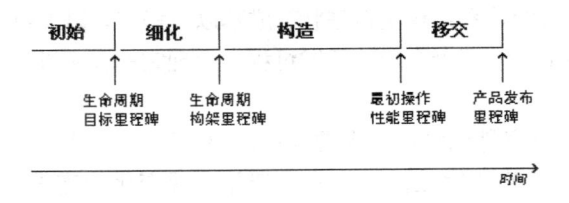

图 11-4 项目的阶段和里程碑

每一个阶段都由一个或多个连续的迭代组成，每一个迭代都是一个完整的开发过程，是一个具体的迭代工作流从头到尾的执行过程。与核心工作流不同的是，RUP 没有也无法给出迭代工作流的具体实现步骤，它需要项目经理根据当前迭代所处的阶段，以及上次迭代的结果，适当地对核心工作流中的行为进行剪裁以实现一个具体的迭代工作流。

RUP 的迭代开发过程是受控的，在项目计划中就制订了项目迭代的个数、每个迭代的延续时间以及目标。在每一个迭代的起始阶段都制订详细的迭代计划以及具体的迭代工作流。每次迭代过程都生成该次迭代的版本，作为下次迭代的基础。在迭代结束前，都应执行测试工作，并仔细评估该迭代过程，为下一次迭代做准备。迭代并不是重复地做相同的事，而是针对不同用例的细化和实现。

4. RUP 的特点

（1）用例驱动。

传统的面向对象开发方法因为缺乏贯穿整个开发过程的线索，因此很难阐述清楚一个软件系统是如何实现其功能的。在 RUP 中，用例模型贯穿整个软件开发过程的线索。

用例模型是需求分析工作流的结果，它从用户的角度描述该系统应该实现的功能。利用用例模型可以有效地界定系统范围及其行为，并为用户及开发人员认同。用例模型主要由用例和执行者构成。用例是系统执行的一系列行为，并为执行者生成一些有意义的结果。执行者是所有与本系统有交互的外部系统，可以是人、其他软件系统等。用例模型（需求模型）的详细内容请参阅本书第 5 章。

用例作为分析与设计工作流的输入，是实现分析与设计模型的基础。设计模型作为实现工作流的规格说明书，它自然要实现用例模型所定义的功能。同样在测试工作流中，用例模型组成测试实例，用来有效地校验整个系统的正确性。另外，用例是用户手册的基础，驱动整个迭代开发过程的运作，所以我们说 RUP 是由"用例"驱动的。

（2）以体系结构为中心。

多年以来，软件设计人员一直强烈地感觉软件体系结构是一个非常重要的概念。因为它使得开发人员及用户能够更好地理解系统的逻辑结构、物理结构、系统功能及其工作机理，也使系统能够更加容易修改及扩充。但是由于对体系结构的目的及其定义一直模糊不清，且表示方法的混乱一直影响着它的应用。体系结构中定义清晰、功能明确的组件为基于组件式的开发、大规模的软件复用提供有力的支持，是项目管理中计划与人员安排的依据。由于在项目的开发过程中不同的开发人员所关心的角度是不一样的，因此软件的体系结构应该是一个多维的结构，RUP 采用的是 4+1 视图模型，利用 UML 语言来描述软件的体系结构。这五个视图都是从相应的模型中抽取出对系统的结构、功能、健壮性及其可扩充性有重要意义的元素构成，是各模型的精华与核心部分。

用例是驱动软件开发周期的原动力，但是分析与设计工作流是以软件体系结构为核心的。RUP 早期的迭代工作，特别是演化阶段的重点就是确定和校验软件的体系结构。演化阶段的里程碑的一个关键任务就是确定该系统的体系结构是否健壮、成熟以及稳定。以"用例"驱动、体系结构为中心使得开发人员比较容易地控制整个系统的开发过程，管理它的复杂性，维护它的完整性。

（3）迭代式开发。

迭代式开发方法能够更容易地管理需求的变化，整个开发过程由一次次的独立的迭代组成，项目经理能够比较容易地调整迭代过程，使最终产品实现变化的需求。大部分的产品都存在于 CASE 工具中，并为配置工作流所管理，使得所有开发人都能够及时地知道这种变化，制订相应的对策。开发人员以及项目相关人员能够及时地从迭代过程中得到反馈信息，并能够及时修改以前工作中的失误，有效地监控开发过程，并对迭代工作流进行校正，这对一个时间跨度很长的项目具有重要的意义。

迭代式开发方法是一个不断降低风险的过程，每一次的迭代过程都选择最关键的，也是风险最大的"用例"执行，因此风险在迭代过程中不断地被发现、消灭。

在 RUP 中各模型间关系示意图如图 11-5 所示。该模型图详细描述了每个模型中的主要工件以及这些工件间的信息流。

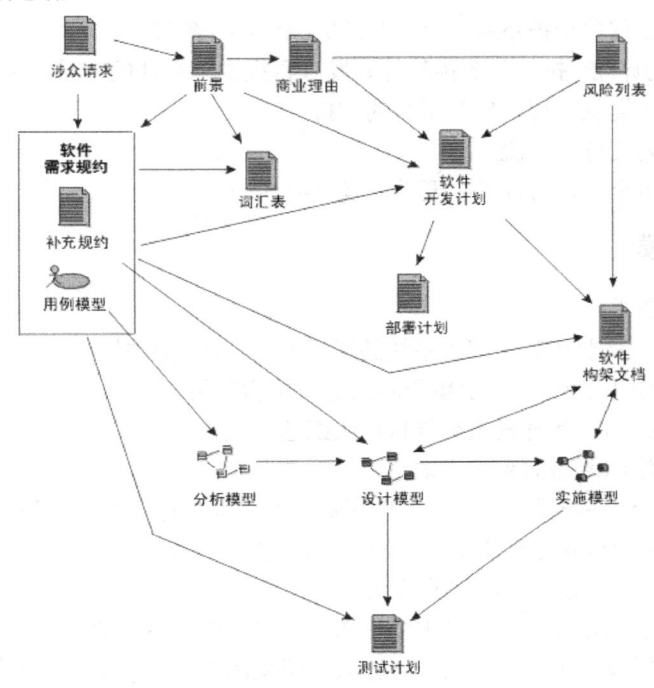

图 11-5　RUP 中各模型间关系示意图

【提示】
- RUP 中的用例模型对应本书所提到的需求模型；
- RUP 中的分析模型和设计模型包括了本书提到的静态模型和动态模型的一部分；
- RUP 中的实施模型包含了本书所提到的物理模型。

11.2　RUP 工作流程

RUP 有六个核心工作流和三个核心支持工作流，下面简单描述这些工作流的目的。

（1）业务建模：理解待开发系统的组织结构及其商业运作，确保所有参与人员（涉众）对开发系统有共同的认识。

（2）需求分析：定义系统功能及用户界面，使客户知道系统的功能，开发人员知道系统的需求，为项目预算及计划提供基础。

（3）分析与设计：把需求分析的结果转化为实现规格。

（4）实现：定义代码的组织结构、实现代码、单元测试、系统集成。

（5）测试：校验各子系统的交互与集成。确保所有的需求被正确实现并在系统发布前发现错误。

（6）发布：打包、分发、安装软件，升级旧系统；培训用户及销售人员，并提供技术支持。制订并实施 Beta 测试。

这六个工作流称为核心工作流，它们的名字同瀑布模式的顺序工作阶段类似。但核心工作流并不是具体的实现，而核心工作流中的某些行为有可能在软件开发周期中一遍又一遍地在迭代工作流中得以细化。

（7）配置管理：跟踪并维护系统所有产品的完整性和一致性。
（8）项目管理：为计划、执行和监控软件开发项目提供可行性的指导，为风险管理提供框架。
（9）环境：为组织提供过程管理和工具的支持。

这三个工作流称为支持工作流。

接下来详细介绍每个工作流程的主要功能及主要活动。

11.2.1 业务建模

业务建模的目的在于：
- 了解目标组织（将要在其中部署系统的组织）的结构及机制；
- 了解目标组织中当前存在的问题并确定改进的可能性；
- 确保客户、最终用户和开发人员就目标组织达成共识；
- 导出支持目标组织所需的系统需求。

为实现这些目标，业务建模工作流程说明了如何拟订新目标组织的前景，并基于该前景来确定该组织在业务用例模型和业务对象模型中的流程、角色以及职责。

业务建模工作流程与其他工作流程的关系如下：
- 业务模型是需求工作流程的一种重要输入，用来了解对系统的需求；
- 业务实体是分析设计工作流程的一种输入，用来确定设计模型中的实体类；
- 环境工作流程开发并维护支持工件，如"业务建模指南"。

业务建模工作流程中所涉及的主要活动如图11-6所示。

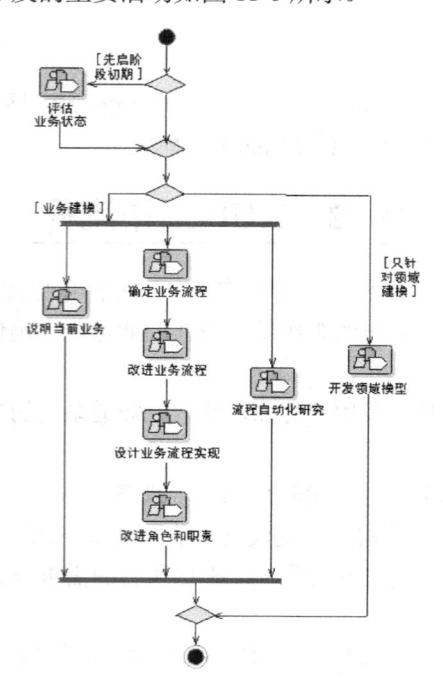

图11-6 业务建模活动图

从图 11-6 得到业务建模工作流程的主要活动内容、关键工件及所涉及的角色，如表 11-1 所示。

表 11-1 业务建模阶段主要活动

编号	活动	活动内容	关键工件	角色
1	评估业务状态	获取常用业务词汇	业务词汇表	业务流程分析员
		制订业务规则	业务规则	
		评估目标组织	目标组织评估 业务建模指南	
		设定和调整目标	业务前景	
2	说明当前业务	评估目标组织	目标组织评估（改进）	业务流程分析员
		设定和调整目标	业务前景（改进）	
		查找业务主角和用例	业务用例模型 业务用例（概述） 补充业务规约	
		查找业务角色和实体	业务用例实现（概述） 业务对象模型 补充业务规约（改进）	业务设计员
3	确定业务流程	制订业务规则	业务规则（更新）	业务流程分析员
		设定和调整目标	业务前景（更新）	
		定义业务构架	业务构架文档（概述）	
		获取常用业务词汇	业务词汇表	
		查找业务主角和用例	业务用例模型业务用例（概述） 补充业务规约	
4	改进业务流程	建立业务用例模型	业务用例模型	业务流程分析员
		详细说明业务用例	业务用例（详细） 补充业务规约	业务设计员
		复审业务用例模型	复审记录	业务模型复审员
5	设计业务流程实现	获取常用业务词汇	业务词汇表（改进）	业务流程分析员
		制订业务规则	业务规则（改进）	
		定义业务构架	业务架构文档	
		查找业务角色和实体	业务用例实现 业务对象模型	业务设计员
6	改进角色和职责	详细说明业务角色	业务角色 组织单元	业务设计员
		详细说明业务实体	业务实体	
		复审业务对象模型	复审记录	业务模型复审员
7	流程自动化研究	设定和调整目标	业务前景（改进）	业务流程分析员
		定义自动化需求	分析模型（概略） （系统）用例模型（概略） 补充（系统）规约（概略）	业务设计员
8	开发领域模型	制订业务规则	业务规则	业务流程分析员
		获取常用业务词汇	业务词汇表	
		详细说明业务实体	业务对象模型 业务实体	业务设计员
		查找业务角色和实体		
		复审业务对象模型	复审记录	业务模型复审员

【提示】
- RUP 的工作流程中，下一阶段的活动以上一阶段活动得到的工件作为输入，活动结束后又会产生新的工件。
- 这里的工件是指项目期间生成并使用的最终或中间产物。工件用于获取和传达项目信息。工件可以是模型、说明或软件。
- 这里的角色是指抽象的职责定义，它定义的是所执行的一组活动和所拥有的一组工件。角色通常由一个人或作为团队相互协作的多个人来实现。

业务流程分析员通过概括和界定作为建模对象的组织来领导和协调业务用例建模。例如，确定存在哪些业务主角和业务用例，它们之间如何进行交互。其主要活动和职责如图 11-7 所示。

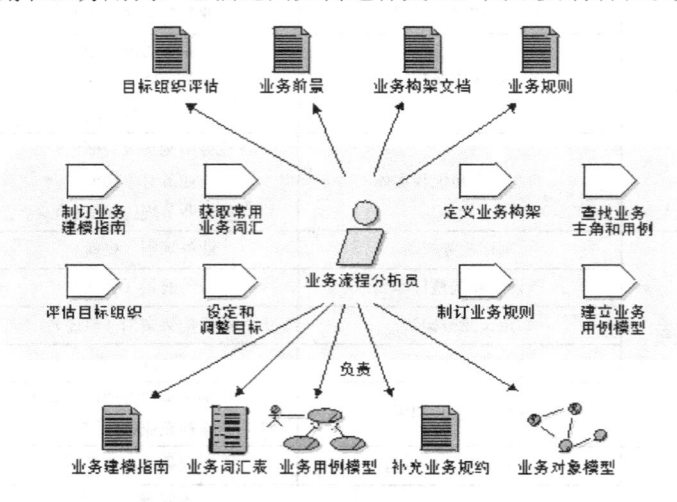

图 11-7　业务流程分析员主要活动和职责

业务设计员通过描述一个或几个业务用例的工作流程来详细说明组织中某一部分的规约。他通过描述一个或几个业务用例的工作流程来详细说明组织中某一部分的规约。他指定实现业务用例所需的业务角色及业务实体，并将业务用例的行为分配给这些业务角色及业务实体。业务设计员定义一个或几个业务角色和业务实体的责任、操作、属性和关系。其主要活动和职责如图 11-8 所示。

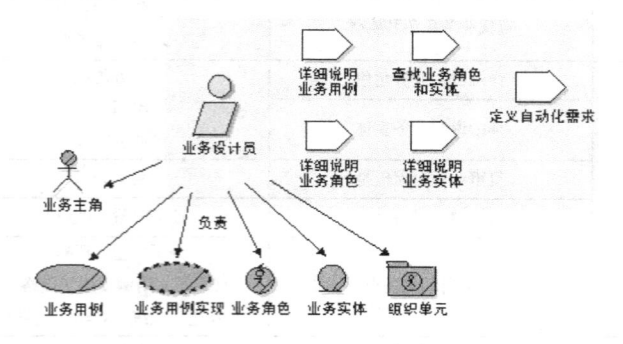

图 11-8　业务设计员主要活动和职责

11.2.2　需求

需求工作流程的目的是：

- 与客户和其他涉众在系统的工作内容方面达成并保持一致;
- 使系统开发人员能够更清楚地了解系统需求;
- 定义系统边界;
- 为计划迭代的技术内容提供基础;
- 为估算开发系统所需成本和时间提供基础;
- 定义系统的用户界面,重点是用户的需要和目标。

为实现这些目标,首要问题是要了解我们利用该系统试图解决的问题的定义和范围。业务建模期间涉及的业务规则、业务用例模型和业务对象模型这些很有价值的内容将增进我们的了解。还要确定涉众,并获取、整理和分析涉众请求。

开发前景文档、用例模型、用例和补充规约是为详尽说明系统,即系统要做什么。这样做的目的在于将所有涉众(包括客户和潜在用户)作为除系统需求之外的重要信息来源。

前景文档为开发中的软件系统提供了完整前景,它符合出资方和开发组织之间合同中的规定。每个项目都需要一个信息源以获取涉众的期望。前景文档从客户的角度编写,侧重于系统的核心特性和可接受的系统品质。前景文档中应纳入要包含的特性的说明,还要纳入那些考虑过的但最终没有包含的特性。此外,它还应规定操作功能(吞吐量、响应时间、准确性)、用户简档,以及与系统边界之外的实体进行互操作时(如果适用)的接口。前景文档为涉众可看到的需求提供了契约性的依据。

用例模型应充当沟通媒介,并且在系统的功能性方面,它应在客户、用户和系统开发人员之间起到合同的作用。该模型允许:
- 客户和用户确认系统是否能符合他们的预期;
- 系统开发人员按预期进行构造。

补充规约是用例模型的重要补充,二者一同记录了所有软件需求(功能性和非功能性),由此构成了完整的软件需求规约所需的所有说明。

对于软件需求的完整定义,可以将用例和补充规约结合到一起来定义某一"特性"或其他子系统分组的软件需求规约(SRS)。

需求工作流程同其他工作流程都是相关的,其关系主要表现在:
- 业务建模工作流程提供了业务规则、业务用例模型和业务对象模型,包括了领域模型和系统的组织环境;
- 分析设计工作流程从需求中获取主要输入(用例模型和词汇表)。在分析设计中可以发现用例模型的缺陷;随后将生成变更请求,并应用到用例模型中。
- 测试工作流程对系统进行测试,以便验证代码是否与用例模型一致,用例和补充规约为计划和设计测试中使用的需求提供输入;
- 环境工作流程用于开发和维护在需求管理和用例建模中使用的支持性工件,如用例建模指南和用户界面指南等;
- 管理工作流程用于制订项目计划,并制订需求管理计划及各次迭代计划(说明请参见迭代计划)。用例模型是迭代计划活动的重要输入。

需求工作流程中所涉及的主要活动如图 11-9 所示。

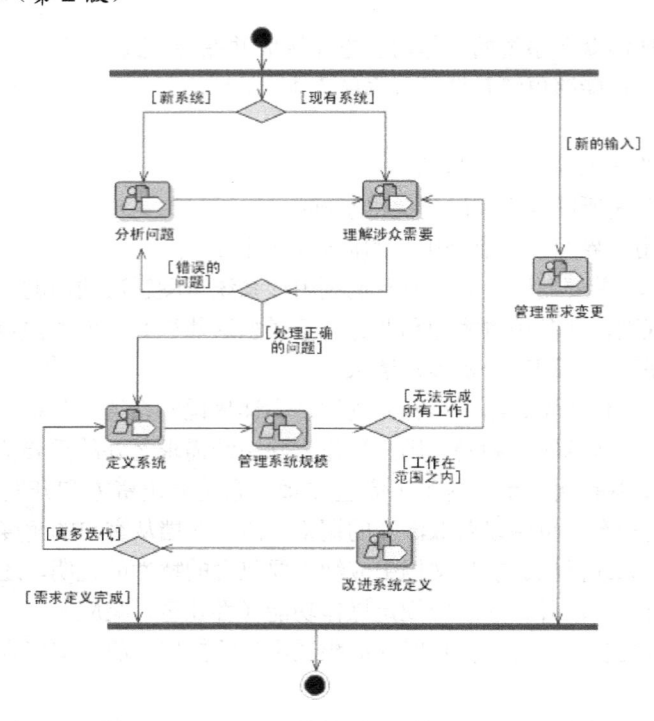

图 11-9　需求活动图

从图 11-9 得到需求工作流程的主要活动内容、关键工件及其所涉及的角色，如表 11-2 所示。

表 11-2　需求阶段主要活动

编号	活　动	活动内容	关键工件	角　色
1	分析问题	获取常用词汇	词汇表	系统分析员
		确定前景	前景	
		查找主角和用例	用例模型（仅主角）	
		制订需求管理计划	需求管理计划	
2	理解涉众需要	获取常用词汇	词汇表	系统分析员
		确定前景	前景	
		获取涉众请求	涉众请求	
		查找主角和用例	用例模型	
		管理需求依赖关系	补充规约（概述）	
			需求属性	
		复审变更请求	变更请求	变更控制经理
3	定义系统	确定前景	前景（已改进）	系统分析员
		获取常用词汇	词汇表（已改进）	
		查找主角和用例	用例模型（已改进）	
		管理需求依赖关系	用例（概述）	
			补充规约	
			需求属性（已改进）	

续表

编号	活动	活动内容	关键工件	角色
4	管理系统规模	确定前景	前景（改进）	系统分析员
		管理依赖关系	需求属性（改进）	
		确定用例的优先级	软件构架文档（用例视图）	构架设计师
		复审变更请求	变更请求	变更控制经理
5	改进系统定义	详细说明用例	补充规约（详细说明）	用例阐释者
		详细说明软件需求	用例（说明）	
			软件需求规约	
		用户界面建模	主角（特性化）	用户界面设计员
		设计用户界面原型	边界类	
			用例示意板	
			用户界面原型	
6	管理需求变更	建立用例模型	用例模型（已重构）	系统分析员
		管理需求依赖关系	需求属性（已改进）	
			需求管理计划	
			软件需求说明	
		需求复审	复审记录	需求复审员
		复审变更请求	变更请求	变更控制经理

系统分析员通过概括系统的功能和界定系统来领导和协调需求获取及用例建模。例如，确定存在哪些主角和用例，以及它们之间如何交互。其主要活动和职责如图 11-10 所示。

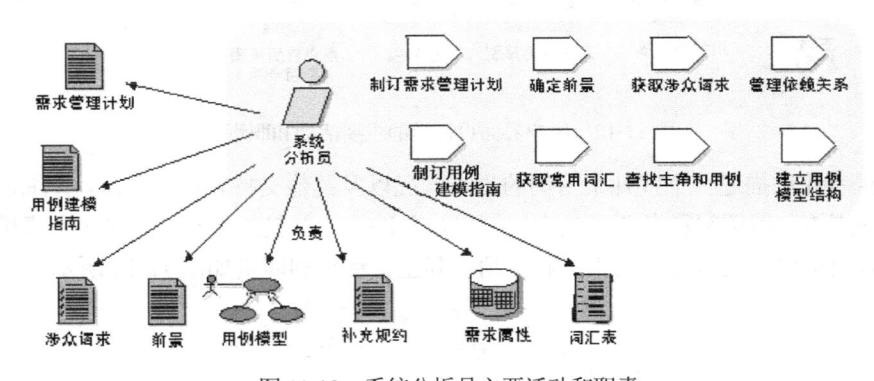

图 11-10 系统分析员主要活动和职责

构架设计师负责在整个项目中对技术活动和工件进行领导和协调。构架设计师要确立每个构架视图的整体结构：视图的详细组织结构、元素的分组以及这些主要分组之间的接口。因此，与其他角色相比，构架设计师的见解重在广度，而不是深度。其主要活动和职责如图 11-11 所示。

用户界面设计员通过以下方法领导和协调用户界面的原型设计和正式设计：
- 分析对用户界面的需求，包括可用性需求；
- 构造用户界面原型；
- 邀请用户界面的其他涉众（如最终用户）参与可用性复审和使用测试会议；

- 对用户界面的最终实施方案（由设计员和实施员等其他开发人员创建）进行复审并提供相应的反馈。

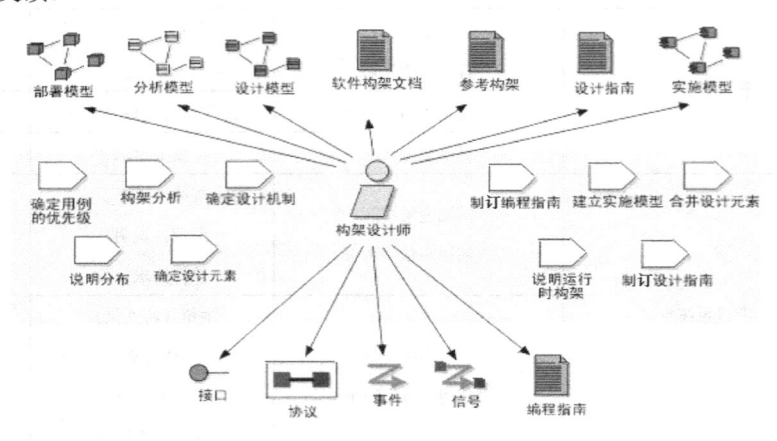

图 11-11　构架设计师的主要活动和职责

用户界面设计员的主要活动和职责如图 11-12 所示。

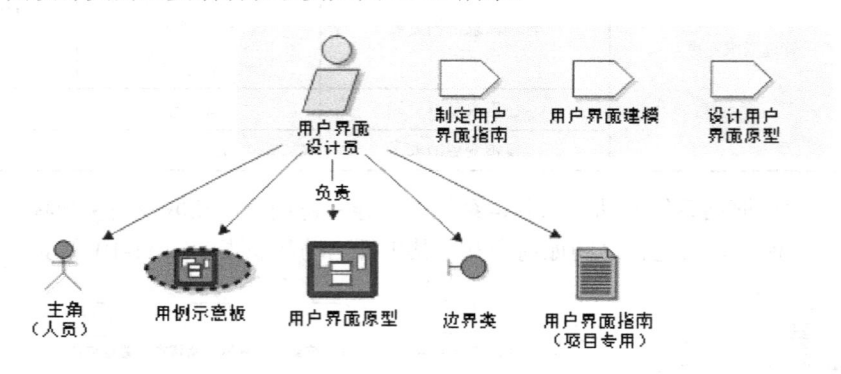

图 11-12　用户界面设计员的主要活动和职责

用例阐释者通过描述一个或几个用例的需求状况以及其他支持软件的需求，详细说明系统功能某一部分的规约。用例阐释者还可负责用例包，并保持用例包的完整性。建议负责用例包的用例阐释者同时负责用例包所包含的用例和主角。其主要活动和职责如图 11-13 所示。

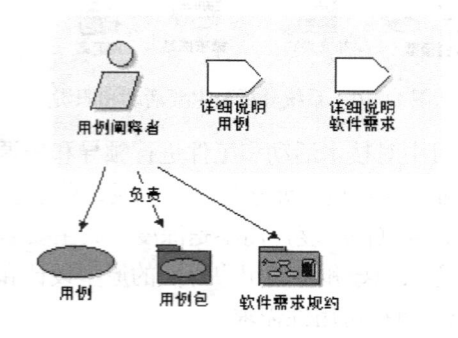

图 11-13　用例阐释者的主要活动和职责

需求复审员负责计划并执行对用例模型的正式复审。

11.2.3 分析设计

分析设计的目的在于：
- 将需求转换为未来系统的设计；
- 逐步开发强壮的系统构架；
- 使设计适合于实施环境，为提高性能而进行设计。

分析设计工作流程与其他工作流程的关系包括：
- 业务建模工作流程为系统提供组织环境；
- 需求工作流程为分析设计提供主要的输入；
- 测试工作流程测试在分析设计过程中所设计的系统；
- 环境工作流程开发和维护在分析设计过程中所使用的支持工件；
- 项目管理工作流程制订项目和各次迭代（在迭代计划中说明）的计划。

分析设计工作流程中所涉及的主要活动如图 11-14 所示。

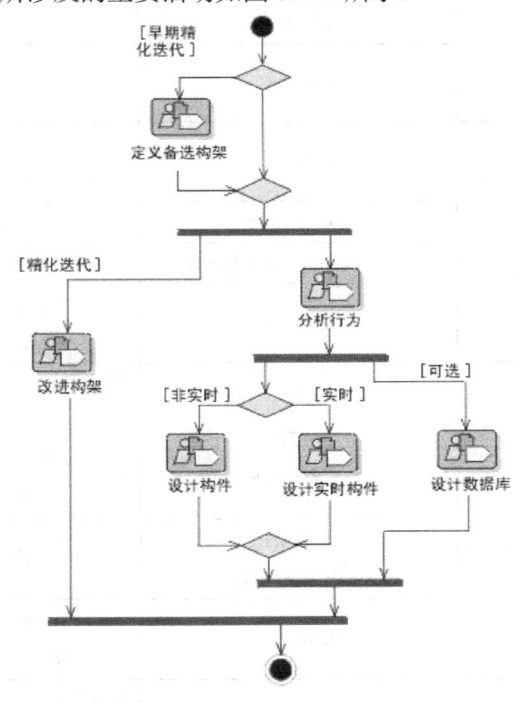

图 11-14 分析设计活动图

从图 11-14 中得到分析设计工作流程的主要活动内容、关键工作及其所涉及的角色，如表 11-3 所示。

表 11-3 分析设计阶段主要活动

编号	活动	活动内容	关键工件	角色
1	定义备选构架	制订设计指南	设计指南	构架设计师
		构架分析	参考构架	
			部署模型	

续表

编号	活动	活动内容	关键工件	角色
1	定义备选构架	确定用例的优先级（在需求工作流程中）	软件构架文档（用例视图）	构架设计师
		用例分析	用例实现（初步）分析类	设计员
		提交变更请求	变更请求	变更控制经理
2	改进构架	建立实施模型（实施工程流程中）确定设计机制 确定设计元素 合并现有设计元素 说明运行时构架 确定用例的优先级 说明分布	软件构架文档（更新）	构架设计师
		复审构架	变更请求 复审记录	构架复审员
3	分析行为	用例分析	用例实现（更新）分析类（详细说明）	构架设计师
		确定设计元素	设计模型	
		计划系统集成（实施工程流程）	集成构造计划	集成员
		复审设计	变更请求 复审记录	设计复审员
4	设计构件	用例设计 类设计 子系统设计	用例实现（详细说明）设计类 设计子系统 接口	设计员
		实施构件 执行单元测试	构件	实施员
		复审设计	变更请求 复审记录	设计复审员
5	设计实时构件	用例设计 类设计 子系统设计	用例实现（详细说明）设计类 设计子系统 接口	设计员
		实施构件 执行单元测试	构件	实施员
		封装体设计	封装体 协议	封装体设计员
		复审设计	变更请求 复审记录	设计复审员

续表

编号	活动	活动内容	关键工件	角色
6	设计数据库	类的设计	设计类	设计员
		数据库设计	数据模型	数据库设计员
		复审设计	变更请求 复审记录	设计复审员
		实施构件	构件	实施员

构架设计师的职责如前所述。

设计员定义一个或几个类的职责、操作、属性及关系,并确定应如何根据实施环境对它们加以调整。此外,设计员可能要负责一个或多个设计包或设计子系统,其中包括设计包或子系统所拥有的所有类。其主要活动和职责如图 11-15 所示。

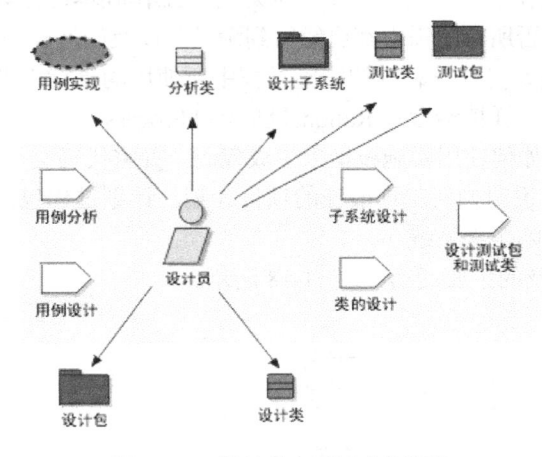

图 11-15　设计员主要活动和职责

封装体设计员的主要工作是根据并行需求确保系统能够及时地对事件做出响应。解决这些问题的主要工具是工件:封装体。其主要活动和职责如图 11-16 所示。

数据库设计员定义表、索引、视图、约束条件、触发器、存储过程、表空间或存储参数,以及其他在存储、检索和删除永久性对象时所需的数据库专用结构。相关信息记录在工件:数据模型中。其主要活动和职责如图 11-17 所示。

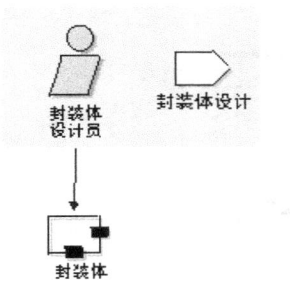

图 11-16　封装体设计员的主要活动和职责 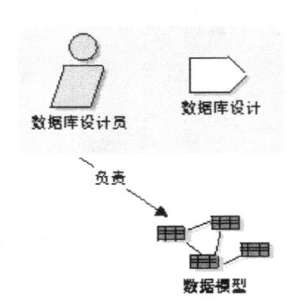　　　图 11-17　数据库设计员主要活动和职责

11.2.4 实施

实施的目的包括：
- 对照实施子系统的分层结构定义代码结构；
- 以构件（源文件、二进制文件、可执行文件以及其他文件等）的方式实施类和对象；
- 对已开发的构件按单元来测试，并且将各实施员（或团队）完成的结果集成到可执行系统中。

实施工作流程的范围仅限于如何对各个类进行单元测试。系统测试和集成测试将在测试工作流程中进行说明。实施与以下工作流程有关：
- 需求工作流程说明如何通过用例模型获取实施应满足的需求；
- 分析设计工作流程说明如何开发设计模型。设计模型不仅说明实施的目的，而且还是实施工作流程的主要输入；
- 测试工作流程说明在系统集成过程中如何对每个工作版本进行集成测试。它还说明如何测试系统以检查是否所有的需求都已经得到满足，以及如何检测缺陷并递交有关报告；
- 环境工作流程说明如何开发和维护实施过程中所使用的支持工件，例如流程说明、设计指南和编程指南等。详情请参见 Rational Unified Process——工件；
- 部署工作流程说明如何使用实施模型来生成代码，并将代码交付给最终客户；
- 项目管理工作流程说明如何制订最佳的项目计划。计划过程包括几个重要方面：迭代计划、变更管理和缺陷跟踪系统。

实施工作流程中所涉及的主要活动如图 11-18 所示。

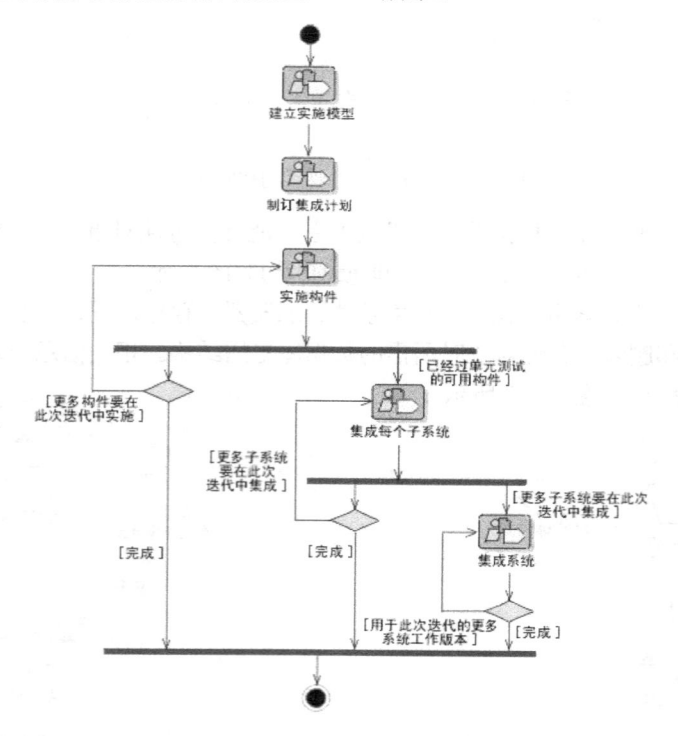

图 11-18 实施活动图

从图 11-18 中得到实施工作流程的主要活动内容、关键工作及其所涉及的角色，如表 11-4 所示。

表 11-4 实施阶段主要活动

编号	活动	活动内容	关键工件	主角
1	建立实施模型	建立实施模型	软件构架文件 实施模型	构架设计师
2	制订集成计划	计划系统集成	集成构造计划	集成员
3	实施构件	类的设计	设计类	设计员
3	实施构件	实施构件 修复缺陷 执行单元测试	构件	实施人员
3	实施构件	计划子系统集成	集成构造计划	集成员
3	实施构件	设计测试	测试用例 测试过程 工作量分析文档	测试设计员
3	实施构件	复审代码	复审记录	代码复审员
4	集成每个子系统	集成子系统	工作版本 实施子系统	集成员
4	集成每个子系统	执行测试	测试报告	测试员
5	集成系统	集成系统	工作版本	集成员
5	集成系统	执行测试	测试报告	测试员

构架设计师的职责如前所述。

实施员负责按照项目所采用的标准来进行构件开发与测试，以便将构件集成到更大的子系统中。如果必须创建驱动程序或桩模块等测试构件来支持测试，那么实施员还要负责开发和测试这些测试构件及相应的子系统。其主要活动和职责如图 11-19 所示。

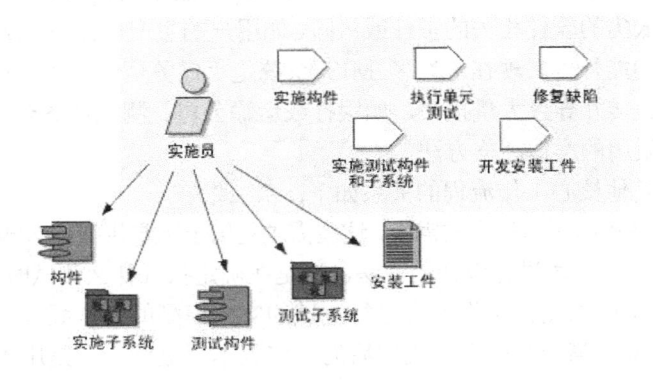

图 11-19 实施员的主要活动和职责

实施员将经测试的构件交付到集成工作区，由集成员在集成工作区将构件组合起来，生成一个工作版本。集成员还负责制订集成计划。集成在子系统和系统级别进行，每次集成均有独立的集成工作区。正如经测试的构件从实施员的专用开发工作区交付到子系统集成工作区一样，已集成的实施子系统也从子系统集成工作区交付到系统集成工作区。集成员主要活动和职责如图 11-20

所示。

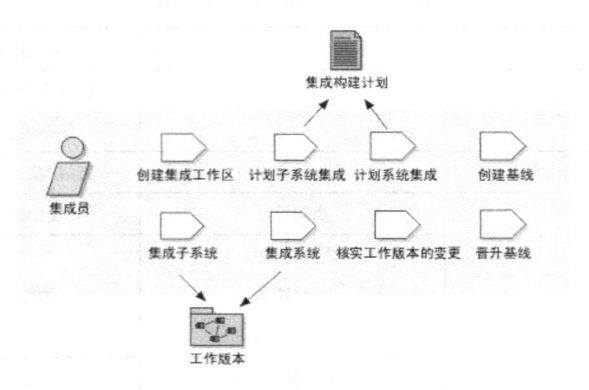

图 11-20 集成员的主要活动和职责

11.2.5 测试

测试的目的在于：
- 核实对象之间的交互；
- 核实软件的所有构件是否正确集成；
- 核实所有需求是否已经正确实施；
- 确定缺陷并确保在部署软件之前将缺陷解决。

在很多组织中，软件测试占软件开发费用的 30%～50%。但大多数人仍然认为软件在交付之前并没有进行充分的测试。这一矛盾根植于两个明显的事实。第一个，测试软件十分困难。给定程序具有无数的不同行为方式。第二个，测试通常是在没有明确的方法，不采用必需的自动化手段和工具支持的情况下进行的。由于软件的复杂性，无法实现完全测试，但采用周密的方法和最新技术水平的工具可以明显提高软件测试的生产率和有效性。

在软件生命周期的早期启动执行良好的测试，将明显降低完成和维护软件的开支。它还可以大大降低与部署质量低劣的软件相关的责任或风险，如用户的生产率低下、数据输入和计算错误，以及令人无法接受的功能行为。现在，许多 MIS 系统是"任务至上"的，也就是说当出现失败时，公司将无法正常运转并导致大量损失，如银行或运输公司。测试任务至上的系统时，必须使用安全至上的系统所采用的类似严格方法。

测试工作流程与其他核心工作流程的关系如下：
- 需求工作流程采集用例模型中的需求，这些需求是用于确定执行什么测试的一个主要输入；
- 分析设计工作流程描述进行设计的方法，这是在确定执行什么测试时的另一个主要输入；
- 实施工作流程生成由测试工作流程进行测试的实施模型的工作版本。在一次迭代中将测试多个工作版本，第一个是系统集成后的工作版本，最后一个是用于测试整个系统的工作版本；
- 环境工作流程开发并维护测试过程中使用的支持工件，如"测试指南"；
- 管理工作流程对项目和各迭代（说明参见"迭代计划"）做出计划。

测试工作流程中所涉及的主要活动如图 11-21 所示。

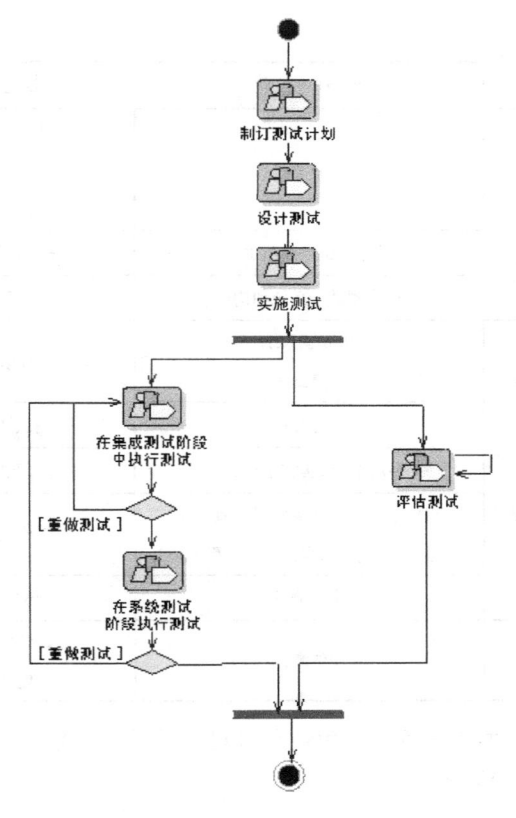

图 11-21 测试活动图

从图 11-21 中得到测试工作流程的主要活动内容、关键工件及其所涉及的角色，如表 11-5 所示。

表 11-5 测试阶段主要活动

编号	活动	活动内容	关键工件	角色
1	制订测试计划	查找主角和用例（从需求工作流程）	用例模型 补充规约	系统分析员
		计划系统集成（从实施工作流程）	集成构造计划	集成员
		计划子系统集成（从实施工作流程）		实施员
		制订测试计划	测试计划	测试设计员
2	设计测试	详细说明用例（从需求工作流程）	用例 补充规约 测试模型测试过程	用例阐述者
		实施构件	构件	实施员
		设计测试方案	测试用例 测试过程 工作量分析文档	测试设计员

续表

编号	活动	活动内容	关键工件	角色
3	实施测试	实施测试	测试用例 测试脚本 测试过程（已更新）	测试设计员
		设计测试包和测试类	测试包和测试类	设计员
		实施测试子系统和构件	测试子系统和测试构件	实施员
4	在集成阶段执行测试	集成子系统 修复缺陷	工作版本	集成员
		执行测试	测试结果	测试员
5	在系统测试阶段执行测试	修复缺陷（从实施工作流程）	构件（已修复）	实施员
		集成子系统（从实施工作流程） 集成系统（从实施工作流程）	工作版本	集成员
		执行测试	测试结果	测试员
6	评估测试	评估测试	测试评估摘要 变更请求	测试设计员

测试设计员是测试中的主要角色。该角色负责对测试进行计划、设计、实施和评估，包括：
- 生成测试计划和测试模型；
- 执行测试过程；
- 评估测试范围和测试结果，以及测试的有效性；
- 生成测试评估摘要。

测试设计员的主要活动和职责如图 11-22 所示。

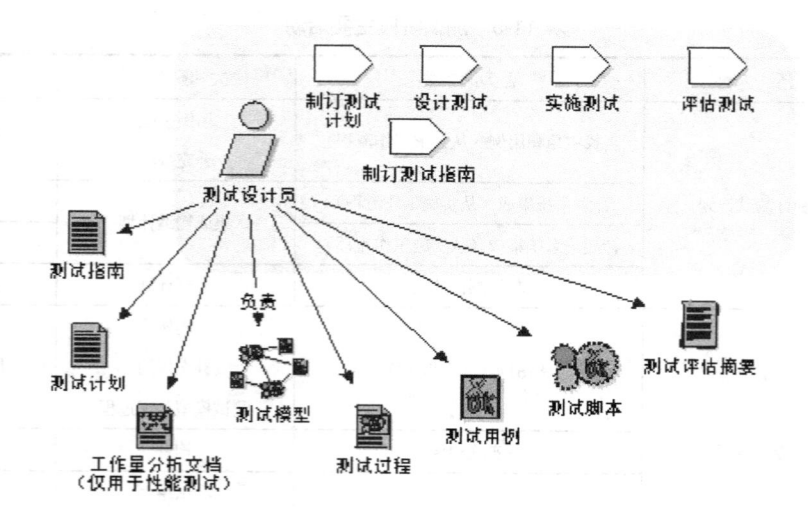

图 11-22 测试设计员主要活动和职责

测试员负责执行测试，其职责包括：
- 设置和执行测试；
- 评估测试执行过程并修改错误。

测试员的主要活动和职责如图 11-23 所示。

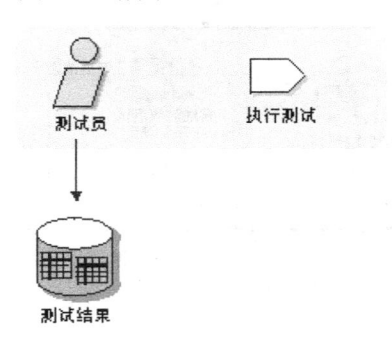

图 11-23　测试员的主要活动和职责

设计员和实施员的职责如前所述。

11.2.6　部署

部署工作流程用来描述那些为确保最终用户可以正常使用软件产品而进行的活动。部署工作流程描述了三种产品部署的模式：
- 自定义安装；
- "市售"；
- 通过 Internet 使用软件。

在每个实例中，都强调要在开发场所对产品进行测试，并在产品最终发布之前进行 Beta 测试。尽管部署活动主要集中于移交阶段，但在较早的一些阶段中也会有一些为部署进行计划和准备的活动。

部署工作流程与其他工作流程的关系如下：
- 需求工作流程产生软件需求规约，此规约包括用例模型和非功能性需求。与用户界面原型一起，软件需求规约是编写最终用户支持材料和培训材料所需的关键输入之一；
- 测试是部署中不可缺少的一个部分。测试工作流程中最核心的工件是测试模型、测试结果以及对测试结果进行管理、执行和评估的活动；
- 配置与变更管理用于提供具备基线的工作版本、发布产品，并提供对 Beta 测试和验收测试中产生的变更请求进行处理的机制；
- 在项目管理工作流程中，迭代计划和软件开发计划的开发活动将会影响部署计划的开发。而且，产品验收计划的制订必须与部署工作流程中对验收测试的管理协调一致；
- 环境工作流程为测试提供支持环境。

部署工作流程中所涉及的主要活动如图 11-24 所示。

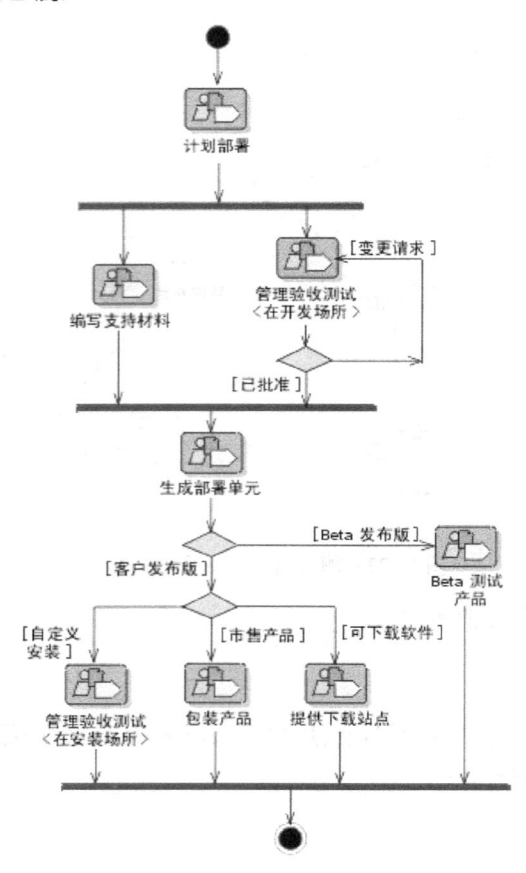

图 11-24 部署活动图

从图 11-24 得到部署工作流程的主要活动内容、关键工件及其所涉及的角色，如表 11-6 所示。

表 11-6 部署阶段主要活动

编 号	活 动	活 动 内 容	关 键 工 件	角 色
1	制订部署计划	制订迭代计划 （从项目管理工作流程） 计划阶段和迭代 （从项目管理工作流程） 制订产品验收计划 （从项目管理工作流程）	迭代计划 软件开发计划 产品验收计划	项目经理
		制订部署计划 定义资料清单	部署计划 资料清单	部署经理
2	编写支持材料	编写培训资料	培训资料	课程开发员
		编写支持文档	最终用户支持材料	技术文档编写员
3	管理验收测试	管理验收测试	变更请求 开发基础设施	部署经理

续表

编号	活动	活动内容	关键工件	角色
4	生成部署单元	编写发布说明	发布说明	部署经理
		开发安装工件	安装工件	实施员
		创建部署	部署单元	配置经理
5	包装产品	发布以进行生产	产品	部署经理
		检验已生产的产品		
		创建产品标识图案	产品标识图案	图形设计员
6	提供下载站点	提供下载站点	部署单元	部署经理
7	Beta 测试产品	管理 Beta 测试	变更请求	部署经理

部署经理负责制订向用户群体发布产品的计划，并将其纳入部署计划中。其主要活动和职责如图 11-25 所示。

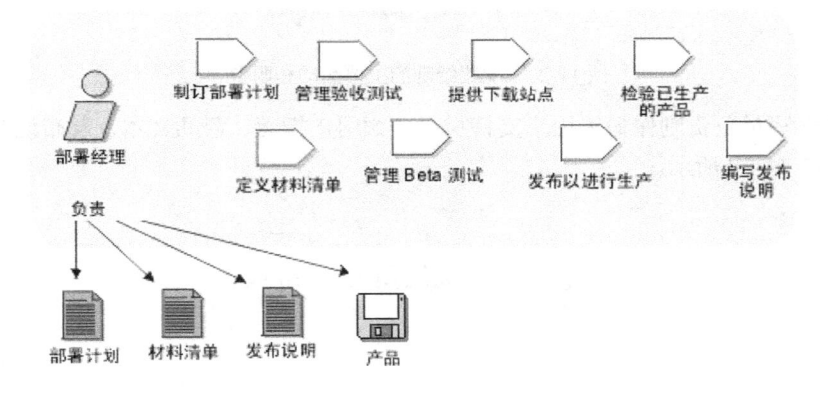

图 11-25　部署经理的主要活动和职责

实施员的职责如前所述。

课程开发员开发用户用来学习产品使用的培训材料。其中包括制作幻灯片、学员说明、示例、教程等，以增进学员对产品的了解。其主要活动和职责如图 11-26 所示。

图形设计员制作可作为产品包装一部分的产品标识图案。其主要活动和职责如图 11-27 所示。

图 11-26　课程开发员的主要活动和职责　　图 11-27　图形设计员的主要活动和职责

配置经理负责为产品开发团队提供全面的配置管理（CM）基础设施和环境。CM 的作用是支持产品开发行为，使开发人员和集成人员有适当的工作区来构造和测试其工件，并且使所有工件均可根据需要包含在部署单元中。配置经理还必须确保 CM 环境有利于进行产品复审、更改和缺陷跟踪等活动。配置经理还负责撰写 CM 计划并汇报基于"变更请求"的进度统计信息。其主要活动和职责如图 11-28 所示。

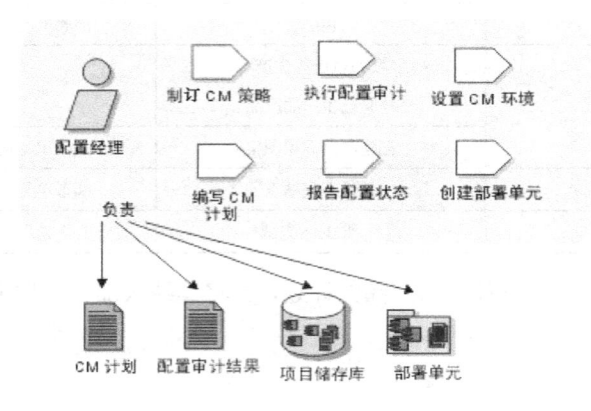

图 11-28　配置经理的主要活动和职责

技术文档编写员负责制作最终用户支持材料，如用户指南、帮助文本、发布说明等。其主要活动和职责如图 11-29 所示。

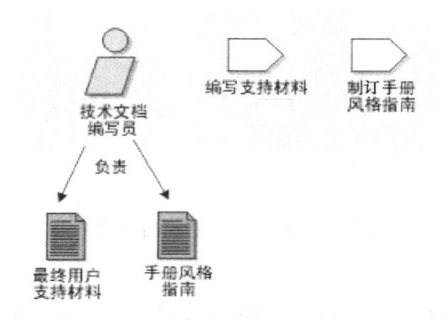

图 11-29　技术文档编写员的主要活动和职责

11.2.7　配置与变更管理

配置与变更请求管理（CM 与 CRM）涉及：
- 确定配置项；
- 限制对这些项的变更；
- 审核变更（对这些项所做的变更）；
- 定义与管理配置（这些项的配置）。

用于为一个组织提供变更与配置管理的方法、流程和工具可以视为该组织的 CM 系统。

一个组织的配置与变更请求管理系统（CM 系统）中存放了有关该组织的产品开发、晋升、部署和维护流程的重要信息，并且保留了执行这些流程时产生的或许可重复使用的工件等资产。CM 系统是整个开发流程中的核心部分，它必不可少。CM 系统有助于管理演进式软件系统的多个版本，追踪了解在给定的软件工作版本中使用了哪些版本，根据用户定义的版本规约构造单个程序或整个发布版，以及强制实施特定于某个站点的开发策略。

配置与变更管理工作流程中所涉及的主要活动如图 11-30 所示。

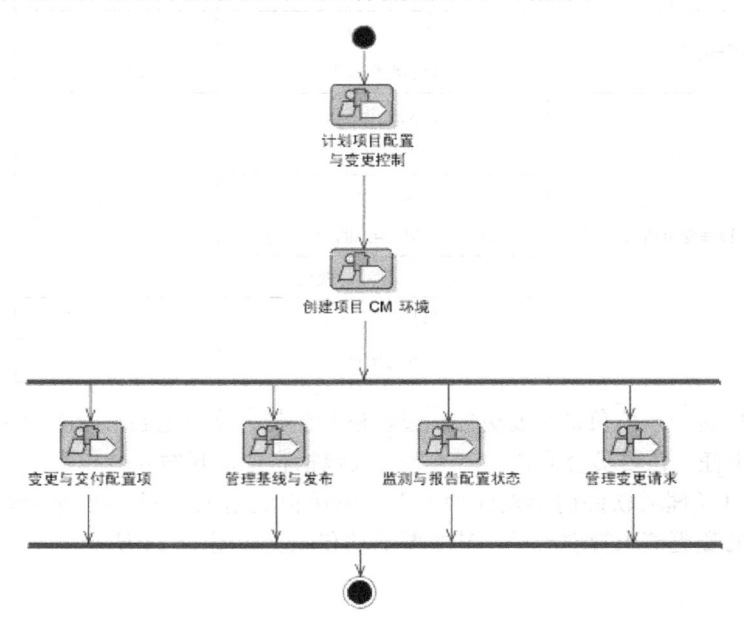

图 11-30 配置与变更管理活动图

从图 11-30 中得到配置与变更管理工作流程的主要活动内容、关键工件及其所涉及的角色，如表 11-7 所示。

表 11-7 配置与变更阶段主要活动

编 号	活 动	活动内容	关键工件	角 色
1	计划项目配置与变更管理	编写 CM 计划	CM 计划	配置经理
		编写 CM 策略		
		建立变更控制流程		变更控制经理
2	创建项目 CM 环境	设置 CM 环境	项目存储库	配置经理
		创建集成工作区	工作区（集成）	集成员
3	变更和交付配置项	创建开发工作区		任意角色
		进行变更	工作清单（已分配）	
		集成系统	工作清单（已完成）	
		交付变更内容	工作区（开发）	
		更新工作区		
		建立基线	工作区（集成）	集成员
		提升基线		
4	管理基线与发布	建立基线	项目存储库	配置经理
		提升基线		
		创建部署单元	部署单元	集成员

续表

编号	活动	活动内容	关键工件	角色
5	监测与报告配置状态	执行配置复审	配置复审结果	配置经理
		报告配置状态	项目评测	
6	管理变更请求	提交变更请求	变更请求	任意角色
		更新变更请求		
		复审变更请求		变更控制经理
		确认重复的或拒绝的变更请求		
		核实发布版中的变更		集成员
		安排日程和分配工作		项目经理
		执行测试		测试员

变更控制经理这一角色负责对变更控制过程进行监督。此角色通常由配置（或变更）控制委员会（CCB）来担任，该委员会应该由有关各方（包括客户、开发人员和用户）的代表组成。在小型项目中，项目经理或软件构架设计师一人即可承担此角色。变更控制经理还负责定义应在 CM 计划中记录的变更请求管理流程。其主要活动和职责如图 11-31 所示。

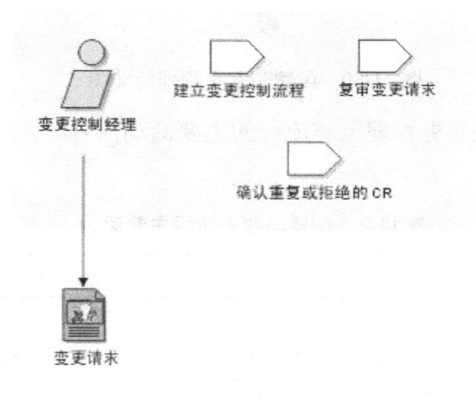

图 11-31　变更控制经理主要活动和职责

11.2.8　项目管理

软件项目管理是一门艺术，它平衡竞争目标、管理风险并克服制约因素，从而最终成功交付同时满足客户（付款方）和用户双方需要的产品。实际上，很少有项目会获得无可争议的成功，这足以说明进行软件项目管理的难度。

项目管理的目的是：
- 为对软件密集型项目进行管理提供框架；
- 为项目的计划、人员配备、执行和监测提供实用的准则；
- 为管理风险提供框架。

项目管理工作流程中所涉及的主要活动如图 11-32 所示。

从图 11-32 中得到项目管理工作流程的主要活动内容、关键工件及其所涉及的角色，如表 11-8 所示。

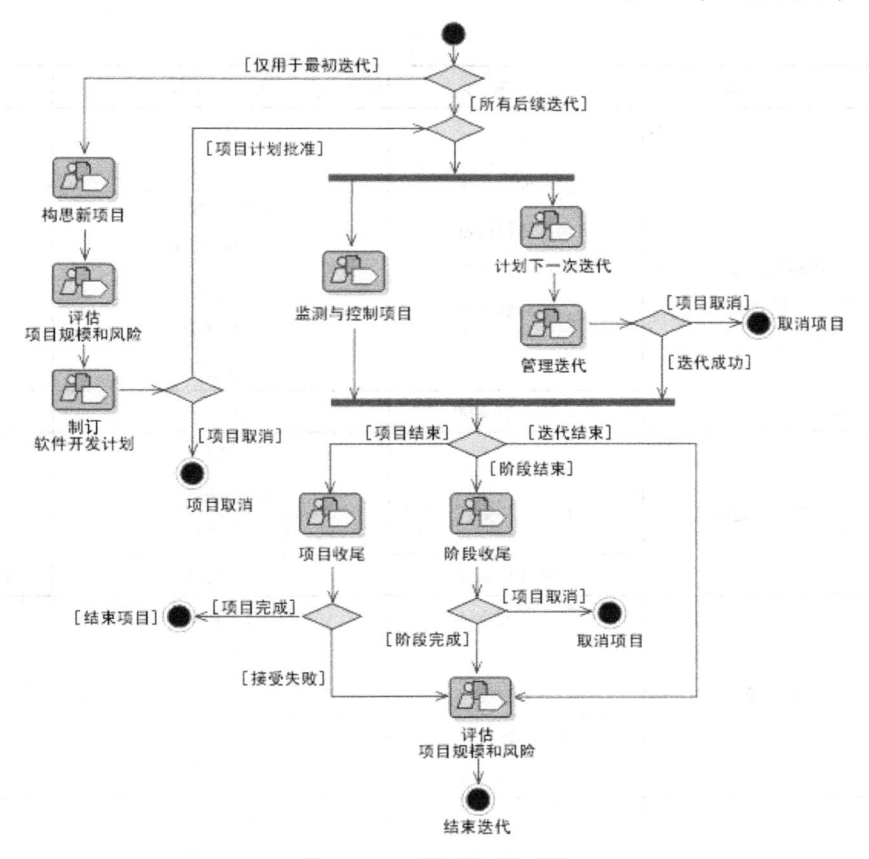

图 11-32 项目管理活动图

表 11-8 项目管理阶段主要活动

编号	活动	活动内容	关键工件	角色
1	构思新项目	确定和评估风险 确立商业理由 启动项目 确定前景	风险列表 业务案例 软件开发计划（初稿） 迭代计划（用于初始阶段的最初迭代）	项目经理
		项目审批	复审记录	项目复审员
2	评估项目规模和风险	确定并评估风险 确立业务案例	风险列表 业务案例	项目经理
3	制订软件开发计划	制订评测计划 制订风险管理计划 制订产品验收计划 制订问题解决计划 制订质量保证计划 定义项目组织与人员配备 确定监测与控制流程 计划阶段和迭代 制订软件开发计划	评测计划 风险管理计划 产品验收计划 问题解决计划 软件开发计划（SDP）	项目经理
		项目计划复审	复审记录	项目复审员

续表

编号	活动	活动内容	关键工件	角色
4	监测与控制项目	安排和分配工作 监测项目状态 处理异常事件与问题 报告状态	工作清单 迭代计划 软件开发计划 问题解决计划 变更请求 项目评测 状态评估	项目经理
		PRA 项目复审	复审记录	项目复审员
5	下一次迭代	制订迭代计划 确定业务案例	迭代计划 软件开发计划 业务案例	项目经理
		迭代计划复审	复审记录	项目复审员
6	管理迭代	人员配备 启动迭代 评估迭代	工作清单 迭代评估 变更请求	项目经理
		迭代评估标准复审 迭代验收复审	复审记录	项目复审员
7	阶段收尾	准备阶段收尾	状态评估 迭代评估 软件开发计划（SDP）	项目经理
		生命周期里程碑复审	复审记录	项目复审员
8	项目收尾	准备项目收尾	状态评估 迭代评估 软件开发计划（SDP）	项目经理
		项目验收复审	复审记录	项目复审员
9	评估项目规模和风险	确定并评估风险 确定业务案例	风险列表 业务案例	项目经理

项目管理工作流程各角色的职责如前所述。

11.2.9 环境

环境工作流程侧重于为项目配置流程时的必需活动。它描述了为支持项目而开发指南时所需的活动。环境活动的目的在于为软件开发组织提供软件开发环境（流程和工具），该环境将会支持开发团队。

环境工作流程中所涉及的主要活动如图 11-33 所示。

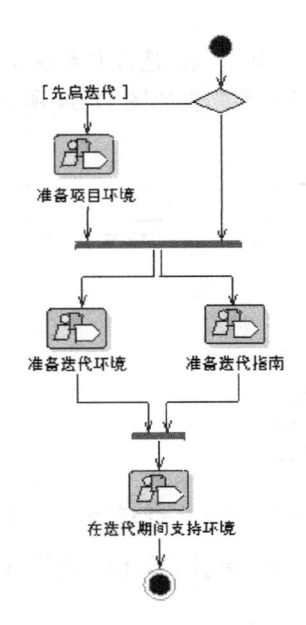

图 11-33　项目管理活动图

从图 11-33 中得到环境工作流程的主要活动内容、关键工件及其所涉及的角色，如表 11-9 所示。

表 11-9　环境阶段主要活动

编号	活动	活动内容	关键工件	角色
1	准备项目环境	评估当前组织	项目专用模板（建议书）	流程工程师
		编制开发实例	开发案例（概述）	
		开发项目的专用模板	开发组织评估	
		选择与获取工具	工具（建议书）	工具专家
2	准备迭代环境	编制开发用例	开发案例（准备进行迭代）	流程工程师
		开发项目的专用模板	项目专用模板（准备进行迭代）	
		启用开发案例		
		安装工具	工具（准备进行迭代）	工具专家
		核实工具配置和安装		
3	准备迭代指南	制订业务建模指南	业务建模指南	业务流程分析员
		编写用例建模指南	用例建模指南	系统分析员
		制订用户界面指南	用户界面指南编程指南	用户界面设计员
		制订设计指南	设计指南	构架设计师
		制订编程指南	编程指南	
		制订手册风格指南	手册风格指南	技术文档编写员
		制订测试指南	测试指南	测试设计员
		制订工具指南	工具指南	工具专家
4	支持迭代进程中的环境	支持开发	开发基础设施（已修订）	系统管理员

工具专家负责项目中的支持工具，其中包括选择和购买工具。工具专家还要配置和设置工具，并核实工具是否可以使用。其主要活动和职责如图 11-34 所示。

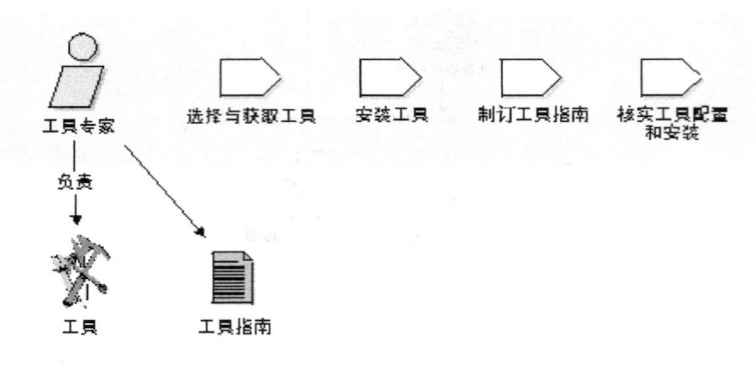

图 11-34 工具专家的主要活动和职责

系统管理员负责维护支持开发环境、硬件和软件、系统管理、备份等。其主要活动和职责如图 11-35 所示。

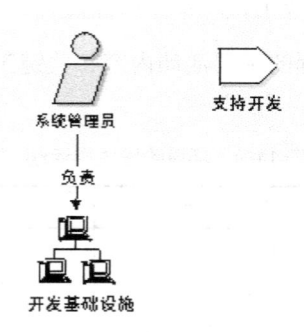

图 11-35 系统管理员的主要活动和职责

课堂实践 1

1. 操作要求

（1）结合 WebShop 电子商城的开发，以 RUP 为软件过程指导，请说明 RUP 的六个核心工作流的主要活动。

（2）结合 WebShop 电子商城的开发，以 RUP 为软件过程指导，请说明 RUP 的三个支持工作流的主要活动。

（3）根据软件行业程序员的岗位能力要求，说明 RUP 实施工作流程和测试工作流程中主要角色的职责。

2. 操作提示

（1）将 RUP 和传统的瀑布模型进行比较。

（2）注意 RUP 和 UML 之间的关系。

11.3 RUP 迭代过程

本节详细介绍 RUP 初始、细化、构造和移交四个阶段的基本目标、核心活动、评价标准及产生的工件。

11.3.1 初始

初始阶段的基本目标是实现项目的生命周期目标中所有涉众之间的并行。初始阶段主要对新的开发工作具有重大意义，新工作中的重要业务风险和需求风险问题必须在项目继续进行之前得到解决。对于重点是扩展现有系统的项目来说，初始阶段较短，但重点仍然是确保项目值得进行而且可以进行。初始阶段的主要目标包括：

- 建立项目的软件规模和边界条件，包括运作前景、验收标准以及希望产品中包括和不包括的内容；
- 识别系统的关键用例（也就是将造成重要设计折中操作的主要场景）；
- 对比一些主要场景，展示（也可能是演示）至少一个备选构架；
- 评估整个项目的总体成本和进度（以及对即将进行的细化阶段进行更详细的评估）；
- 评估潜在的风险（源于各种不可预测因素，请参见概念：风险）；
- 准备项目的支持环境。

初始阶段的核心活动包括：

- 明确地说明项目规模。这涉及了解环境以及最重要的需求和约束，以便于可以得出最终产品的验收标准；
- 计划和准备商业理由。评估风险管理、人员配备、项目计划和成本/进度/收益率折中的备选方案；
- 综合考虑备选构架，评估设计和自制/外购/复用方面的折中，从而估算出成本、进度和资源。此处的目标在于通过对一些概念的证实来证明可行性。该证明可采用模拟需求的模型形式或用于探索被认为高风险区域的初始原型。初始阶段的原型设计工作应该限制在确信解决方案可行就可以了。该解决方案在细化和构造阶段实现；
- 准备项目的环境，评估项目和组织，选择工具，决定流程中要改进的部分。

初始阶段的评估标准包括：

- 规模定义和成本/进度估算中，涉众可并行；
- 对是否已经获得正确的需求达成一致意见，并且对这些需求的理解是共同的；
- 对成本/进度估算、优先级、风险和开发流程是否合适达成一致意见；
- 已经确定所有风险并且有针对每个风险的减轻风险策略。

初始阶段结束后得到的主要工件如表 11-10 所示。

表 11-10 初始阶段核心工件

编号	核心工件	里程碑状态
1	前景	已经对核心项目的需求、关键功能和主要约束进行了记录
2	商业理由	已经确定并得到了批准
3	风险列表	已经确定了最初的项目风险

续表

编号	核心工件	里程碑状态
4	软件开发计划	已经确定了最初阶段及其持续时间和目标。软件开发计划中的资源估算（特别是时间、人员和开发环境成本）必须与商业理由一致 资源估算可以涵盖整个项目直到交付所需的资源，也可以只包括进行细化阶段所需的资源。此时，整个项目所需的资源估算应该看作大致的"粗略估计"。该估算在每个阶段和每次迭代中都会更新，并且随着每次迭代变得更加准确 根据项目的需要，可能在某种条件下完成了一个或多个附带的"计划"工件。此外，附带的"指南"工件通常也至少完成了"草稿"
5	迭代计划	第一个细化迭代的迭代计划已经完成并经过了复审
6	产品验收计划	完成复审并确定了基线；随着其他需求的发现，将对其在随后的迭代中进行改进
7	开发案例	已经对 Rational Unified Process 的修改和扩展进行了记录和复审
8	项目专用模板	已使用文档模板制作了文档工件
9	用例建模指南	确定了基线
10	工具	选择了支持项目的所有工具。安装了对初始阶段的工作必要的工具
11	词汇表	已经定义了重要的术语；完成了词汇表的复审
12	用例模型 （主角，用例）	已经确定了重要的主角和用例，只为最关键的用例简要说明了事件流
13	可选工件	里程碑状态
14	领域模型（也叫做业务对象模型）	已经对系统中使用的核心概念进行了记录和复审。在核心概念之间存在特定关系的情况下，已用作对词汇表的补充
15	原型	概念原型的一个或多个证据，以支持前景和商业理由、解决非常具体的风险

11.3.2 细化

细化阶段的目标是建立系统构架的基线，以便为构造阶段的主要设计和实施工作提供一个稳定的基础。构架是基于对大多数重要需求（对系统构架有很大影响的需求）的考虑和风险评估发展而来的。构架的稳定性是通过一个或多个构架原型进行评估的。细化阶段的主要目标包括：

- 确保构架、需求和计划足够稳定，充分减少风险，从而能够有预见性地确定完成开发所需的成本和进度。对大多数项目来说，通过此里程碑也就相当于从简单快速的低风险运作转移到高成本、高风险的运作，并且在组织结构方面面临许多不利因素；
- 处理在构架方面具有重要意义的所有项目风险；
- 建立一个已确定基线的构架，它是通过处理构架方面重要的场景得到的，这些场景通常可以显示项目的最大技术风险；
- 制作产品质量构件的演进式原型，也可能同时制作一个或多个可放弃的探索性原型，以减小特定风险，如设计/需求折中、构件复用；
- 产品可行性或向投资者、客户和最终用户进行演示；
- 证明已建立基线的构架将在适当时间、以合理的成本支持系统需求；
- 建立支持环境。

为了实现这个主要目标，建立项目的支持环境也同等重要。这包括创建开发案例，创建模板和指南，安装工具。

细化阶段的核心活动包括：
- 快速确定构架，确认构架并为构架建立基线；
- 根据此阶段获得的新信息改进前景，对推动构架和计划决策的最关键用例建立可靠的了解；
- 为构造阶段创建详细的迭代计划并为其建立基线；
- 改进开发案例，定位开发环境，包括流程和支持构造团队所需的工具和自动化支持；
- 改进构架并选择构件。评估潜在构件，充分了解自制/外购/复用决策，以便有把握地确定构造阶段的成本和进度。集成了所选构架构件，并按主要场景进行了评估。通过这些活动得到的经验有可能导致重新设计构架、考虑替代设计或重新考虑需求。

细化阶段的评估标准包括：
- 产品前景和需求是稳定的；
- 构架是稳定的；
- 可执行原型表明已经找到了主要的风险元素，并且得到妥善解决；
- 构造阶段的迭代计划足够详细和真实，可以保证工作继续进行；
- 构造阶段的迭代计划由可靠的估算支持；
- 所有涉众一致认为，如果在当前构架环境中执行当前计划来开发完整的系统，则当前的前景可以实现；
- 实际的资源耗费与计划的耗费相比是可以接受的。

细化阶段结束后得到的主要工件如表 11-11 所示。

表 11-11 细化阶段核心工件

编号	核心工件	里程碑状态
1	原型	已经创建了一个或多个可执行构架原型，以探索关键功能和构架上的重要场景。请参见以下有关原型设计的作用的说明
2	风险列表	已经进行了更新和复审。新的风险可能是构架方面的，主要与处理非功能性需求有关
3	开发案例	已经基于早期项目经验进行了改进。已经部署好开发环境（包括流程和支持构造团队所需的工具和自动化支持）
4	项目专用模板	已使用文档模板制作了文档工件
5	工具	已经安装了用于支持细化阶段工作的工具
6	软件构架文档	编写完成并确定了基线，如果系统是分布式的或必须处理并行问题，则包括构架上重要用例的详细说明（用例视图）、关键机制和设计元素的标识（逻辑视图），以及（部署模型）进程视图和部署视图的定义
7	设计模型（所有组成工件）	制作完成并确定了基线。已经定义了构架方面重要场景的用例实现，并将所需行为分配给了适当的设计元素。已经确定了构件并充分理解了自制/外购/复用决策，以便有把握地确定构造阶段的成本和进度。集成了所选构架构件，并按主要场景进行了评估。通过这些活动得到的经验有可能导致重新设计构架、考虑替代设计或重新考虑需求
8	数据模型	制作完成并确定了基线。已经确定并复审了主要的数据模型元素（如重要实体、关系和表）

续表

编 号	核 心 工 件	里程碑状态
9	实施模型（以及所有组成工件，包括构件）	已经创建了最初结构，确定了主要构件并设计了原型
10	前景	已经根据此阶段获得的新信息进行了改进，对推动构架和计划决策的最关键用例建立了可靠的了解
11	软件开发计划	已经进行了更新和扩展，以便涵盖构造阶段和移交阶段
12	指南，如设计指南和编程指南	使用指南对工作进行了支持
13	迭代计划	已经完成并复审了构造阶段的迭代计划
14	用例模型（主角，用例）	用例模型（大约完成80%），已经在用例模型调查中确定了所有用例，确定了所有主角并编写了大部分用例说明（需求分析）
15	补充规约	已经对包括非功能性需求在内的补充需求进行了记录和复审

11.3.3 构造

构造阶段的目标是阐明剩余的需求，并基于已建立基线的构架完成系统开发。构造阶段从某种意义上来说是一个制造过程，在此过程中，重点在于管理资源和控制操作，以便优化成本、进度和质量。从这种意义上说，从初始和细化阶段到构造和移交阶段，管理上的思维定势经历了从知识产权开发到可部署产品开发的转变。构造阶段的主要目标包括：

- 通过优化资源和避免不必要的报废和返工，使开发成本降到最低；
- 快速达到足够好的质量；
- 快速完成有用的版本（Alpha 版、Beta 版和其他测试发布版）；
- 完成所有所需功能的分析、开发和测试；
- 迭代式、递增式地开发随时可以发布到用户群的完整产品。这意味着描述剩余的用例和其他需求，充实设计，完成实施，并测试软件；
- 确定软件、场地和用户是否已经为部署应用程序做好准备；
- 开发团队的工作实现某种程度的并行。即使是较小的项目，也通常包括可以相互独立开发的构件，从而使各团队之间实现自然的并行（资源允许）。这种并行性可较大幅度地加速开发活动；但同时也增加了资源管理和工作流程同步的复杂程度。如果要实现任何重要的并行，强壮的构架至关重要。

构造阶段的核心活动包括：

- 资源管理、控制和流程优化；
- 完成构件开发并根据已定义的评估标准进行测试；
- 根据前景的验收标准对产品发布版进行评估。

构造阶段的评估标准包括：

- 该产品发布版是否足够稳定和成熟？是否可部署在用户群中？
- 所有涉众是否已准备好将产品发布到用户群？
- 实际的资源耗费与计划的相比是否仍可以接受？

构造阶段结束后得到的主要工件如表 11-12 所示。

表 11-12　构造阶段核心工件

编　号	核心工件	里程碑状态
1	"系统"	可执行系统本身随时可以进行"Beta"测试
2	部署计划	已开发最初版本，进行了复审并建立了基线
3	实施模型（以及所有组成工件，包括构件）	对在细化阶段创建的模型进行了扩展；构造阶段末期完成所有构件的创建
4	测试模型（以及所有组成工件）	为验证构造阶段所创建的可执行发布版而设计并开发的测试
5	培训材料	用户手册与其他培训材料。根据用例进行了初步起草。如果系统具有复杂的用户界面，可能需要培训材料
6	迭代计划	已经完成并复审了移交阶段的迭代计划
7	设计模型（和所有组成工件）	已经用新设计元素进行了更新，这些设计元素是在完成所有需求期间确定的
8	开发案例	已经基于早期项目经验进行了改进。已经部署好开发环境（包括流程和支持移交团队所需的工具和自动化支持）
9	项目专用模板	已使用文档模板制作了文档工件
10	工具	已经安装了用于支持构造阶段工作的工具
11	数据模型	已经用于支持持续实施所需的所有元素（如表、索引、对象关系型映射等）进行了更新

11.3.4　移交

移交阶段的重点是确保最终用户可以使用软件。移交阶段可跨越几个迭代，包括测试处于发布准备中的产品和基于用户反馈进行较小的调整。在生命周期中的该点处，用户反馈应主要侧重于调整产品、配置、安装和可用性问题，所有较大的结构上的问题应该在项目生命周期的早期阶段就已得到解决。

在移交阶段生命周期结束时，目标应该已经实现，项目应处于将结束的状态。某些情况下，当前生命周期的结束可能是同一产品另一生命周期的开始，从而导致产生产品的下一代或下一版本。对于其他项目，移交阶段结束时可能就将工件完全交付给第三方，第三方负责已交付系统的操作、维护和扩展。

根据产品的种类，移交阶段可能非常简单，也可能非常复杂。例如，发布现有桌面产品的新发布版可能十分简单，而替换一个国家的航空交通管制系统可能就非常复杂。

移交阶段的迭代期间所进行的活动取决于目标。例如，在进行调试时，实施和测试通常就足够了。但是，如果要添加新功能，迭代类似于构造阶段中的迭代，需要进行分析设计。

当基线已经足够完善，可以部署到最终用户领域中时，则进入移交阶段。通常，这要求系统的某个可用部分已经达到了可接受的质量级别并完成用户文档，从而向用户的转移可以为所有方面都带来积极的结果。移交阶段的主要目标是：

- 进行 Beta 测试，按用户的期望确认新系统；
- Beta 测试和相对于正在替换的遗留系统的并行操作；

- 转换操作数据库；
- 培训用户和维护人员；
- 市场营销、进行分发和向销售人员进行新产品介绍；
- 与部署相关的工程，如接入、商业包装和生产、销售介绍、现场人员培训；
- 调整活动，如进行调试、性能或可用性的增强；
- 根据产品的完整前景和验收标准，对部署基线进行评估；
- 实现用户的自我支持能力；
- 在涉众之间达成共识，即部署基线已完成；
- 在涉众之间达成共识，即部署基线与前景的评估标准一致。

移交阶段的核心活动包括：

- 执行部署计划；
- 对最终用户支持材料定稿；
- 在开发现场测试可交付产品；
- 制作产品发布版；
- 获得用户反馈；
- 基于反馈调整产品；
- 使最终用户可以使用产品。

移交阶段的评估标准包括：

- 用户是否满意？
- 实际的资源耗费与计划的耗费相比是否可以接受？

在产品发布里程碑处，产品进行规模生产，同时发布后的维护周期开始。这涉及开始一个新的周期，或某个其他的维护发布版。

移交阶段结束后得到的主要工件如表 11-13 所示。

表 11-13 移交阶段核心工件

编 号	核 心 工 件	里程碑状态
1	产品工作版本	已按照产品需求完成。客户应该可以使用最终产品
2	发布说明	完成
3	安装工件	完成
4	培训材料	完成，以确保客户自己可以使用和维护产品
5	最终用户支持材料	完成，以确保客户自己可以使用和维护产品

11.3.5 迭代计划示例（构造阶段）

图 11-36 显示了早期构造迭代中工作流程的关系。它是根据当时出现的工作流程明细构造的。此迭代中显示了大量的连续进行的设计工作，说明这是构造周期的早期。在以后的构造迭代中，这将随着设计工作的完成而减少，此时剩余的设计工作与影响设计的变更请求（缺陷和扩展）相关。在此阶段，需求发现和改进已经完成，剩下的全都是变更管理工作。

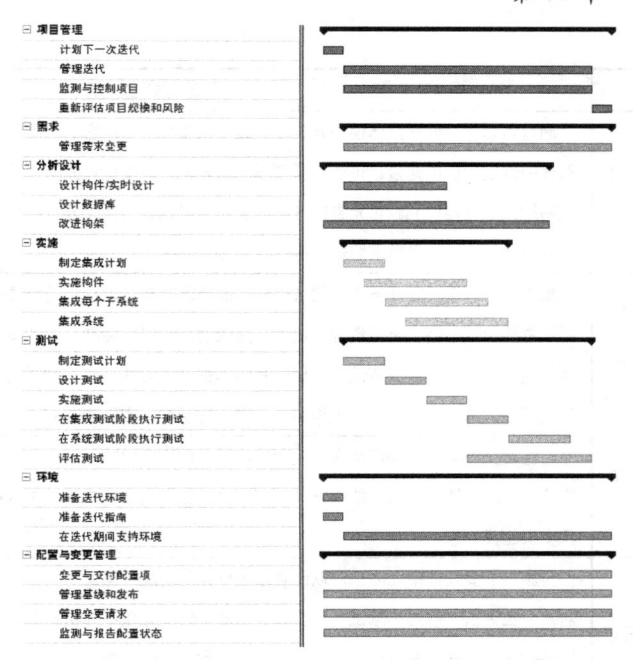

图 11-36 迭代计划示例（构造阶段）

【提示】
- 图中条形的长度（说明持续时间）没有绝对意义，例如，它并不是要说明"制定集成计划"和"制定测试计划"必须具有同样的持续时间；
- 也不是说在整个工作流程期间要采用一致的工作量标准。

在构造阶段迭代计划中，各工作流程及其主要活动如表 11-14 所示。

表 11-14 构造阶段迭代计划各工作流程

编号	主要活动	详细描述
1	项目管理：计划迭代	项目经理基于新迭代期间将添加的新功能来更新迭代计划，考虑产品当前的成熟度、从以前的迭代中得到的经验，以及需要在今后迭代中减轻的所有风险（请参见工件：迭代计划和工件：风险列表）
2	环境：准备迭代环境	基于对上一次迭代中流程和工具的评估，角色：流程工程师进一步改进开发案例、模板和指南。角色：工具专家对工具进行必要的变更
3	实施：计划系统级集成	集成计划考虑以什么顺序合并功能单元，形成可运行的/可测试的配置。选择取决于已实施的功能，以及系统需要具备哪些适当的特征以支持整个集成和测试策略。该任务由系统集成员来完成（请参见实施工作流程中的工作流程明细：计划迭代中的集成），结果记录在工件：集成构造计划中。集成构造计划定义构造的频率，以及何时要给定的"工作版本集"用于正在进行的开发、集成和测试
4	测试：计划和设计系统级测试	测试设计员确保有足够数量的测试用例和过程来核实可测试需求（请参见测试工作流程中的工作流程明细：计划和设计测试）。测试设计员必须确定并说明测试用例，同时确立并结构化测试过程。一般来说，每个测试用例至少有一个相关的测试过程。测试设计员应该复审以前迭代的累积测试体，它是可以修改的，因而可在当前和以后迭代构造的回归测试中重用

续表

编号	主要活动	详细描述
5	分析设计：改进用例实现	通过将职责分配给具体模型元素（类或子系统）并更新它们的关系和属性，设计员改进在以前迭代中确定的模型元素。可能还需要添加新元素，以支持可能的设计和实施约束（请参见工作流程明细：设计构件）。对元素的变更可能需要对包和子系统分区也进行变更（请参见活动：合并现有设计元素）。之后需要对分析的结果进行复审
6	测试：在子系统级和系统级计划和设计集成测试	集成测试侧重于已开发构件的接口和功能情况。测试设计员需要遵循测试计划，该测试计划说明了总体测试策略、所需资源、进度、完成情况和成功标准。设计员确定将一起测试的功能，以及需要开发以支持集成测试的桩模块和驱动程序。实施员基于测试设计员的输入来开发桩模块和驱动程序（请参见测试工作流程中的工作流程明细：实施测试）
7	实施：开发代码和测试单元	实施员按照项目的编程指南开发代码，以实施模型中的工件：构件。实施员修复缺陷，并根据实施中发现的情况提供可能引起设计变更的反馈（请参见实施工作流程中的工作流程明细：在迭代中实施类）
8	实施：计划和实施单元测试	实施员需要设计单元测试，以便确定该单元的功能（黑盒），以及该单元如何实现其功能（白盒）。在黑盒（规约）测试下，实施员需要确信单元在不同状态下都能执行其规约，并且能正确地接收和产生各种有效和无效的数据。在白盒（结构）测试下，实施员面临的挑战是确保已经正确地实施设计，并且测试单元可以成功地通过每个判定路径（请参见实施工作流程中的工作流程明细：在迭代中实施类）
9	实施：在子系统中测试单元	单元测试侧重于核实软件的最小可测试构件。由单元的实施员设计、实施并执行单元测试。单元测试的重点是确保白盒测试产生预期的结果，并且单元符合项目所采用的质量标准和开发标准
10	实施并测试：集成子系统	子系统集成的目的是将子系统（实施模型的一部分）中可能来自许多不同开发人员的单元合并成一个可执行的"工作版本集"。实施员按照计划合并构成工作版本的类来集成子系统，这些类包括已完成的类和已进行桩模块处理的类（请参见实施工作流程中的工作流程明细：在迭代中集成每个子系统）。实施员根据编译依赖关系分层结构从下到上以递增方式集成子系统
11	实施：测试子系统	测试员执行测试过程，该测试过程是按照步骤 3 和步骤 5 中确定的活动开发的（请参见测试工作流程中的工作流程明细：执行集成测试）。如果出现了任何意想不到的测试结果，测试员记录缺陷，以便决定何时修复这些缺陷
12	实施：发布子系统	一旦子系统经过了充分的测试，能够以系统级进行集成，实施员便可以将子系统的已测试版本从团队集成区域"发布"到另一个区域了，在这个区域中，子系统的已测试版本变得可见并且可用，以便进行系统级集成
13	实施：集成系统	系统集成的目的是将当前可用的实施模型功能合并到一个工作版本中。系统集成员以递增方式添加子系统，并创建工作版本并将其交付给负责整个集成测试的测试员（请参见实施工作流程中的工作流程明细：在迭代中集成系统）
14	测试：测试集成	测试员执行测试过程，这些测试过程是按照步骤 3 和步骤 5 中确定的活动开发的。测试员执行集成测试并复审结果。如果出现任何意想不到的结果，测试员记录缺陷（请参见测试工作流程中的工作流程明细：执行集成测试）
15	测试：测试系统	一旦完成了整个系统（由该迭代的目标确定）的集成，一切就取决于系统测试了（请参见测试工作流程中的工作流程明细：执行系统测试）。测试设计员将分析测试结果，以确保达到测试目标（请参见测试工作流程中的工作流程明细：评估系统测试）

课堂实践 2

1. 操作要求

（1）参考构造阶段的迭代计划，结合 WebShop 电子商城的开发过程，讨论并制订初始阶段的迭代计划。

（2）参考构造阶段的迭代计划，结合 WebShop 电子商城的开发过程，讨论并制订细化阶段的迭代计划。

（3）参考构造阶段的迭代计划，结合 WebShop 电子商城的开发过程，讨论并制订移交阶段的迭代计划。

2. 操作提示

（1）理解每个迭代过程中都需要九个工作流程的工作。

（2）理解具体阶段中每个工作流程的工作量的差异。

习 题

一、填空题

1. RUP 采用角色、行为、产品和_____四个基本模型元素组织和构造系统开发过程。

2. RUP 迭代过程的四个阶段包括：初始、细化、_____和移交。

3. 为对软件密集型项目进行管理提供框架，为项目的计划、人员配备、执行和监测提供实用的准则，为管理风险提供框架是 RUP 中_____工作流程中的主要任务。

4. _____的主要职责是定义表、索引、视图、约束条件、触发器、存储过程、表空间或存储参数，以及其他在存储、检索和删除永久性对象时所需的数据库专用结构。

二、选择题

1. 下列关于 RUP 中角色的描述错误的是_____。

A．角色是描述某个人或一个小组的行为与职责

B．一个开发人员可以同时是几个角色，一个角色也可以由多个开发人员共同承担

C．角色描述了一个有意义的连续的行为序列

D．RUP 预先定义了很多角色，并对每一个角色的工作和职责都作了详尽的说明

2. 下列不属于 RUP 的特点的是_____。

A．用例驱动　　　　　　　　B．以体系结构为中心

C．迭代式开发　　　　　　　D．适合快速开发

3. 一般情况下，"设计数据库"活动的主要工作发生在_____核心工作流中。

A．业务建模　　B．需求　　C．分析设计　　D．实施

4. 测试的目的在于_____。

A．核实对象之间的交互

B．核实软件的所有构件是否正确集成

C．核实所有需求是否已经正确实施

D．发现软件中的所有错误

5. 下列不属于需求工作流程目的的是_____。
A. 与客户和其他涉众在系统的工作内容方面达成并保持一致
B. 使系统开发人员能够更清楚地了解系统需求
C. 制订系统的迭代计划
D. 为计划迭代的技术内容提供基础
6. 进行 Beta 测试是 RUP_____的主要目标之一。
A. 初始阶段　　　　B. 细化阶段　　C. 构造阶段　　　　D. 移交阶段

三、简答题

1. 简述 RUP 的六大核心工作流程及其主要活动。
2. 结合需求工作流，说明 RUP 四个迭代阶段与九大工作流之间的关系。
3. 结合 UML 的特点，说明 RUP 的主要特点及其与 UML 的关系。

课外拓展

1. 操作要求

（1）结合图书管理系统的开发，以 RUP 为软件过程指导，请说明 RUP 的六个核心工作流的主要活动。

（2）结合图书管理系统的开发，以 RUP 为软件过程指导，请说明 RUP 的三个支持工作流的主要活动。

（3）结合图书管理系统的开发过程，讨论并制订细化阶段的迭代计划。

（4）结合图书管理系统的开发过程，讨论并制订构造阶段的迭代计划。

2. 操作提示

（1）参考本章构造阶段的迭代计划实例。

（2）在制订软件系统的迭代计划时，注意迭代过程中产生的工件和阶段评审标准。

附录 A 综合实训

一、实训目的

1. 知识目标

以面向对象技术为中心的软件开发已成为软件业界的主流技术,在面向对象的分析、设计和实现过程中,可以借助于 UML 建模技术和 Rational Software Architect 建模工具来表达和记录分析和设计结果,并以 RUP 进行软件过程的指导。通过综合实训进一步巩固、深化和扩展学生的 UML 建模的知识和利用 Rational Software Architect 8.5 进行软件建模的技能。知识目标如下。

(1) 了解面向对象的基本概念和特征。
(2) 了解面向对象的分析、设计和编程的方法。
(3) 了解 UML 的发展、特点、结构和视图。
(4) 掌握 UML 的特点和基本建模过程。
(5) 熟练掌握 UML 的视图和基本图形的应用。
(6) 熟练掌握应用用例图进行软件系统需求建模的方法。
(7) 熟练掌握应用类图和对象图进行软件系统静态建模的方法。
(8) 熟练掌握应用状态图、活动图、时序图和通信图进行软件系统动态建模的方法。
(9) 熟练掌握应用组件图和部署图进行软件系统物理建模的方法。

2. 能力目标

通过 Rational Software Architect 8.5 的建模实践,培养学生运用 UML 建模知识和技能解决软件系统建模过程中所遇到的实际问题的能力,培养学生利用建模辅助工具进行面向对象建模能力,达到能进行基本的面向对象分析和设计、识别 UML 图形、绘制简单 UML 图形的目标。能力目标如下。

(1) 能安装 Rational Software Architect 8.5 和启动 Rational Software Architect 8.5。
(2) 能进行简单系统的用例建模,能找出 Actor(执行者)、Use Case(用例),能在 RSA 中绘制 Use Case 图。
(3) 能进行简单系统的静态建模,能在 RSA 中绘制对象图和类图以及类图之间的关系。
(4) 能进行简单系统的动态建模,能在 RSA 中绘制活动图、状态图、时序图和通信图。
(5) 能进行简单系统的物理建模,能在 RSA 中绘制组件图和部署图。
(6) 能实施双向工程,能由 RSA 的模型图生成 Java 代码或由 Java 代码生成 RSA 的模型图。

3. 素质目标

培养学生理论联系实际的工作作风、严肃认真的工作态度以及独立工作的能力。素质目标如下。

（1）培养学生谦虚、好学的态度；
（2）培养学生勤于思考、做事认真的良好作风；
（3）培养学生良好的职业道德；
（4）培养按时、守时的软件交付观念；
（5）培养阅读设计文档、阅读 UML 图形的能力；
（6）培养良好的团队合作精神；
（7）培养良好的与人沟通的能力。

二、实训项目简介

电子商务正在以难以置信的速度渗透到人们的日常生活中。在过去的 10 年中，它迅速占领了上万亿美金的市场份额，电子商务将成为 21 世纪人类信息世界的核心，也是计算机应用的研究热点。"eBook 电子商城"是一个 B2C 模式的电子商务系统，用于实现网上售书。

"eBook 电子商城"包括两类用户：注册会员、后台管理员。其中注册会员通过电子商城提供的购书袋在商城中购买图书、下订单，与卖方完成整个交易后通过网上银行等形式进行支付。"eBook 电子商城"系统后台管理员对该电子商务系统进行管理。详细功能说明如下。

（一）前台购书

1. 登录/注册

消费者在网上购书之前，需要注册成为会员。注册时系统要求消费者填写个人资料，注册后可以使用注册账号登录系统。同时，也可以申请成为 VIP 会员，VIP 会员可享受更高的书籍折扣，即以 VIP 会员价格购买书籍。注册会员登录后，也可以修改个人资料。

2. 选购图书

网上书店的会员在浏览书籍信息时可以选择购买，通过选择"购买"，该书籍将进入消费者的购书袋列表，购书袋是暂存书籍的地方，在购书袋里消费者可以改变订购数量、取消想要购买的书籍以及去"收银台"付款。

3. 收银台付款

消费者通过选择"收银台"进行付款，系统在结算前首先核实消费者个人信息。核实无误后，要求消费者选择付款方式、交货时间以及完成相关详细信息的填写，并确认该信息。如果发现信息有误，可单击"上一步"按钮重新操作，确保信息无误。系统得到消费者关于付款方式的确认信息后，即允许消费者进行付款。

4. 搜索图书

消费者登录系统后，可以根据自己的需要进行图书信息的搜索。在搜索时，消费者需要选择搜索的方式和填写搜索的内容，搜索到自己关注的图书后，可以选择购买。同时，可以将自己所关注的图书添加到"藏书阁"。消费者再次登录时可直接单击自己的藏书阁，找到自己关注的图书，直接进行购买。

5. 陈列图书

网上书店系统可以根据消费者的需要进行图书陈列，可以设立"新书上架"、"畅销排行"、"特价专柜"等专区方便用户选择书籍。

6. 反馈/调查

消费者登录系统后，可以根据网站提供的调查表，填写调查信息反馈到网站，并且可以查看调查的结果。同时，也可以通过网站提供的留言区将自己对网站的意见进行反馈。

（二）后台管理

"eBook 电子商城"后台管理，负责书籍类别管理、书籍管理、广告管理、会员管理、订单管理等功能。

1. 图书类别管理

可以进行图书大类和图书小类的管理。可增加、删除、修改图书大类，图书大类在 B2C 首页的最上方栏目和左边的栏目导航中显示。单击进入大类，可看到该大类下图书的小类，可增加、删除、修改图书小类，小类在选中的大类下显示。

2. 图书管理

管理员可以将最新入库的书籍发布到网上，也可以对已有的书籍信息进行修改和删除操作，还可以对某类书籍设置特定的折扣。

3. 广告管理

管理员可以发布并管理相关广告信息。

4. 会员管理

管理员可以根据会员的申请或会员的消费情况将相关会员设为 VIP 会员，也可以对会员的基本信息进行管理。

5. 订单管理

管理员可以对用户确认的订单进行管理，如果指定订单的货款已付，可以进行图书的配送。

6. 反馈/调查管理

管理员可以在系统中发布调查，可以设置调查选项。选项的内容和数量由管理员管理，管理员可查看到对用户调查的结果和用户的留言信息。

三、实训内容和要求

根据"二、实训项目简介"中对"eBook 电子商城"的介绍，使用 Rational Software Architect 8.5 建模工具，按照"需求建模"、"静态建模"、"动态建模"、"物理建模"对该系统进行 UML 建模。具体实训内容如下。

1. 需求建模

使用 UML 的用例图对"eBook 电子商城"进行需求建模，具体要求如下。

(1) 分析"eBook 电子商城"的用例。
(2) 分析"eBook 电子商城"的参与者。
(3) 分析"eBook 电子商城"的系统边界。
(4) 分析"eBook 电子商城"用例间的关系。
(5) 使用 RSA 绘制"eBook 电子商城"的用例图。
(6) 通过文字对主要用例进行补充描述。

2. 静态建模

使用 UML 的类图和对象图对"eBook 电子商城"进行静态结构建模,具体要求如下。
(1) 根据需求文档抽象出系统的实体类、边界类和控制类。
(2) 合理确定类的属性和操作。
(3) 使用 RSA 正确绘制类图。
(4) 正确分析类之间的关系(继承、关联、聚合和组合等)。
(5) 使用 RSA 正确绘制类图中类之间的关系。
(6) 根据需要使用 RSA 绘制对象图。

3. 动态建模

使用 UML 的状态图、活动图、时序图和通信图对"eBook 电子商城"进行动态结构建模,具体要求如下。
(1) 正确分析一个或多个类的状态。
(2) 正确确定状态的转移。
(3) 使用 RSA 正确绘制状态图。
(4) 根据事件流,确定系统主要活动的流程。
(5) 使用 RSA 正确绘制活动图。
(6) 正确确定对象之间的关系。
(7) 正确确定对象之间消息交互。
(8) 使用 RSA 正确绘制时序图和通信图。
(9) 完成时序图和通信图之间的转换。

4. 物理建模

使用 UML 的组件图和部署图对"eBook 电子商城"进行物理结构建模,具体要求如下。
(1) 正确分析系统的组件。
(2) 正确确定组件间的关系。
(3) 使用 RSA 正确绘制组件图。
(4) 正确分析系统的物理部署。
(5) 正确分析处理器和设备之间的关系。
(6) 使用 RSA 正确绘制部署图。

5. 实训纪律

课程综合实训是操作性很强的教学环节,针对实训的培养目标和特点,教学的方式和手段可以灵活多样。

(1) 要求学生在机房上机的时间不低于 40 学时，并且要求一人一机。学生上机时间可以根据具体情况进行适当增减。

(2) 实训期间的非上机时间，学生应通过各种媒体获取相关资料进行上机准备工作。

(3) 2～4 人为一个项目小组，每一小组的成员应定期讨论实训课题实现方法，然后制订上机实践方案，在上机过程中互相讨论，发现问题后找出解决问题的方法，但不允许互相抄袭、复制模型图。

四、实训安排

课程综合实训遵循 RUP 软件开发生命周期，按照"需求建模"、"静态建模"、"动态建模"、"物理建模"对系统进行建模，实训进程如表 A-1 所示。

表 A-1 实训进程表

序 号	实训项目	UML 图形	详细内容	课 时
1	需求建模	用例图	(1) 根据系统的功能分析系统的用例组成 (2) 正确确定用例图中的参与者 (3) 根据需求文档确定用一个用例的事件流 (4) 使用 RSA 正确绘制用例图 (5) 通过文字对用例进行描述	8
2	静态建模	类图	(1) 根据需求文档抽象出类 (2) 能正确确定类的属性和操作 (3) 使用 RSA 正确绘制类图 (4) 正确分析类之间的关系（继承、关联、聚合和组合） (5) 使用 RSA 正确绘制类图中类之间的关系	12
		对象图	(6) 根据需要使用 RSA 绘制对象图	
3	动态建模	状态图	(1) 正确分析一个类的状态 (2) 正确确定状态的转移 (3) 使用 RSA 正确绘制状态图	12
		活动图	(4) 根据事件流，确定系统主要活动的流程 (5) 使用 RSA 正确绘制活动图 (6) 正确确定对象之间的关系	
		时序图 协作图	(7) 正确确定对象之间消息交互 (8) 使用 RSA 正确绘制时序图和通信图 (9) 完成时序图和通信图之间的转换	
4	物理建模	组件图	(1) 正确分析系统的组件 (2) 正确确定组件间的关系 (3) 使用 RSA 正确绘制组件图	4
		部署图	(4) 正确分析系统的物理部署 (5) 正确分析处理器和设置之间的关系 (6) 使用 RSA 正确绘制部署图	

续表

序号	实训项目	UML 图形	详细内容	课时
5	双向工程	类图	（1）使用 RSA 正向工程，由类图生成代码 （2）使用 RSA 逆向工程，由代码生成相应的 UML 模型图	4
合计			40	

说明：

（1）课程综合实训建议为两周，共 40 课时。教师可以根据实际情况进行调整。

（2）表中的"课时"是指机房上机时间。

五、实训考核

1. 考核方式

考核方式分为过程考核和终结考核两种形式。过程考核主要考查学生的出勤情况、学习态度和团队协作情况；终结考核主要考查学生综合运用 UML 建模知识和 RSA 建模技术完成软件系统建模的能力。

2. 考核标准

考核标准如表 A-2 所示。

表 A-2　实训考核表

考核点		考核比例	评价标准		
			优秀（86~100）	良好（70~85）	及格（60~69）
态度纪律	实训期间出勤情况 学习态度情况 团队协作情况	10%	没有缺勤情况；认真对待综合实训，听从教师安排；能与小组成员进行充分协作	缺勤 10%以下；认真对待综合实训，听从教师安排；能与小组成员进行一定程度的协作	缺勤 30%以下；听从教师安排
系统建模	用例建模 静态建模 动态建模 体系结构建模 双向工程	60%	100%完成实训任务；软件模型图绘制正确	80%完成实训任务；软件模型图绘制基本正确	60%完成实训任务；能在小组成员帮助下绘制模型图
创新能力	主动发现问题、分析问题和解决问题情况 是否有创新 是否采用优化方案	10%	能够独立分析、解决问题，分析问题透彻，解决问题方式正确、高效；实训成果有创新	能够独立分析、解决问题；能够借助常用的工具获取有用信息	分析、解决问题能力一般；能够在他人帮助下解决问题
文档编写	软件相关文档是否编写 实训报告书写是否规范	10%	文档结构合理，版式美观，符合软件工程规范	文档结构较合理，版式较美观，基本符合软件工程规范	文档结构较合理，版式较美观

续表

考核点		考核比例	评价标准		
			优秀（86~100）	良好（70~85）	及格（60~69）
表达沟通	项目陈述情况 回答问题情况	10%	表达能力强，条理清晰；能够正确回答所提问题，思路敏捷	能够正确阐述实训作品，表达能力较好；能够回答所提问题，没有原理性错误	表达能力一般；回答问题条理不太清晰
合　计			100%		

附录 B Rational Software Architect 8.5 主菜单

由于 Rational Software Architect 8.5 菜单栏包含了所有可以进行的操作，一级菜单有【文件】、【编辑】、【图】、【浏览】、【搜索】、【项目】、【运行】、【建模】、【窗口】、【帮助】，为方便读者使用，对照每一项菜单，将菜单的中文含义进行简要说明，供读者查阅使用。

1.【文件】菜单

【文件】菜单的下级菜单如表 B-1 所示。

表 B-1 【文件】菜单的下级菜单

二级菜单	三级菜单	快捷键	用途
新建	模型项目	Alt+Shift+N	创建新的模型项目
	项目		创建项目
	草图		创建草图
	UML 模型		创建 UML 模型
	模型		创建模型
	文件夹		创建文件夹
	文件		创建文件
	变换配置		创建变换配置
	示例		创建示例
	其他	Ctrl+N	创建其他类型项目
打开文件			打开现有的模型文件
关闭		Ctrl+W	关闭模型
全部关闭		Ctrl+Shift+W	关闭所有模型
保存		Ctrl+S	保存模型
另存为			将当期模型保存为其他格式
全部保存		Ctrl+Shift+S	保存所有模型
还原			还原对模型的更改
移动			移动模型
重命名		F2	重命名模型
刷新		F5	刷新
打印		Ctrl+P	打印……
打印预览			打印预览
页面设置		Ctrl+P	打印时的页面设置

续表

二级菜单	三级菜单	快捷键	用途
切换工作空间			切换工作空间
重新启动			重新启动工作空间
导入			导入模型
导出			导出模型
属性		Alt+Enter	显示选定元素的属性
退出			退出 RSA

2.【编辑】菜单

【编辑】菜单的下级菜单如表 B-2 所示。

表 B-2 【编辑】菜单的下级菜单

二级菜单	快捷键	用途
撤销	Ctrl+Z	撤销前一次的操作
重做	Ctrl+Y	重做前一次的操作
剪切	Ctrl+X	剪切
复制	Ctrl+C	复制
粘贴	Ctrl+V	粘贴
删除	Del	删除
全部选中	Ctrl+A	全选
查找/替换	Ctrl+F	查找/替换
添加书签		添加书签
添加任务		添加任务

3.【图】菜单

【图】菜单的下级菜单如表 B-3 所示。

表 B-3 【图】菜单的下级菜单

二级菜单	三级菜单	快捷键	用途
字体			打开字体设置对话框
填充颜色	可选颜色		系统提供的 16 种颜色
	缺省值		默认值
	定制		自定义颜色
	渐变色和透明度		设置渐变色和透明度
线条颜色	可选颜色		系统提供的 16 种颜色
	缺省值		默认值
	定制		自定义颜色
线型	实线		实线
	虚线		虚线

续表

二级菜单	三级菜单	快 捷 键	用 途
线型	点		点
	点画线		点画线
	双点画线		双点画线
线宽	一个点		一个点
	二个点		二个点
	三个点		三个点
	四个点		四个点
	五个点		五个点
箭头样式	源结束		可选择无箭头、实心箭头、空心箭头
	目标结束		可选择无箭头、实心箭头、空心箭头
线条样式	直线样式路由		直线样式路由
	倾斜样式路由		倾斜样式路由
	树状样式路由		树状样式路由
选择	全部		选择全部
	所有形状		选择所有形状
	所有连接符		选择所有连接符
排列	全部		全部
	选择		选择
对齐	向左对齐		向左对齐
	居中对齐		居中对齐
	向右对齐		向右对齐
	顶部对齐		顶部对齐
	中间对齐		中间对齐
	底部对齐		底部对齐
文本对齐	左		文本左对齐
	居中		文本居中对齐
	右		文本右对齐
排序	放在前面		放在前面
	放在后面		放在后面
	放在前方		放在前方
	放在后方		放在后方
主题			设置主题
应用缺省主题			应用默认主题
自动大小			自动大小
使用同样大小	两者		两者使用同样大小
	高度		高度使用同样大小

续表

二级菜单	三级菜单	快捷键	用途
使用同样大小	宽度		宽度使用同样大小
过滤器	排序/过滤部分项		排序/过滤部分项
	显示/隐藏部分		可设置所有部分和仅名称部分
	显示/隐藏关系		设置显示/隐藏关系
	显示相关元素		设置显示相关元素
	显示限定名		显示限定名
	显示签名		显示签名
	构造型和可视性样式		设置构造型和可视性样式
	父样式		设置父样式
	属性样式		设置属性样式
刷新查询结果			刷新查询结果
查看	网格		网格
	标尺		标尺
	换页符		换页符
	重新计算换页符		重新计算换页符
	对齐网格		对齐网格
缩放	放大		放大
	缩小		缩小
	缩放至 100%		缩放至 100%
	缩放至适合大小		缩放至适合大小
	适合宽度		适合宽度
	适合高度		适合高度
	适合所选内容		适合所选内容
应用外观属性			应用外观属性

4.【浏览】菜单

【浏览】菜单的下级菜单如表 B-4 所示。

表 B-4 【浏览】菜单的下级菜单

二级菜单	三级菜单	快捷键	用途
进入			撤销操作
转至	后退		后退
	前进		前进
	向上一级		向上一级
显示在	项目资源管理器		显示在项目资源管理器
	属性		属性
	在 Project Explorer 中显示引用的元素		在 Project Explorer 中显示引用的元素

续表

二级菜单	三级菜单	快捷键	用途
显示在	在 Project Explorer 中显示类型		在 Project Explorer 中显示类型
下一个		Ctrl+.	下一个
上一个		Ctrl+,	上一个
上一个编辑位置		Ctrl+Q	上一个编辑位置
后退		Alt+左箭头	后退
前进		Alt+右箭头	前进

5.【搜索】菜单

【搜索】菜单的下级菜单如表 B-5 所示。

表 B-5 【搜索】菜单的下级菜单

二级菜单	三级菜单	快捷键	用途
搜索		Ctrl+H	搜索
文件			搜索文件
模型			搜索模型
文本	工作空间	Ctrl+Alt+G	在工作空间中搜索
	项目		在项目中搜索
	文件		在文件中搜索
	工作集		在工作集中搜索
建模引用	工作空间	Ctrl+Alt+S	在工作空间中搜索引用
	封入项目		在封入项目中搜索引用
	工作集		在工作集中搜索引用

6.【项目】菜单

【项目】菜单的下级菜单如表 B-6 所示。

表 B-6 【项目】菜单的下级菜单

二级菜单	三级菜单	快捷键	用途
打开项目			打开项目
关闭项目			关闭项目
全部构建		Ctrl+B	全部构建
构建项目			构建项目
构建工作集			构建工作集
清理			清理
自动构建			自动构建
属性			属性

7.【运行】菜单

【运行】菜单的下级菜单如表 B-7 所示。

表 B-7 【运行】菜单的下级菜单

二 级 菜 单	三 级 菜 单	快 捷 键	用 途
报告	报告方式		报告方式
	报告配置		报告配置
	组织收藏夹		组织收藏夹
分析			开始分析
上次启动的分析			上次启动的分析
外部工具	运行方式		运行方式
	外部工具配置		外部工具配置
	组织收藏夹		组织收藏夹

8.【建模】菜单

【建模】菜单的下级菜单如表 B-8 所示。

表 B-8 【建模】菜单的下级菜单

二 级 菜 单	三 级 菜 单	快 捷 键	用 途
运行验证			运行验证产生报告
载入 UML 模型			载入 UML 模型
UML 模型验证			UML 模型验证
发布	Web		以 Web 的形式发布模型
修订重复标识			修订重复标识
变换	新建配置		新建变换配置
	运行上传的变换	Ctrl+Alt+T	运行上传的变换

9.【窗口】菜单

【窗口】菜单的下级菜单如表 B-9 所示。

表 B-9 【窗口】菜单的下级菜单

二 级 菜 单	三 级 菜 单	快 捷 键	用 途
新建窗口			新建窗口
新建编辑器			新建编辑器
打开透视图			打开透视图
显示视图	报告浏览器		显示报告浏览器视图
	层		显示层视图
	大纲		显示大纲视图
	继承浏览器		显示继承浏览器视图
	控制台		显示控制台视图

续表

二级菜单	三级菜单	快捷键	用途
显示视图	任务		显示任务视图
	书签		显示书签视图
	属性		显示属性视图
	项目资源管理器		显示项目资源管理器视图
	选用板		显示选用板视图
	其他		显示其他视图
切换视点			切换视点
定制透视图			定制透视图
将透视图另存为			将透视图另存为
复位透视图			复位透视图
关闭透视图			关闭透视图
关闭所有透视图			关闭所有透视图
导航	显示系统菜单	Alt+-	显示系统菜单
	显示视图菜单	Ctrl+F10	显示视图菜单
	快速访问	Ctrl+3	快速访问
	将活动视图或编辑器最大化	Ctrl+M	将活动视图或编辑器最大化
	将活动视图或编辑器最小化		将活动视图或编辑器最小化
	激活编辑器	F12	激活编辑器
	下一个编辑器	Ctrl+F6	下一个编辑器
	上一个编辑器	Ctrl+Shift+F6	上一个编辑器
	切换至编辑器	Ctrl+Shift+E	切换至编辑器
	下一个视图	Ctrl+F7	下一个视图
	上一个视图	Ctrl+Shift+ F7	上一个视图
	下一个透视图	Ctrl+F8	下一个透视图
	上一个透视图	Ctrl+Shift+ F8	上一个透视图
首选项			进行 RSA 的设置

10.【帮助】菜单

【帮助】菜单的下级菜单如表 B-10 所示。

表 B-10 【帮助】菜单的下级菜单

二级菜单	三级菜单	快捷键	用途
欢迎			显示欢迎界面
帮助内容			显示帮助内容
搜索			搜索帮助
动态帮助			动态帮助
索引			索引

续表

二级菜单	三级菜单	快捷键	用途
键辅助		Ctrl+Shift+L	键辅助
提示和技巧			提示和技巧
文档反馈			文档反馈
Web 资源			Web 资源
备忘单			备忘单
本地帮助升级程序			本地帮助升级程序
管理许可证			管理许可证
检查更新			检查更新
安装新的软件			安装新的软件
性能	工作空间性能调整		工作空间性能调整
	立即减少内存		立即减少内存
	生成诊断信息		生成诊断信息
	概要分析		概要分析
IBM Installation Manager			启动 IBM Installation Manager
关于 Rational Software Architect			显示产品信息

参 考 文 献

[1] 董兰芳，刘振安等. UML 课程设计. 北京：机械工业出版社，2005.
[2] 刘志成，陈承欢. 软件工程与 Rose 建模案例教程. 大连：大连理工大学出版社，2009.
[3] 张海藩. 软件工程导论（第四版）. 北京：清华大学出版社，2003.
[4] 谢川. 软件工程. 北京：机械工业出版社，2005.
[5] 赵从军. UML 设计及应用. 北京：机械工业出版社，2006.
[6] Grady Booch 等. UML 用户指南. 北京：机械工业出版社，2001.
[7] 金尊和. 软件工程实践导论. 北京：清华大学出版社，2005.
[8] 蔡敏. UML 基础与 Rose 建模教程. 北京：人民邮电出版社，2006.
[9] 陈佳. 软件开发实验与实践教程. 北京：清华大学出版社，2005.
[10] 张龙祥. UML 与系统分析设计. 北京：人民邮电出版社，2001.
[11] 范晓平. UML 建模实例详解. 北京：清华大学出版社，2005.
[12] 胡林玲. 软件工程与 UML. 北京：电子工业出版社，2005.
[13] Ivar Jacobson 等. 统一软件开发过程（第 1 版）. 北京：机械工业出版社，2002.
[14] Ambler, S.W. 敏捷建模－极限编程和统一过程的有效实践（第 1 版）. 北京：机械工业出版社，2003.
[15] 施昊华等. UML 面向对象结构设计与应用. 北京：国防工业出版社，2003.
[16] 戚振燕. UML 系统分析设计与应用案例. 北京：人民邮电出版社，2003.
[17] 克罗尔·克鲁森. Rational 统一过程：实践者指南. 北京：机械工业出版社，2004.
[18] Alistair Cockburn. 编写有效用例（第 1 版）. 北京：机械工业出版社，2002.
[19] Geri Schneider 等. 用例分析技术（第 1 版）. 北京：机械工业出版社，2002.
[20] 陈樟洪等. IBM Rational Software Architect 建模. 北京：电子工业出版社，2008.
[21] 曹衍龙等. UML2.0 基础与 RSA 建模实例教程. 北京：人民邮电出版社，2011.
[22] http://www.uml.org.cn/
[23] http://www.omg.org/
[24] http://www-306.ibm.com/
[25] http://umlchina.smiling.com/
[26] http://www.51cmm.com
[27] http://www.sawin.cn
[28] http://www.csai.cn
[29] http://coffeewoo.itpub.net/